作って学べる

Unity
本格入門

Akihito Kako 賀好昭仁

Unity 2021
対応版

技術評論社

はじめに

この本を手にとっていただき、ありがとうございます。

本書では、ゲームの企画方法・Unityの基礎・本格的な開発手順・マネタイズの基礎まで、ゲーム開発に役立つ情報をできるだけ盛り込みました。

Unityは日々進化を続けています。驚くほど機能が豊富なため、1冊ですべての機能を解説することは困難です。その代わりに、基礎を学習し終わったあとでもっと深く学ぶためのヒントが得られるよう、Unityの高度な機能の紹介もできるだけ盛り込んでいます。

加えてゲーム開発を通して、筆者が経験したハマりがちなポイントについても、各所で記載し、開発で困ったときにも活用できる本を目指しました。

本書は、Unity 2019対応であった初版から、最新のUnity 2021に対応させた改訂版となっています。

Unity 2021に対応するために各要素を加筆修正したのに加え、新機能として追加されたビジュアルスクリプティングについての解説や、エラーが発生した際に有用なトラブルシューテュングの章を加筆しており、初版よりもさらにわかりやすく使える本になっているはずです。

本書では、いろいろなミニゲームを作るのではなく、1冊を通して1本の本格的なサンプルゲームを作っていくことでUnityのノウハウを学んでいくスタイルを採用しています。

少し大変かもしれませんが、最後まで進めれば実践的な開発手法が一通り身につくのに加えて、「本格的なゲームを作れるようになったぞ！」という自信にもつながります。

また、カスタムしがいのある本格的なサンプルゲームができあがりますので、それをベースに自分の思い通りのゲームに作り変えていくのも面白いかもしれません。

これからゲーム開発を志す皆さんにとって、本書が少しでも助けになれば幸いです。

2021年10月　賀好 昭仁

本書の使い方

◉ 本書の構成・サンプルファイル

　本書は13章で構成されています。Chapter 5以降でサンプルゲームを制作しています。Chapter 6〜Chapter 9では、学習に必要なサンプルプロジェクトを用意しています（P.4参照）。

　サンプルプロジェクトは、前章までの作業内容を含んでいます（例：IkinikoBattle9.zipはChapter 8まで）。目的の章から読み進めたい場合や、前章までの手順を正しく実行できなかった場合は、これらを使用してください。

　またゲームとして完成度をより高めたプロジェクトファイルもダウンロードページに用意しています。本書で解説していない機能もいくつか追加されていますが、よりゲーム制作を深く学びたい方は、完成版プロジェクトファイルのコードや設定などを確認してみてください。

◉ リストの書き換え表記について

　本書では、すでに作成済リストの一部を書き換える作業が存在します。このような場合は、以下のように赤い文字で表しています。

■ 書き換え後のリスト表記例

> **リスト7.3** リスト7.1 (EnemyMove.cs) の書き換え
>
> 略
> ```
> public class EnemyMove : MonoBehaviour
> {
> ```
> 常にプレイヤーを追いかける処理は不要になったので消す
> ```
> // [SerializeField] private PlayerController playerController;
> ```
> 略
>
> 常にプレイヤーを追いかける処理は不要になったので消す
> ```
> // private void Update()
> // {
> // _agent.destination = playerController.transform.position;
> // }
> ```
> CollisionDetectorのonTriggerStayにセットし、衝突判定を受け取るメソッド
> ```
>     public void OnDetectObject(Collider collider)
>     {
> ```
> 検知したオブジェクトに「Player」のタグが付いていれば、そのオブジェクトを追いかける
> ```
>         if (collider.CompareTag("Player"))
>         {
> ```

サンプルファイルの使い方

本書サポートページのURLは以下の通りです。

https://gihyo.jp/book/2021/978-4-297-12433-5/support

サポートページから、以下のファイルをダウンロードすることができます。

- **honkaku_unity_2021.zip**
本書内で使用するサンプルファイルです。ZIPファイルを解凍して使用してください。
- **macOS用完成版サンプルゲーム**（IkinokoBattle_for_Mac.zip）
ZIPファイルを解凍し、IkinokoBattle.appを実行してください。
- **Windows用完成版サンプルゲーム**（IkinokoBattle_for_Windows.zip）
ZIPファイルを解凍し、IkinokoBattle.exeを実行してください。

◉ サンプルファイルの構成

honkaku_unity_2021.zipを解凍すると、以下のようなフォルダ構成になっています。

■ サンプルファイルの構成

Projects	**内容**：前章までの作業内容を含むサンプルプロジェクト（ex.IkinokoBattle8.zipであれば7章までの作業）、Chapter 12で使用するVisualScriptingSample.zip **導入手順**：ZIP解凍後、Unityエディタで開き、各種AssetをAsset Storeからインポート（5-1-3参照）
Scripts	**内容**：各章で使用するスクリプト **導入手順**：該当のスクリプトがプロジェクトに無い場合は、Unityエディタにドラッグ＆ドロップでインポート、すでにある場合（スクリプトを書き換える場合）は、Visual Studioで開いて、内容をまるごとコピー＆ペーストしてください
Textures	**内容**：2-3-8で使用する画像ファイル（plane_texture.png）

UnityPackages	内容：パッケージ（各所で使用する画像・音声データなど。ダブルクリックでインポート可能） 導入手順：ダブルクリックでインポートが可能
LICENSE	内容：サンプルコードに関するライセンス

◉ サンプルプロジェクトの取り込みについて

Projects フォルダにあるサンプルプロジェクトは、前章までの作業内容は含んでいますが、Asset は含まれていません。サンプルプロジェクト使用前にインポートが必要となる Asset は以下の通りです。本書内の手順（5-1-3参照）にしたがって、ダウンロード・インポートを行ってください。

■ 各サンプルプロジェクトでインポートが必要な Asset

サンプルプロジェクト	インポートする Asset
IkinikoBattle6.zip	Terrain Textures Pack Free（5-1-3 参照）、Conifers [BOTD]（5-1-3 参照）、Grass Flowers Pack Free（5-1-3 参照）、#NVJOB Water Shaders V2.x（5-1-3 参照）、Wispy Skybox（5-5-2 参照）
IkinikoBattle7.zip	Terrain Textures Pack Free（5-1-3 参照）、Conifers [BOTD]（5-1-3 参照）、Grass Flowers Pack Free（5-1-3 参照）、#NVJOB Water Shaders V2.x（5-1-3 参照）、Wispy Skybox（5-5-2 参照）、"Query-Chan" model SD（6-1-2 参照）、Woman Warrior（6-5-2 参照）
IkinikoBattle8.zip	Terrain Textures Pack Free（5-1-3 参照）、Conifers [BOTD]（5-1-3 参照）、Grass Flowers Pack Free（5-1-3 参照）、#NVJOB Water Shaders V2.x（5-1-3 参照）、Wispy Skybox（5-5-2 参照）、"Query-Chan" model SD（6-1-2 参照）、Woman Warrior（6-5-2 参照）、Level 1 Monster Pack（7-1-1 参照）、Low Poly Survival modular Kit VR and Mobile（7-5-1 参照）
IkinikoBattle9.zip	Terrain Textures Pack Free（5-1-3 参照）、Conifers [BOTD]（5-1-3 参照）、Grass Flowers Pack Free（5-1-3 参照）、#NVJOB Water Shaders V2.x（5-1-3 参照）、Wispy Skybox（5-5-2 参照）、"Query-Chan" model SD（6-1-2 参照）、Woman Warrior（6-5-2 参照）、Level 1 Monster Pack（7-1-1 参照）、Low Poly Survival modular Kit VR and Mobile（7-5-1 参照）、DOTween（8-2-3 参照）
IkinokoBattle_complete.zip	Terrain Textures Pack Free（5-1-3 参照）、Conifers [BOTD]（5-1-3 参照）、Grass Flowers Pack Free（5-1-3 参照）、#NVJOB Water Shaders V2.x（5-1-3 参照）、Wispy Skybox（5-5-2 参照）、"Query-Chan" model SD（6-1-2 参照）、Woman Warrior（6-5-2 参照）、Level 1 Monster Pack（7-1-1 参照）、Low Poly Survival modular Kit VR and Mobile（7-5-1 参照）、DOTween（8-2-3 参照）

CHAPTER 5 ゲームの舞台を作ってみよう

ご注意

ご購入・ご利用の前に必ずお読みください。

●本書に記載された内容は、情報の提供のみを目的としております。したがって、本書を用いた運用は、必ずお客様ご自身の責任と判断のもとで行ってください。本書記載内容による運用結果について、著者および技術評論社はいかなる責任も負いません。あらかじめ、ご了承ください。

●本書の記載内容は、2021年10月現在のものを掲載しており、ご利用時に変更されている場合もあります。また、本書の出版後に実施されるソフトウェアのバージョンアップによって、お客様の実行時に本書内の解説や機能内容、画面図などと異なることがありえます。本書ご購入の前に、必ずバージョンをご確認ください。

●本書掲載のプログラムは下記の環境で動作検証を行っております。

OS	macOS Big Sur/Windows 10
Unity	Unity 2021.1.15f1

上記以外の環境をお使いの場合、操作方法、画面図、プログラムの動作などが本書内の表記と異なる場合があります。あらかじめご了承ください。

●本書で利用するサンプルデータは、弊社サイトよりダウンロードして利用することができます。なお、サンプルデータの著作権はすべて著者に帰属しています。本書をご購入いただいた方のみ、学習目的に限り自由にご利用いただけます。

●本書のサポート情報およびサンプルファイルについては、下記の弊社サイトで確認できます。

https://gihyo.jp/book/2021/978-4-297-12433-5/support

1

ゲーム開発を
はじめよう

本書のメインテーマであるUnityは、ゲームの
開発エンジンです。Chapter 1では、ゲームの
歴史を少しだけ振り返ると共にUnityの概要を
学びます。

近年のゲーム開発シーンにおいて、なぜUnity
が登場したのか。その背景を知っておくことで
Unityをどのように活かすべきかのヒントが得
られることでしょう。

1-1 ゲームについて理解しよう

現在ゲームはPC、スマホ、専用機などで誰もが手軽に楽しむことができ、娯楽としてのポジションを確立しています。Unityでの開発を学ぶ前にゲームの歴史について少しだけ振り返ってみましょう。

1-1-1 ゲームは数千年前から存在していた

ゲームには、大きく分けて「アナログゲーム」と「デジタルゲーム」があります。

デジタルゲームはコンピュータを使ったゲームの総称です。一方アナログゲームは、デジタルゲーム以外のゲームの総称で、トランプ・将棋・カードゲームなど、コンピュータを使わないゲームは、すべてアナログゲームとなります。

現在確認されている最も古いゲームは、紀元前3500年ごろの古代エジプトで遊ばれていた「セネト」というボードゲームといわれています。ルールははっきりとわかっていませんが、「自分のコマを盤面から早く脱出させた人が勝ち」という、すごろくのようなものだったといわれています。

Coffee Break ボードゲームはとても楽しい！

筆者はボードゲームが大好きで、いろいろなゲームを購入してプレイしました。ボードゲームはプレイヤー同士で競う対戦型が多く、ほとんどが複数人で遊ぶことを想定して作られています。さまざまなボードゲームがありますが、おおよそ以下のような特徴を持っています。

- 一度遊んだだけで基本的なルールを理解できる
- 何度か遊ぶと、ふとしたときに「なるほど、こうすればいいんだ！」という発見がある
- 運と実力のバランスがちょうどよく、初心者から熟練者まで一緒に楽しめる
- プレイヤーを悩ませるジレンマ的要素が組み込まれている

また、これらの特徴に沿わない複雑なゲームもたくさんあります。たとえば、ゲームをセットアップするだけで1時間以上かかるものもあります。

ボードゲームで得られる知見は開発においても有用で、ゲームをどのように組み立てていくかの参考になります。まだ遊んだことが無い方は、ぜひ一度体験してみてください。

1-1-2) デジタルゲームの登場

アナログゲームは数千年前から存在していましたが、デジタルゲームは1970年ごろに登場しました（以降で本書における「ゲーム」はデジタルゲームを指します）。

最初のころはコンピュータの性能が低く、ゲームでの表現や容量は大幅に制限されていました。必然的にゲームの開発規模も小さく、1本のゲームを個人や数人単位のチームが数ヵ月程度の期間で作っていたようです。

その後コンピュータが急速に進化していくにつれ、性能上の制約は緩和されました。現在では、現実世界と見間違えるほどリアルなグラフィックのゲームがたくさん存在しています。

1-1-3) ゲーム開発のハードルは高かった

コンピュータの性能が低い時代はゲームの開発規模は小さかったものの、開発の難易度は高かったようです。というのも、開発のノウハウやフレームワークが現在ほど公開されておらず、専門書など情報も少なかったためです。

その後コンピュータの性能が向上するとともにゲーム開発業界も発展し、開発会社内では知識やノウハウが蓄積されていきましたが、やはり情報が公にされることは少なかったようです。また、ゲームの内容がリッチになるにしたがって、開発規模はどんどん大きくなっていきました。

一方で、RPGやシューティングなど特定ジャンルのゲームをかんたんに開発できるツールも登場しました。専門知識が無くてもゲームが作れる非常にすばらしいものでしたが、機能は限られていたため本格的なゲームの開発には向いていませんでした。

このように個人や小規模な開発チームが本格的なゲーム開発に参入するには、つい最近まで高いハードルがありました。

Unityについて理解しよう

ゲームについて理解したところで、ここでは本書で学習するUnityについて理解を深めましょう。

1-2-1 Unityとは

Unityは、2005年にMac上で動くゲーム開発プラットフォームとして誕生しました。その理念は「ゲーム開発の民主化」でした。

前述の通り、ゲーム開発には高いハードルがありました。おもしろそうなゲームのアイデアが浮かんだのに、作り方がわからず諦めてしまう。それはとても残念なことです。

そのような悩みを解決するために、「もっと多くの人がかんたんにゲームを開発できるようにしたい」という想いから生まれたのがUnityです。Unityはさまざまな機能を追加しながら進化を続け、現在では趣味のミニゲーム開発から商用の本格的なゲーム開発まで、幅広くカバーできる強力な開発プラットフォームとなりました。

図1.1 Unityホームページ

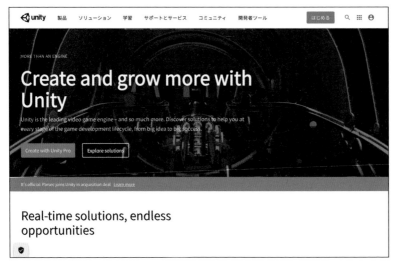

また最近ではゲーム開発だけに留まらず、アニメーションや医療、自動車産業など、ゲーム以外の分野でも活用されています。

ゲームについて理解したところで、ここでは本書で学習するUnityについて理解を深めましょう。

1-2-2 Unityにはどんな機能がある?

Unityには、ゲームを開発するために必要なさまざまな機能が搭載されています。

たとえば、重力の影響を自動で計算してくれる物理エンジンや、他のユーザが作った部品（Asset）を購入できるストアなどが用意されており、やり方次第では、プログラムを1行も書かずにゲームを制作することも可能です。

また、マルチプラットフォームに対応しており、Unityで作ったゲームを、専用機やPC、スマホなど、さまざまなプラットフォームで遊べるようにすることができます。

1-2-3 Unityは高くて手に入れられない?

Unityにはさまざまな機能が詰まっており、どのようなゲームでも開発できます。となると心配なのが、「Unityを使うにはどのくらいお金がかかるのか」という点ではないでしょうか。

先ほど述べたようにUnityの理念は「ゲーム開発の民主化」です。そして、料金プランもそれに沿ったものとなっています（2-1-2参照）。無料で使えるPersonalプランでもほとんどの機能が利用できますので安心してください。

> ### **T**ips **Unityを使うにあたって心がけておいた方が良いこと**
>
> 筆者はUnityを使う前からプログラムを書いており、しくみを考えるのは得意な方です。そのため、さまざまな機能を自分で作ろうとしてしまいがちです。
>
> これはこれでとても楽しいのですが、Unityに関しては、既存の機能やAssetをできるだけ活用することをオススメします。理由は既存の機能やAssetがとても強力で、使わないのはもったいないからです。
>
> 「有りものを使うなんて味気ない、全部自分で作りたい」と思う人もいるかもしれませんが、開発を続けていると必ずオリジナリティを出したい部分が出てきて、自ら勉強してカスタマイズするようになります。最初はこだわり過ぎず、既存の機能やAssetをフル活用してゲームを作っていきましょう。

1-2-4 Unityの弱点

一応、Unityの弱点についても考えてみましょう。

Unityはどのようなゲームでも作れるよう汎用的な機能を多数備えていますので、無駄を削ぎ落としたゲームエンジンと比べるとパフォーマンスの面で見劣りすることもあります。

ただし現在ではPCやスマホの性能も上がっているため、よほどリッチなゲームを制作するのでなければ心配する必要はありません。また、開発の難易度は少し高いですが、Unityには「DOTS」というパフォーマンスを劇的に向上させるためのしくみもあります。（DOTSについてはChapter 11で少しだけ解説しています）。

他には、少し前まではUnityのバージョンアップ直後は安定性に問題があったりもしたのですが、現在はかなり改善されています。

Unityがあらゆる面で別のゲームエンジンより優れているわけではありませんが、汎用性は非常に高く、「ゲーム開発において大きな弱点は無い」といって良いかと思います。

Coffee Break ゲーム配信プラットフォームで世界が広がった
....

ゲーム配信プラットフォームとは、スマホでアプリやゲームの購入＆ダウンロードができるGoogle PlayやApp Store、PCゲームの購入＆ダウンロードができるSteamなどのことです（10-4参照）。どのプラットフォームも、少しの金額を支払って開発者登録することで、かんたんにゲームを販売することができます。

また、PlayStation（以下PS）やNintendo Switch（以下Switch）などのストアでも、インディーズゲームを広く受け入れています。参入のハードルは少し上がりますが、個人で開発したゲームをPS・Switchで販売している方々も存在します。これらのゲーム配信プラットフォームのお陰で、個人でも大手企業と同じ土俵で戦うことができるようになりました。

また、ゲーム配信プラットフォームは物流コストが不要なため、開発者への支払いが多いのも特徴です。Google Play、App Store、Steamは、いずれも売上げの70〜85%が開発者に支払われます。ゲームがヒットすれば個人ゲームクリエイターとして生きていくことも可能です。

筆者が尊敬するゲームクリエイターの方は、最近Unityで開発したゲームが数百万ダウンロードを突破したそうです。個人開発のゲームでも、プレイヤーの心に刺されば大手メーカーの大作を超えるようなヒットになり得るということですので、夢が広がりますね。

⟨2⟩

Unityの開発環境を
構築しよう

本ChapterではUnityのインストールを行います。そのあとでUnityを起動して基本的な使い方を学んでいきましょう。

Unityの動作環境はmacOS・Windows・Linux（2021年10月現在、プレビュー版）です。インストール手順はmacOS、Windowsの両方を紹介しますが、インストール以降については、macOS版Unityで解説を進めていき、Windows版Unityについては適宜付記しています。

2-1 macOSにUnityをインストールしよう

ここでは、macOSにUnity HubおよびUnity本体をインストールする手順を説明していきます。

2-1-1 Unity Hubのインストール

　本書ではUnity Hubを利用します。Unity HubはUnity本体ではなく、Unityのバージョンやプロジェクトを管理するためのツールです。

　複数のゲームを開発している場合、ゲームごとに利用するUnityのバージョンが異なることがよくあります。またすでにゲームをリリースしていると、あとからUnityバージョンを変更するのが難しくなります。

　Unity Hubを使用すると、複数のUnityバージョンの管理が非常に楽になりますので、とても重宝するツールです。

　それでは、Unity Hubをダウンロード・インストールしていきましょう。

　まずUnityダウンロードページ（https://unity3d.com/jp/get-unity/download）にアクセスし、「Unity Hubをダウンロード」をクリックします。Webサイトのダウンロード許可を聞かれた場合は、「許可」を選択してください。

図2.1 Unity Hubのダウンロード

ダウンロードが完了したら、「UnityHubSetup.dmg」をダブルクリックします。英語で記述された利用規約が表示されますので、「Agree」をクリックします。

図2.2 Unity Hub利用規約

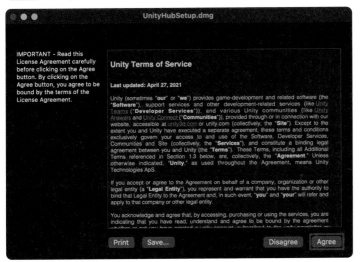

左側のUnity Hubアイコンを右側の「Applications」にドラッグします。Applicationsをダブルクリックし、中に「Unity Hub」があればインストールは完了です。

図2.3 Unity Hubのインストール

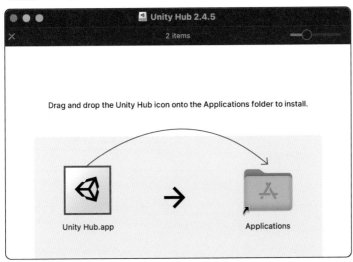

ips Unity Hubが開けない場合

Unity Hubアイコンをダブルクリックした際に、一部のmacOSでは「悪質なソフトウェアかどうかをAppleでは確認できないため、このソフトウェアは開けません。」というメッセージが表示されます。

図2.a macOSでUnity Hubが開けない

その場合は「システム環境設定」
→「セキュリティとプライバシー」
をクリックし、「ダウンロードした
アプリケーションの実行許可で
Unity Hubについて「そのまま開
く」をクリックすると、次から実行
できるようになります。

2-1-2 Unityのプラン

2021年10月現在、Unityには4つのプランがあります（表2.1）。ご自身の収益や利用形態によって利用可能なプランが変わるため、注意してください。

表2.1 Unityのプラン（2021年10月現在）

プラン	説明
Unity Personal	無料で利用可能。年間収益制限は10万ドル以下。ゲーム起動時のUnityロゴ（スプラッシュ）は削除できないが、ほとんどの機能は利用できる
Unity Plus	月額4,840円（年額4万8,394円）で利用可能。年間収益制限は20万ドル以下。ゲーム起動時のUnityロゴ（スプラッシュ）が削除可能で、プレイ情報を可視化できるCloud Diagnosticsなどの機能を利用できる
Unity Pro	月額約1万8,150円（年額21万7,800円）で利用可能。収益による制限はない。Unity Plusでの特典のほか、一部のAssetが無料で入手可能であったり、Cloud Buildが利用可能なUnity Teams Advancedライセンスが含まれている
Unity Enterprise	10人以上のチーム向けプラン

Tips **Unity Teams Advanced**

　Unity Teams Advancedは、Unity PersonalやUnity Plusのプランにはバンドルされていませんが、単体では月999円で利用可能です。

　Unity Teams Advancedで利用できるCloud Buildは非常に強力で、ゲームのビルドをサーバー側で自動実行できるようになります。ビルドはかなりの時間がかかる上に負荷も高いため、実行中はPCで他の作業ができなくなることもよくあります。ビルドが面倒だと感じたら、Cloud Buildの利用をオススメします。

2-1-3 Unityのインストール

　2-1-1でインストールしたUnity Hubを使用して、Unity最新版のインストールを進めていきましょう。

　Unityを利用するには表2.1で紹介したライセンスが必要になり、その取得には自身のUnity IDが必要となります。

　Unity Hubを最初に開いたときに表示される「ライセンスを管理」をクリックします。

図2.4 Unity Hubの初回起動

　「ログイン」をクリックすると、Unity IDのサインイン画面になりますので、「IDを作成」をクリックします。

図2.5 Unity IDサインイン画面

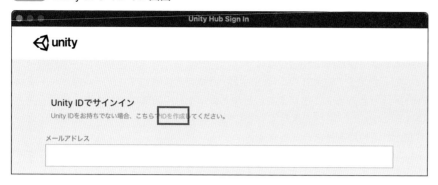

　Unity IDアカウントを作成画面で表2.2の項目を入力し、「Unity IDアカウントを作成」をクリックします。なお、GoogleアカウントやFacebookアカウントでもサインインは可能です。

表2.2 Unity IDアカウント作成時の入力項目

項目	説明
メールアドレス	メールアドレスを入力する
パスワード	ログイン用のパスワードを設定する
ユーザーネーム	Unityで使用するユーザー名を入力する
フルネーム	氏名を入力する
Unityの利用規約とプライバシーポリシーに同意します	利用規約とプライバシーポリシーに同意する
このボックスにチェックすることで、Unityからのプロモーション広告を受け取ることに同意します	Unityからのお知らせを受け取ることに同意する

図2.6 Unity IDアカウントの作成画面

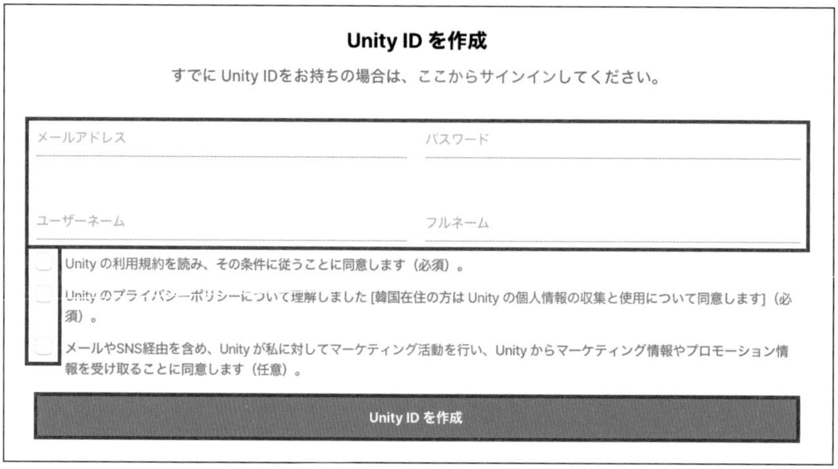

Unity ID を作成

すでに Unity IDをお持ちの場合は、ここからサインインしてください。

メールアドレス

パスワード

ユーザーネーム

フルネーム

☐ Unity の利用規約を読み、その条件に従うことに同意します（必須）。

☐ Unity のプライバシーポリシーについて理解しました [韓国在住の方は Unity の個人情報の収集と使用について同意します]（必須）。

☐ メールやSNS経由を含め、Unity が私に対してマーケティング活動を行い、Unity からマーケティング情報やプロモーション情報を受け取ることに同意します（任意）。

Unity ID を作成

　登録したメールアドレスに確認用メールが送付されます。メール本文内の「Link to confirm email」をクリックするとブラウザが開き、確認完了となります。Unity Hubに戻り、「Continue」ボタンをクリックします。

図2.7 ID作成の確認メール

◉ ライセンス認証

　先ほど作成したUnity IDでログインを行い、「新規ライセンスの認証」をクリックします。「Unity Personal」を選択し、「Unityを業務に関連した用途に使用しません。」を選択し、「実行」ボタンをクリックします。

　ライセンス認証が終わると、認証されたライセンス情報が表示されます。

図2.8 新規ライセンスの認証

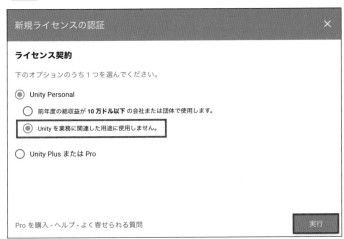

◉ Unityのバージョン選択とインストール

ライセンス認証が完了したら、Unity Hub画面の左にある「インストール」を選択し、Unity本体のインストールを進めていきます。

図2.9 Unity本体のインストール（その1）

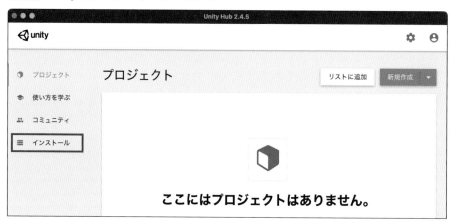

画面の右上に表示される「インストール」ボタンをクリックすると、インストール可能なUnityのバージョンが表示されます。通常は「推奨リリース」を選択して進めますが、本書はUnity 2021を対象としているため、「推奨リリース」がUnity 2021以降のバージョンになっていれば推奨リリースを選択します。推奨リリースがまだUnity 2020以前のバージョンであれば、「正式版」のUnity 2021を選択して「次へ」をクリックします。

図2.10 Unity本体のインストール（その2）

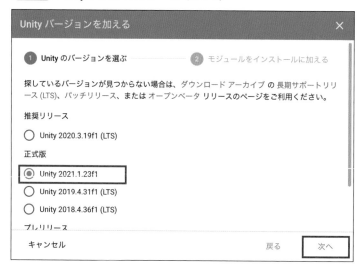

> **Tips 注意**
>
> 本書は Unity 2021.1.15f1 で動作確認を行っています。そのため、左図とは違う操作となりますが、通常はそのときの推奨リリースを利用してください。

　次にインストールするコンポーネントを選択します。本書では Windows と macOS 用の PC ゲームを開発していますので、表2.3にあるコンポーネントを選択して「実行」をクリックすると、インストールが開始します。

表2.3 PC (macOS) 用ゲームを開発する場合のコンポーネント

コンポーネント	説明
Documentation	困ったときに参照できる Unity のドキュメント
Windows Build Support (Mono)	Windows 用のゲームをビルドするためのコンポーネント
Mac Build Support (IL2CPP)	macOS 用のゲームをビルドするためのコンポーネント

図2.11 Unity 本体のインストール（その3）

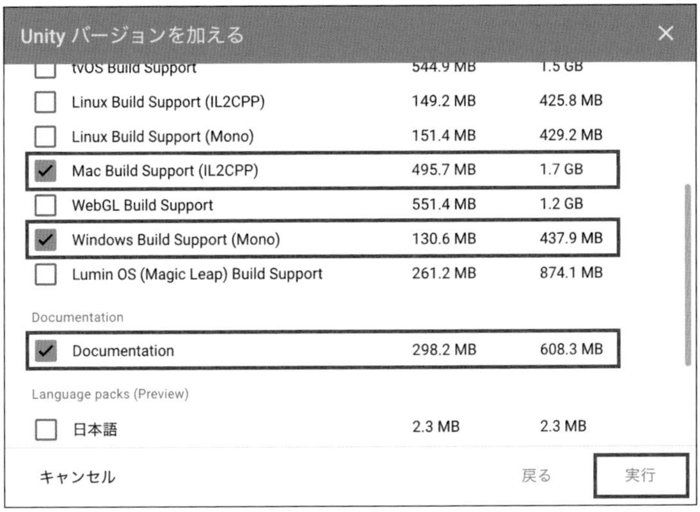

　PC以外のプラットフォームでもゲームを開発する場合は、表2.4のコンポーネントも選択してください。

表2.4 スマホ・ブラウザ用ゲームを開発する場合のコンポーネント

コンポーネント	説明
Android Build Support	Android用のゲームをビルドするためのコンポーネント
iOS Build Support	iOS用のゲームをビルドするためのコンポーネント
WebGL Build Support	Webブラウザでプレイ可能なゲームをビルドするためのコンポーネント

　Language packs(Preview)は、Unityエディタを各言語で表示（ローカライズ）するためのコンポーネントです。まだプレビュー版で、Web上で検索して得られる情報もほとんどがLangauge packsを適用していないため、本書ではLanguage packsは選択せずに解説を進めます。

　なお、コンポーネントは後から削除できませんが、追加することは可能です。インストールに必要な容量は結構大きいため、コンポーネントが必要かどうかわからない場合は、保留して後回しにしましょう。

図2.12 Unity本体のインストール（その4）

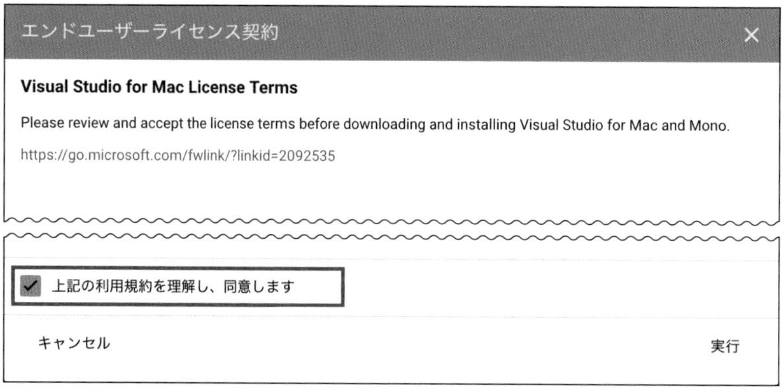

図2.13 Unity本体のインストール（その5）

2-2 WindowsにUnityをインストールしよう

ここでは、WindowsにUnity HubおよびUnity本体をインストールする手順を説明していきます。

2-2-1 Unity Hubをインストールする

macOS版と同様に、Unityのダウンロードページ（https://unity3d.com/jp/get-unity/download）にアクセスして、Unity Hubのインストーラをダウンロードします。

「Unity Hubをダウンロード」をクリックし、「実行」もしくは「保存」をクリックしてください。「実行」の場合はダウンロードから続いてインストールが開始、「保存」の場合はインストーラをいったんPCに保存します。

図2.14 Unity Hubのダウンロード

インストーラを起動し、ライセンス契約書を一番下まで確認して「同意する」をクリックします。

図2.15 ライセンス契約書の確認

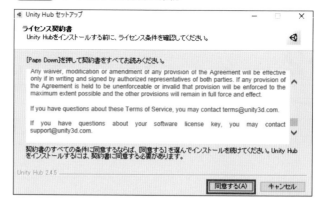

次にインストール先フォルダを指定します。特に問題なければそのまま「インストール」をクリックしてください。

図2.16 インストール先の確認

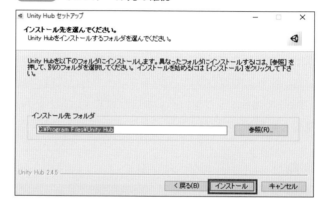

インストールが完了したら、「Unity Hubを実行」にチェックをつけたまま、「完了」をクリックします。

図2.17 インストールの完了

2-2-2 Unity をインストールする

2-2-1でインストールしたUnity Hubを使用して、Unity最新版のインストールを進めていきましょう。

ライセンスを取得していない場合は、macOS版のインストール（**2-1-3**）を参照してライセンス認証を行ってください。Windows版ではライセンス認証を行った前提で解説を進めていきます。

起動したUnity Hub画面の右上にある「インストール」をクリックします。

図2.18 Unity Hub画面

インストール可能なUnityのバージョンが表示されます。通常は「推奨リリース」を選択して進めますが、本書はUnity 2021を対象としているため、「推奨リリース」がUnity 2021以降のバージョンになっていれば推奨リリースを選択します。

推奨リリースがまだUnity 2020以前のバージョンであれば、「正式版」のUnity 2021を選択して「次へ」をクリックします。

図2.19 インストールするバージョンの選択

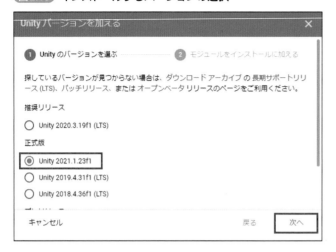

T**ips** **注意**
....
本書はUnity 2021.1.15f1で動作確認を行っています。そのため、図2.19とは違う操作となりますが、通常はそのときの推奨リリースを利用してください。

　次にインストールするコンポーネントを選択します。本書ではWindowsとmacOS用のPCゲームを開発していきますので、表2.5にあるコンポーネントを選択して、「次へ」をクリックします。

表2.5 PC（macOS・Windows）用ゲームを開発する場合のコンポーネント

コンポーネント	説明
Microsoft Visual Studio Community 2019	コードの編集を行うためのツール
Documentation	困ったときに参照できるUnityのドキュメント
Windows Build Support (Mono)	Windows用のゲームをビルドするためのコンポーネント
Mac Build Support (IL2CPP)	macOS用のゲームをビルドするためのコンポーネント

図2.20 Unity本体のインストール（その1）

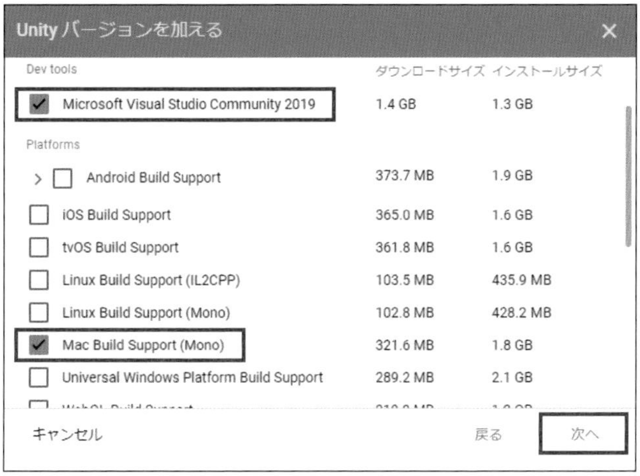

PC以外のプラットフォームでもゲームを開発したい場合は、表2.6のコンポーネントも選択してください。

表2.6 スマホ・ブラウザ用ゲームを開発する場合のコンポーネント

コンポーネント	説明
Android Build Support	Android用のゲームをビルドするためのコンポーネント
iOS Build Support	iOS用のゲームをビルドするためのコンポーネント
WebGL Build Support	Webブラウザでプレイ可能なゲームをビルドするためのコンポーネント

Language packs (Preview)は、Unityエディタを各言語で表示（ローカライズ）するためのコンポーネントです。まだプレビュー版で、2021年現在はWeb上で検索して得られる情報も、ほとんどがLanguage packsを適用していないため、本書ではLanguage packsは選択せずに解説を進めます。

図2.21 Unity本体のインストール（その2）

2-3 Unityを動かしてみよう

インストールが完了したところで、皆さんはきっとUnityを動かしてみたくてウズウズしているかと思います。ここからはUnityを動かしながら、使い方の基本を学んでいきましょう！

2-3-1 プロジェクトを作成する

◉ プロジェクトとは

Unityでは、ゲームを「プロジェクト」という単位で管理します。プロジェクトは、ゲームのスクリプト、キャラクターの画像、ステージのデータなど、ゲームを必要なファイルや情報で構成されています。

◉ プロジェクトの作成

まずはプロジェクトを作成しましょう。

Unity Hubで左上の「プロジェクト」を選択し、「新規作成」をクリックすると、プロジェクトの作成画面が開きます。

テンプレートでは、プロジェクトのテンプレート（雛形）を設定します。今回は「3D」を指定します。なお、テンプレートはプロジェクトの初期設定や初期パッケージが変わる程度で、「3D」を選択しても2Dゲームは作成できます。

プロジェクト名を「Test」に指定し、保存先を指定して「作成」をクリックします。

図2.22 新規プロジェクトの作成

2-3-2 シーン、ゲームオブジェクト、コンポーネント、Asset

　プロジェクトを作成すると、Unityエディタが自動的に開いて、SampleSceneというシーンが開かれた状態になります。

　プロジェクトは、シーン、ゲームオブジェクト、コンポーネント、Assetなどで構成されています。

◉ シーン (Scene)

　シーン (Scene) とは、ゲーム中の場面を表します。たとえば、「タイトル画面シーン」「ステージ1シーン」「ステージ2シーン」といった形です。

　1つのシーンにゲームのすべての要素を詰め込むことも可能です。ただし、後から変更を加えるのが大変になったり、不要な要素があるせいでゲームプレイ時のパフォーマンスに影響を及ぼすため、シーンは必要に応じて分けるようにしましょう。

◉ ゲームオブジェクト (Game Object)

　ゲームオブジェクト (Game Object) とは、ゲームを構成する要素で、シーンの中に配置されます。キャラクター、光源 (周囲を照らすライト)、背景画像、UIなど、ゲーム中で登場するものは基本的にゲームオブジェクトとして存在しています。

◉ コンポーネント (Component)

　ゲームオブジェクトには、コンポーネント (Component) という「ゲームオブジェクトのふ

るまいを制御する部品」をアタッチする（紐づける）ことが可能です。

　ゲームオブジェクト自体は機能をほとんど持っておらず、そのゲームオブジェクトがキャラクターなのか、それとも光源なのかといったことは、どのコンポーネントがアタッチされているかによって変わります。

◉ Asset(アセット)

　Asset(アセット)とは、Unityプロジェクトで管理しているデータの総称です。キャラクターの3Dモデル、画像ファイル、音声ファイル、スクリプト（コンポーネントとしてゲームオブジェクトにアタッチできるプログラム）などもAssetとして取り込み、管理しています。シーンもAssetのひとつとして保存します。

　Assetは「メタデータ」と呼ばれる各Assetの情報と一緒にUnityが管理しているため、WindowsのエクスプローラーやmacOSのFinderから直接Assetの名前を変更・削除すると、データがおかしくなる可能性があります。名前変更・削除はUnityエディタ上から行うようにしましょう。

　ちなみに、Assetの追加や差し替えは、エクスプローラーやFinderから行っても問題ありません（Unityに自動で反映されます）。

2-3-3 基本的なビューとウインドウ

Unityエディタにはさまざまなウインドウがあります。初期状態で開かれているものを順に見ていきましょう。

図2.23 Unityエディタ

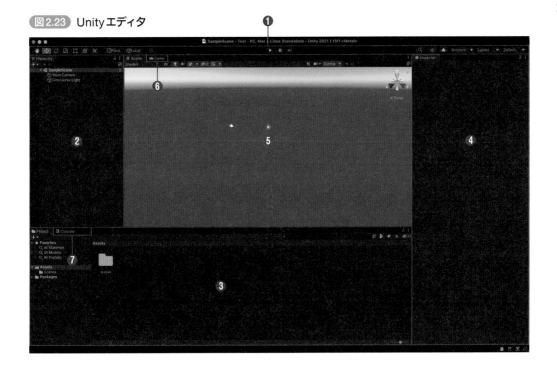

◉ ツールバー

ツールバー（図2.23❶）はエディタ上部に常に表示されます。

最もよく使うのは、左側のTransform Tools（Sceneビューでゲームオブジェクトを移動したり回転したりする時に使うツール群）と、中央のPlay/Pause/Step Buttons（ゲームの再生・停止などを行うボタン）です。

他のコントロールに関しては、必要に応じて適宜説明します。

◉ Hierarchy（ヒエラルキー）ウインドウ

Hierarchy（ヒエラルキー）ウインドウ（図2.23❷）には、シーンに配置されているゲームオブジェクトが一覧表示されます。Hierarchyウインドウ上で右クリックすることで、ゲームオブジェクトの作成が可能です。

ドラッグ＆ドロップでゲームオブジェクトの順番を並び替えたり、ゲームオブジェクト同士に親子関係を持たせたりすることが可能です。

◉ Project（プロジェクト）ウインドウ

Project（プロジェクト）ウインドウ（図2.23❸）は、プロジェクトで管理しているAssetを表示します。右クリックメニューから各種Assetを作成・インポートすることができます。

また、ここに画像ファイルや音声ファイルを直接ドラッグ＆ドロップすることでもインポートすることが可能です。

◉ Inspector（インスペクター）ウインドウ

Inspector（インスペクター）ウインドウ（図2.23❹）では、ゲームオブジェクトまたはAssetを選択したとき、その詳細情報が表示されます。

Inspectorウインドウからは各種プロパティの値を編集することができます。また、ゲームオブジェクトのコンポーネントを追加・削除することも可能です。

◉ Scene（シーン）ビュー

Scene（シーン）ビュー（図2.23❺）は、開いているシーンが表示されます。

◉ Game（ゲーム）ビュー

Game（ゲーム）ビュー（図2.23❻）は、ゲーム画面（メインカメラが写している映像）が表示されます。

ビュー上で解像度やアスペクト比などを指定することが可能で、さまざまなデバイスに表示した際のゲーム画面の見え方をチェックすることができます。

◉ Console（コンソール）ウィンドウ

Console（コンソール）ウィンドウ（図2.23❼）は、デバッグ用のメッセージやエラーメッセージなどの重要な情報が表示されます。

◉ ステータスバーのメニュー

ステータスバーに表示されるメニューに関して、よく使うものに絞って表2.7で簡単に説明しておきます。

表2.7 ステータスバーの主なメニュー

メニュー	説明
Fileメニュー	プロジェクトの読み込み・保存や、ビルド設定で使用する
Editメニュー	プロジェクトの設定で使用する
Assetsメニュー	パッケージのインポートで使用する
Windowメニュー	各種ウインドウを開く

ビューやウインドウはドラッグ＆ドロップで移動することができる他、ツールバーの一番右にあるプルダウンから画面全体のレイアウトを変更することも可能です。少し慣れてきたら、使いやすいレイアウトを探してみましょう。

2-3-4 Sceneビューでの操作方法

Sceneビューでは視点を移動しながら作業するため、操作方法を把握しておきましょう。

◉ 視点の移動

スクロール操作（マウスのホイール）で前後に移動します。[Option] + [Command]（Windowsの場合は[Ctrl] + [Alt]）を押しながら画面をドラッグすることで、上下左右に視点が移動します。

◉ 視点の回転

[Option]（Windowsの場合は[Alt]）を押しながら画面をドラッグします。また、Sceneビュー右上にあるシーンギズモをクリックすることで、X/Y/Z軸方向に対してまっすぐ見た視点に変更することができます。

◉ 任意のゲームオブジェクトにフォーカスする

Hierarchyウインドウで任意のゲームオブジェクトをダブルクリックすると、対象のゲーム

Tips　覚えておきたいショートカット

ショートカットを使うと開発効率がアップします。すべて覚えるのは大変ですので、特に使用頻度の高いものだけでも覚えておきましょう。

表2.a　特に使用頻度の高いショートカット

ショートカット	説明
[W]	移動モード
[E]	回転モード
[R]	拡大/縮小モード
[Command] + [C]	コピー
[Command] + [V]	貼り付け
[Command] + [D]	複製
[Command] + [Z]	取り消す
[Command] + [P]	ゲームの再生

※Windowsの場合は[Command]の代わりに[Ctrl]を使用します。

オブジェクトがSceneビュー画面中央に表示されます。もう一度ダブルクリックすると、対象を中心にズームイン/ズームアウトします。

◉ ゲームオブジェクトの選択

　ハンドツール以外を選択した状態で、Sceneビュー上の該当ゲームオブジェクトをクリックするか、またはHierarchyウインドウから選択します。Sceneビュー上でドラッグすることで範囲選択も可能です。

2-3-5 ゲームオブジェクトを配置する

　これまででエディタの概要をざっと把握しました。次にシーンにゲームオブジェクトを配置してみましょう。

　SampleSceneのHierarchyウインドウには、Main CameraとDirectional Lightの2つのゲームオブジェクトが配置されています。

　Main Cameraはゲーム再生時に画面を映すカメラ、Directional Lightはオブジェクトを照らす光源です。ここにゲームオブジェクトを追加します。

　Hierarchyウインドウ上で右クリックし、「3D Object」→「Cube」を選択します。Sceneビューにグレーの立方体が追加されました。

図2.24 立方体の作成

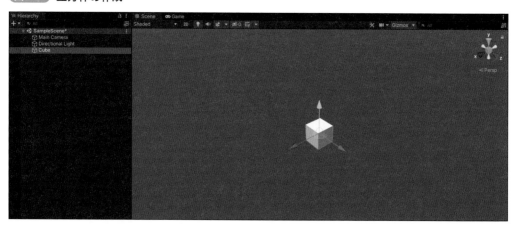

　他のオブジェクトも追加してみましょう。

　Hierarchyウインドウ上で右クリックし、「3D Object」→「Sphere」を選択します。オレンジの輪郭の一部は表示されましたが、先ほどの立方体と重なってしまっているようです。

　Sceneビューに表示されている3方向の矢印をドラッグして、オブジェクトを移動してみま

しょう。赤がX軸方向、緑がY軸方向、青がZ軸方向を表します。

図2.25 球体の作成

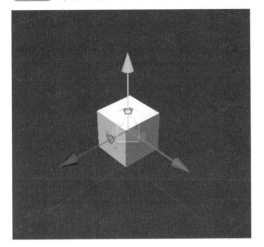

図2.26 球体を移動してみる

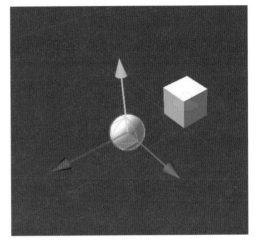

　ツールバー左側のTransform Toolsを切り替えることで、回転や伸縮も行えるようになります（Transform Toolsのショートカットキーは Q ～ Y が割り当てられ、ワンタッチで切り替えられます）。

　また、オブジェクトの移動・回転・伸縮はInspectorウインドウからも行えます。

　Sphereオブジェクトを選択し、InspectorウインドウのTransformコンポーネントで以下のように入力してみましょう。

- Position：Xに「1」、Yに「2」、Zに「3」
- Ratation：Xに「30」、Yに「0」、Zに「0」
- Scale：Xに「3」、Yに「1」、Zに「3」

ぺちゃんこの円盤になりました。

図2.27 Inspectorウインドウからゲームオブジェクトを操作する

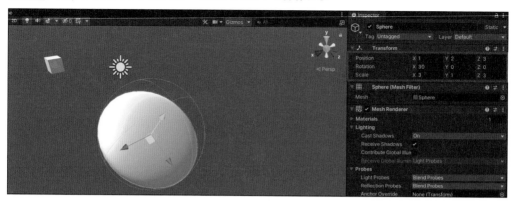

　以降の手順ではCubeは使用しませんので、HierarchyウインドウからCubeを選択して [Command] ＋ [Delete] （Windowsの場合は [Delete] ）で削除しておきましょう。

2-3-6 カメラを確認する

　初期の状態では、Main Cameraが映した映像がゲーム画面となります。キャラクターの移動に合わせた視点変更などは、カメラを移動することで実現可能です。

　Hierarchyウインドウで「Main Camera」をダブルクリックしてみましょう。

図2.28 Main Cameraを確認する

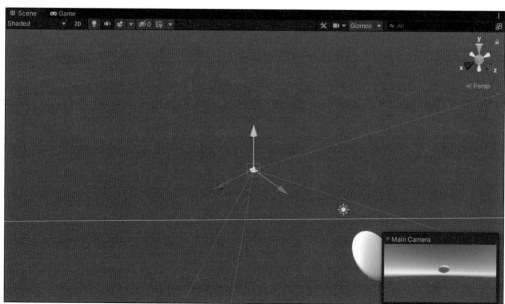

Sceneビューで、カメラから四方に出ている白い線が、カメラが映している範囲を表しています。Sceneビュー右下に表示されているのが、カメラのプレビューです。先ほど追加したSphereが写っています。

2-3-7 ゲームを実行する

Command (Windowsの場合は Ctrl) ＋ P またはツールバーの再生ボタンを押して、ゲームを再生してみましょう。

Gameビューが表示されるだけで、特に変化は起こりません。現時点ではゲームオブジェクトをシーン上に配置しただけで、動きを付けていないためです。

ゲームオブジェクトにコンポーネントをアタッチしていくことで、さまざまな動きが付けられます。

2-3-8 物理エンジンで遊んでみる

Unityには物理エンジンが搭載されており、ゲームオブジェクトを物理の法則に則って動かすことが可能です。物理エンジンを利用して、ボールを地面でバウンドさせてみましょう。

◉ Rigidbody をアタッチする

物理演算を適用したいゲームオブジェクトには、Rigidbodyコンポーネントをアタッチします。アタッチするだけで物理の法則が適用されるようになり、ゲームオブジェクトの重さや摩擦などを設定可能です。

Hierarchyウインドウで「Sphere」を選択し、Inspectorウインドウで「Add Component」ボタンをクリックし、「Physics」→「Rigidbody」を選択します。

図2.29 Rigidbodyの追加

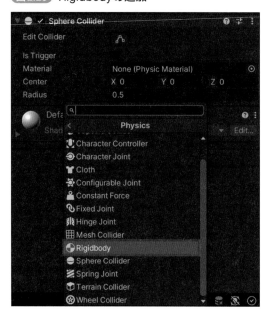

Rigidbodyはよく使う設定ですので、各プロパティの役割を把握しておきましょう（表2.8）。

表2.8 Rigidbodyの主なプロパティ

プロパティ	説明
Mass	オブジェクトの重さ（単位はKg）
Drag	オブジェクトの空気抵抗。値が大きいと、力を加えてもオブジェクトが移動しづらくなる
Angular Drag	回転に対する空気抵抗
Use Gravity	重力を適用するかどうか指定する
Is Kinematic	建物や壁など固定された物に使用するプロパティ。これにチェックをつけたオブジェクトはスクリプトで移動させない限り動かなくなる
Interpolate	Unityでは描画処理と物理演算処理が別々に実行されるため、描画と物理演算にズレが生じる場合がある。これらを設定すると、物理演算の補完を行い、この現象を軽減することが可能となる。Interpolateは直前のフレーム、Extrapolateは現在のフレームから次フレームを予測し、補完に使用する。ONにすると描画はスムーズになるが、負荷がかかるため使いすぎに注意
Collisions Detection	物理演算で移動するオブジェクトを高速で動かすと壁などを貫通してしまう場合、Continuousにすると、高速移動させても貫通しなくなる。Continuousは動かないオブジェクトと衝突する場合、Continuous Dynamicは動くオブジェクトと衝突する場合に使用する
Constraints	各座標軸に対して、Freeze Positionは移動、Freeze Rotationでは回転をしないよう制御が可能

平らな床を配置する

床を配置してみましょう。Hierarchyウインドウで右クリックし、「3D Object」→「Plane」を選択します。

Planeは厚さの無い平らな板です。床として使用するにはデフォルト値では小さいので、Inspectorウインドウで以下のように変更します。

- Position：Xに「0」、Yに「0」、Zに「0」
- Scale：Xに「10」、Yに「10」、Zに「10」

図2.30 Planeの追加

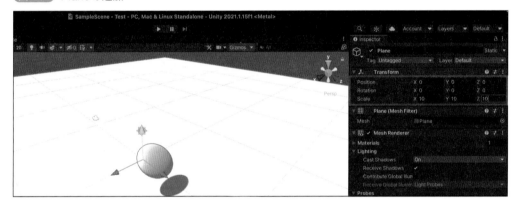

併せて、PlaneにRigidbodyコンポーネントもアタッチしましょう。床は動かさないので、「Is Kinematic」にチェックを付けておきます。

図2.31 Planeの設定

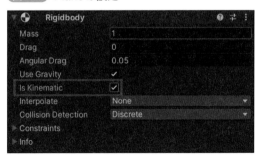

バウンドする球を準備する

床でバウンドする球を準備しましょう。

まずPhysics Materialを作成します。PhysicsMaterialは物理特性マテリアルというもので、物理演算における摩擦や弾性を定義します。

Projectウインドウで、Assets直下にPhysicsMaterialsフォルダを作成します。Assetsフォルダの上で右クリックして、「Create」→「Folder」を選択します。

次に作成したフォルダ内で「Create」→「Physics Material」を選択して、PhysicsMaterialを作成します。名前は「Bound」とします。

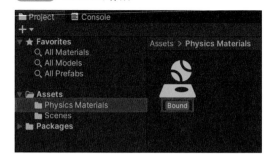
図2.32 Boundの作成

Boundを選択し、Inspectorウインドウで以下のように設定を変更します。

- Bouncinessに「0.7」
- Bounce Combineに「Maximum」

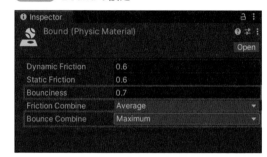
図2.33 Boundの設定

Physics Materialはよく使う設定です。主なプロパティを表2.9に挙げています。

表2.9 Physics Materialの主なプロパティ

プロパティ	説明
Dynamic Friction	摩擦抵抗の値で動いている物体に対して適用される。「滑っている物体が、どのくらい滑り続けるか」を設定し、推奨範囲は0～1、値が大きいほど滑りにくくなる
Static Friction	摩擦抵抗の値で、動いていない物体に対して適用される。「止まっている物体を、どのくらいの力で押せば滑りはじめるか」を設定し、推奨範囲は0～1、値が大きいほど滑りにくくなる
Bounciness	弾性(弾む力)の値で範囲は0～1。0であればまったく跳ねず、1であれば力の減衰無しで跳ね返る
Friction Combine	実際に適用される摩擦抵抗の計算方法。Avarageであれば接しているオブジェクト同士の摩擦抵抗の平均値を使用する。Minimum・Maximumは、摩擦抵抗の小さい方、または大きい方を使う。Multiplyは摩擦抵抗が乗算される
Bounce Combine	実際に適用される弾性の計算方法。Friction Combineと同様の設定

作成したPhysics MaterialをColliderに設定します。

Hierarchyウインドウで「Sphere」を選択し、InspectorウインドウのSphere ColliderコンポーネントにあるMaterialに、今回作成した「Bound」を設定します。併せて、TransformでScaleのXに「1」、Yに「1」、Zに「1」を入力して、Sphereを円盤から球に戻しておきます。

図2.34 Physics Materialの紐づけ

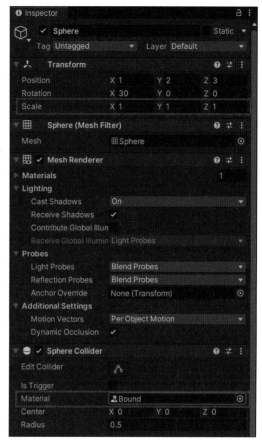

Tips MeshとMesh Colliderの相性

円盤型にしたSphereを球体に戻しましたが、これを円盤のままでゲームを実行すると「円盤であるにもかかわらず当たり判定は球のまま」という問題が発生します。これはCircle Colliderがとてもシンプルな構造で、球の半径しか設定できないのが原因です。

オブジェクトの見た目通りのColliderにするためには、Mesh Colliderを使用します。ただ、これはSphereなどのMeshには適用されないようで、実際にSphereのColliderをMesh Colliderにつけ替えても、Colliderが正しく生成されず衝突判定が発生しなくなります。

このように特定のMeshとMesh Colliderには相性の良くないものがありますので、注意して使いましょう。

◉ 床に色や模様を設定する

床に円盤の影が落ちていますが、何もかも真っ白で非常に見づらいですね。オブジェクトにMaterialを指定することで、色や模様を付けることができます。

床にMaterialを付けてみましょう。まず画像ファイルをAssetとして取り込みます。ProjectウインドウでAssetsフォルダの下にTexturesフォルダを作成し、その中にサンプルのplane_texture.png（サンプルデータにあり。P.4参照）をドラッグ＆ドロップします。

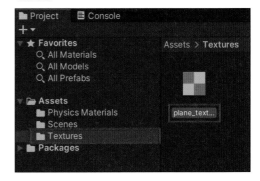

図2.35 Textureのインポート

3Dのオブジェクトに画像を貼り付けるには、Materialが必要になります。

ProjectウインドウでAssetsフォルダの下にMaterialsフォルダを作成し、そのフォルダを選択して右クリックし、「Create」→「Material」を選択して、Materialを作成します。名前は「Field」としておきます。

図2.36 Materialの作成

作成したMaterialを選択し、InspectorウインドウのAlbedoの小さなアイコン（◉）をクリックすると、Select Textureウインドウが開きます。先ほどインポートしたplate_textureを選択すると、Albedoに反映されます。

またTilingのXに「100」、Yに「100」を設定します。Tilingの入力欄は上下に2ヵ所ありますので、上にあるMain MapsのTilingを使用してください。

Albedoは表面色の設定で、TilingはModelにMaterialのテクスチャをいくつ並べて貼り付けるかの設定です。

図2.37 Materialの設定

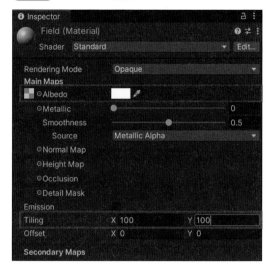

MaterialをPlaneに反映してみましょう。

Hierarchyウインドウで「Plane」を選択し、Mesh RendererコンポーネントのMaterialsで、Element 0に先ほど作成した「Field」を設定すると、床に色が付きました。

図2.38 Materialの反映

Tips Shaderについて

ＭaterialにはShaderを指定可能です。Shaderはオブジェクトを描画するプログラムのことで、初期に選択されている「Standard」以外にもモバイル端末用の負荷を抑えたものなど、たくさんの種類があります。ちなみに、Shaderは自分で作ることも可能です。

本書ではほとんど扱っていませんが、少し触れるようになっておくと表現の幅が広がります。Unityに慣れてきたら、試してみると良いでしょう。

◉ 球を動かしてみる

では、ゲームを再生してみましょう。球がバウンドしました。

図2.39 バウンドする球の様子

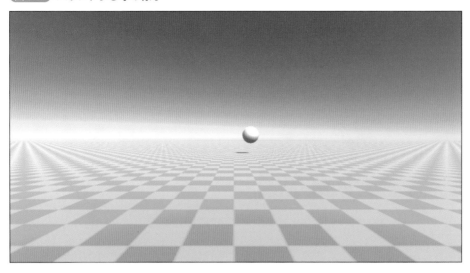

物理エンジンを使うと、現実世界に近い動きが簡単に再現できます。壁、床、ゴール地点を準備すれば、物理エンジンだけでビー玉転がしのようなゲームが作れそうですね。

Coffee Break **ColliderにはRigidbodyが必要！**

「オブジェクトにColliderをアタッチしているのに、当たり判定が実行されない……」これはColliderを使っていると陥りがちな罠の1つです。主な原因は以下の通りです。

- それぞれのオブジェクトが、衝突判定が発生しないレイヤーに配置されていた
- Rigidbodyがアタッチされていない

Colliderを使う場合、衝突する2つのゲームオブジェクトのうち少なくとも片方にRigidbodyをアタッチしないと反応してくれません。

Rigidbodyでの物理演算は負荷が大きいので、できるだけ負荷を抑えたい場合は、片方のゲームオブジェクトにのみRigidbodyをアタッチするのがオススメです。

③

C#の基本文法を学ぼう

本Chapterでは、Unityのスクリプトの作成に使用する、C#の基本について解説します。スクリプトとはUnityのゲームオブジェクトにアタッチするプログラムのことで、ゲームオブジェクトに対してさまざまな操作を行うことができます。

もしプログラミングに苦手意識がある場合は、本Chapterの内容をざっくり把握したあと、ビジュアルスクリプティング（Chapter 12）を参照してみてください。

Unityでスクリプトを使おう

Unityの各機能やさまざまなAssetを利用すれば、スクリプトを書かなくてもゲームを作れます。しかし、自分でスクリプトを書けるようになれば、できることが格段に広がります。

3-1-1 スクリプトを作成する

プログラミングは経験が無い人にとっては「難しそう」というイメージがあり、身構えてしまうかもしれません。しかし、基礎を習得しておけば決して難しいものではありません。

それでは、UnityでC#を使ったスクリプトを作成する手順を確認していきましょう。

ProjectウインドウのAssetsフォルダで右クリックし、「Create」→「Folder」を選択してフォルダを作成します。フォルダ名は「Scripts」とします。

フォルダを作成しなくてもスクリプトは動作しますが、開発を進めるとスクリプトはどんどん増えていき、管理が大変になってきます。少しでも管理しやすくするため、適宜フォルダでまとめるようにしましょう（本書サンプルではScriptsフォルダに直接入れていますが、本格的なゲームを開発する際は、シーンや機能ごとにフォルダを分けることをおすすめします）。

図3.1 フォルダの作成

続いてスクリプトを作成します。Scriptsフォルダで右クリックし、「Create」→「C#Script」を選択し、スクリプト名は「Test」とします（リスト3.1）。

図3.2 スクリプトの作成（Test.cs）

リスト3.1 Test.cs

```
using System.Collections;
using System.Collections.Generic;
using UnityEngine;

public class Test : MonoBehaviour
{
    // Start is called before the first frame update
    void Start()
    {

    }
    // Update is called once per frame
    void Update()
    {

    }
}
```

3-1-2 スクリプトをアタッチする

　作成したスクリプトをゲームオブジェクトにアタッチしてみましょう。ゲームオブジェクトにアタッチすることで、スクリプトが実行されるようになります。

　Chapter 2で準備したSampleSceneを開いて、「Sphere」を選択します。Inspectorウインドウで「Add Component」ボタンをクリックし、検索BOXに「Test」と入力すると、先ほど作成したスクリプトが出てきます。

　選択すると、スクリプトがゲームオブジェクトのコンポーネントとして追加されます。

図3.3 スクリプトの検索

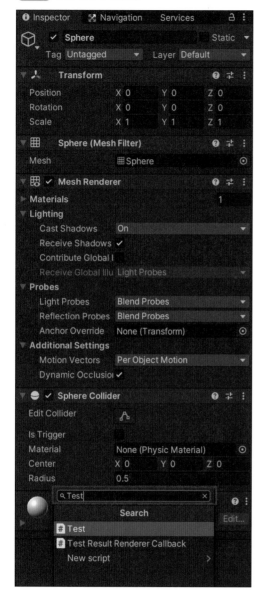

図3.4 スクリプトのアタッチ

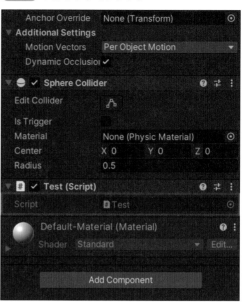

3-1-3 ログを活用する

Unityでスクリプトを作成する際、ログはとても重要です。というのも、スクリプトの記述に問題があったり（いわゆる構文エラー）、スクリプト実行時に問題が起こった場合は、エラーログが赤文字でConsoleウインドウに表示されるためです。

エラーログには、エラーメッセージと発生個所（スタックトレース）が表示されますので、

それを元に問題を修正しましょう。読んでもわからないエラーは、エラーメッセージで
Google検索するとたいていは解決方法が見つかります。

　ちなみに、スクリプト中でDebug.Log()を使うことで、任意のタイミングで好きな内容のログを出力できます。試しにTest.csのvoid Start()をリスト3.2のように変更してみましょう。

リスト3.2 Test.csの変更個所

```
void Start ()
{
    var test = "TEST!!";   「test」という変数に「TEST!!」の文字列を入れる
    Debug.Log(test);   test変数をそのままログ出力してみる。Consoleに「TEST!!」と出力される
    Debug.Log(test.Length);   test変数の長さを出力してみる。Consoleに「6」と出力される
    test = null;   「test」にnull（空っぽのデータ）を入れてみる
    Debug.Log(test.Length);   nullは長さを取得するためのLengthフィールドを持ってないので、
                              NullReferenceExceptionエラーが発生する
}
```

　ゲームを実行すると、Consoleウインドウにログが出力されることが確認できます。

図3.5 ログの確認

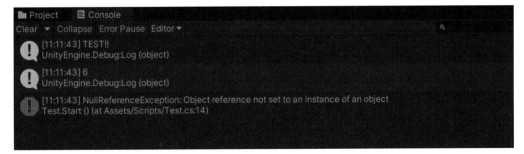

Coffee Break　スクリプトのプログラミング言語

　以前はUnityでは、JavaScriptやBooなどの言語もサポートしていましたが、現在ではC#に一本化されています。C#はクセが少なく扱いやすい言語で、習得しておけば他のプログラミング言語を学ぶ際にも役立つはずです。

　なお、ShaderというUnity上でグラフィック描画処理を行うプログラムではHLSL（High Level Shading Language）という言語を使用しますが、本書では解説しません。

3-2 データの扱い方について学ぼう

スクリプトでは、キャラクター名、レベル、制限時間、獲得したアイテムなど、ゲームの内容に応じてさまざまなデータを扱います。まずはどのようにデータを扱うのか学んでいきましょう。

3-2-1 変数

　変数とはデータの入れ物のことです。入れ物ですので、特殊な場合を除いて中身(値)はいつでも変更できます。変数には整数型・小数型など、さまざまな型が準備されており、変数を作る際は「どの型の変数なのか」を宣言します。

　C#では、変数には型に一致する値のみ入れることが可能です。たとえば、整数型の変数に入れられるのは整数のみで、文字列を入れようとするとエラーになります。

　以下にUnityでよく使う型を紹介します。

◉ bool型

　bool型は、true(真)またはfalse(偽)の2種類の値を格納できる、いちばんシンプルな型です。

```
bool value = true;
```

◉ int型

　int型は、-2147483648～2147483647の範囲の整数を格納できます。この範囲を超える整数を扱う場合はlong型を使います。

```
int value = 128;
```

◉ float型

　float型は、小数を格納できます。C#では、数値の末尾に「f」を付けることでfloat型であることを表します。桁数が多いと誤差が出る(値がほんの少しだけ意図せず変わってしまう)のが特徴で、誤差なく扱える有効桁数は6～9桁程度です。

Unityは座標などの各所にfloat型を使っています。そのため、しばしば誤差が発生して、Inspectorウインドウに表示されている値が変わることがあります。

```
float value = 0.25f;    float型は、数値末尾にfを付ける
float value2 = 5f;    小数点以下が無くてもOK
```

◎ string型

string型は、キャラクター名やメッセージなど、任意の文字列を格納できます。C#では、文字列を「""」で囲います。

```
string value = "ABCあいう123";
```

◎ 配列型

配列型は、同じ型の複数の値を1つの固まりとして扱うための型です。配列に入れたデータ（要素）には「0」から順番に番号（インデックスと呼びます）が振られ、インデックスを使って値にアクセスし、データを読み取ったり変更したりできます。

要素の数を増やしたい場合は、新しい配列を丸ごと作り直して上書きする必要があります。

```
int[] values = new int[] {1, 2, 3};    「1, 2, 3」という3つのint型データが入った配列を作成する
Debug.Log(values.Length);    配列の要素が何個あるかをカウントする。3個入っているので、「3」が出力される
Debug.Log(values[0]);    0番目の要素を取得する。「1」が出力される
values[0] = 100;    0番目の要素を「100」に書き換える
Debug.Log(values[0]);    「100」が出力される
```

◎ List型

List型は、配列型と似ていますが、要素の数を後から増やすことができます。

```
List<int> values = new List<int> {1, 2, 3};
    1, 2, 3という3つのint型データが入ったListを作成する
Debug.Log(values.Count);    Listの要素が何個あるかをカウントする。3個入っているので、「3」が出力される
Debug.Log(values[0]);    0番目の要素を取得する。「1」が出力される
values[0] = 100;    0番目の要素を「100」に書き換える
Debug.Log(values[0]);    「100」が出力される
values.Add(999);    要素「999」を末尾に追加する
Debug.Log(values[values.Count - 1]);    「999」が出力される
```

◉ Dictionary型

Dictionary型は辞書型とも呼ばれます。List型と似ていますが、自動で振られるインデックスの代わりに「キー」と「値」をセットにしてデータを保持します。

```
Dictionary<string, int> values = new Dictionary<string, int> {
    {"いち", 1},
    {"に", 2},
    {"さん", 3},
};   いち = 1，に = 2，さん = 3という3つのデータが入ったDictionaryを作成する
Debug.Log(values.Count);   Dictionaryの要素が何個あるかをカウントする。「3」が出力される
values["いち"] = 100;   "いち"の要素を「100」に書き換える
Debug.Log(values["いち"]);   「100」が出力される
values.Add("よん", 999);   "よん" = 999 の要素を追加する
Debug.Log(values["よん"]);   「999」が出力される
```

◉ 列挙型（Enum）

列挙型は値の種類を先に宣言しておく型です。

たとえば、ゲームモードに「Easy」「Normal」「Difficult」の3種類があったとします。このような場合は、「GameMode」の列挙型として「Easy」「Normal」「Difficult」の3種類を宣言しておけば、GameMode型の変数にはこれらの値しか入れられなくなります。

```
列挙型「GameMode」の宣言
enum GameMode {
    Easy,
    Normal,
    Difficult
}
GameMode gameMode = GameMode.Easy;   GameMode型の変数には、先に宣言しておいたGameMode.Easy、
GameMode.NormalGameMode.Difficultの3種類の値しか入れることができない
```

Tips 各種クラスの型

後述の「クラス」も変数の型として使用することができます。

3-2-2 定数

変数はいつでも値を変更できるのに対して、定数は値を変更できません。

定数を使うことで「この値は変更しない」ことを明確にできますので、プログラムの見通しが良くなります。

```
const int Value = 10;    constを付けることで定数になる
```

Tips 変数には var（型推論）も使える

前述の例では int や float など明確に変数の型を宣言していますが、var で宣言することもできます。

var で宣言すると、初期値に応じて自動的に型が割り当てられます。

```
var a = 1;    int型になる
var b = 1.3f;    float型になる
var c = "test";    string型になる
var d = new Vector3(0, 0);    Vector型になる

以下のように、初期値が空の場合はvarは使用できない
var e;
var f = null;
```

3-2-3 ベクトル型

ベクトル型（3Dの場合はVector3、2Dの場合はVector2）はUnityではとても良く使う型の1つです。

ベクトルとは、「向き」と、その向きへの「大きさ」を表すものです。Vector3では、3D空間の3軸（X・Y・Z）の値を格納することができます。Vector2では、2D空間の2軸（X・Y）の値を格納することができます。

Unityでは、このベクトルを使って以下のような処理を行います。

- オブジェクトに対し、任意の方向に任意の力を加える
- オブジェクトを配置する座標を指定する

```
private void Start() {
    var position = new Vector3(0, 1, 2);
    transform.position = position;     ワールド座標(0, 1, 2)にオブジェクトを配置する
    Debug.Log(vector.normalized);      方向だけを表す(大きさが1の)ベクトルを取得する
    Debug.Log(vector.magnitude);       大きさだけを取得する


    ベクトルは演算も可能
    Debug.Log(new Vector3(3, 1, 0) + new Vector3(5, 3, 1));
    Vector3同士での加減算が可能。結果は(8, 4, 1)
    Debug.Log(new Vector3(3, 1, 0) * 2 / 5);     intやfloatとの加減算が可能。
                                                  結果は(1.2f, 0.4f, 0)


    ベクトルは、よく使う値がかんたんに使えるよう宣言されている
    Debug.Log(Vector3.zero);       new Vector(0, 0, 0)と同値
    Debug.Log(Vector3.up);         new Vector(0, 1, 0)と同値
    Debug.Log(Vector3.forward);    new Vector(0, 0, 1)と同値
}
```

Coffee Break ## マジックナンバーは避けるべし

　プログラム中、唐突に出てきて使用される数値をマジックナンバーといいます。
　プログラムを書いた人はその数値の意味(その数値は何を表していて、どのような役目を果たすのか)を知っていますが、他の人が見てもすぐには意味がわからない場合が多々あります。
　たとえば、キャラクターの移動スピードを制御する処理を例に挙げてみましょう。

```
rigidbody.velocity = rigidbody.velocity.normalized * 5;
```
この場合、「5」がマジックナンバー

　この例の場合、Unityに慣れていれば「5は移動スピードだな」とわかるかもしれませんが、解釈に時間がかかることもあります。
　このようなものが増えると、プログラムがわかりづらくなるため、以下のように定数で宣言したりコメントを付けておくようにしましょう。

```
const int Speed = 5;    キャラクターの移動スピード
略
rigidbody.velocity = rigidbody.velocity.normalized * Speed;
```

　これで他の人がプログラムを見ても「5はキャラクターの移動スピードだな！」と確実に理解できるようになります。
　余談ですが、プログラムを書いてから数ヵ月経つと、書いた人自身が「他の人」と化してしまうことがしばしばあります(少なくとも筆者は、何ヵ月も前に書いたコードはほとんど覚えていません)。もし人に見せる予定が無くても、わかりやすく書くことを意識しておきましょう。

関数とクラスについて学ぼう

変数の説明が終わったところで、次はメソッドとクラスについて学んでいきましょう。

3-3-1 メソッド（関数）

3-2-1で説明した「変数」はデータの入れ物でした。それに対し、「メソッド（関数）」とは処理を実装したものです（厳密には、処理を実装したものを「関数」と呼び、クラス（後述）に属する関数を「メソッド」と呼びますが、Unityではほぼ同義で使われています）。

たとえば、ログの節で触れたDebug.Log("abc")のLog()はメソッドです。「ログを出力する」という操作がLog()メソッドの中に書かれていて、Log("abc")のようにメソッドに値を渡すと、「abc」というログが出力されます。

例として、キャラクターのレベル（1〜99）を保存するSaveLevel()メソッドを記載してみます。

```
public void SaveLevel(int level) {
```
メソッドの宣言は「アクセス修飾子　戻り値の型　メソッド名(引数)」の形になっている。voidはメソッドから返す値が無いことを表す

```
    if (level < 1 || 99 < level ) {
```
レベルが1未満または99よりも大きい場合はエラー
```
        throw new Exception("レベルは1〜99で指定してください");
```
エラー処理
```
    }

    PlayerPref.SetInt("level", level);
```
levelの値をPlayerPrefにセットする
```
    PlayerPref.Save();
```
セットされた値を保存する
```
    Debug.Log("レベルを保存しました！");
```
ログを出力する
```
}
```

　メソッドから任意の値を返すことも可能です。例として、渡された2つの整数を元にしたメッセージを返すメソッドを記載してみます。

```
public String GenerateTestMessage(int value1, int value2) {
    return String.format("{0}と{1}が渡されたよ!", value1, value2);
}
```
`上記のメソッドは、以下のように呼び出す`
```
var result = GenerateTestMessage(1, 2);
```
`GenerateTestMessage()を実行すると、String型の結果が返ってくる`
```
Debug.Log(result);
```
`「1と2が渡されたよ!」が出力される`

3-3-2 クラスとインスタンス

　クラスとは、複数の変数やメソッドをまとめたものです。Unityでは、クラスをスクリプトとしてゲームオブジェクトにアタッチすることで、ゲームオブジェクトの生成時に自動的にインスタンス（実体）化されます。

　クラスとインスタンスの関係はちょっとわかりづらいので、例を挙げてみましょう。

　車で例えると、クラスは「車の設計図」、インスタンスは「設計図を元に作られた車」です。同じ設計図を元に作られた車は、「アクセルを踏むと走る」「ハンドル操作で曲がる」といった機能は共通です。この機能が「メソッド」にあたります。

　ただ、車に入っているガソリンの量、内装、タイヤ、ホイールなどは、車がそれぞれ固有に持っているもので、後から自由に変えられます。これがインスタンスが持つ変数、「インスタンス変数」にあたります（インスタンス変数は、フィールドやメンバ変数とも呼ばれます）。

　そして、同じクラスを元に作られたインスタンスはすべて同じ構造をしていますが、それぞれ独立しています。1台の車を赤く塗ったとしても、他の車が勝手に赤くはなりません。

　クラスとインスタンスの例は以下の通りです。

`車クラス`
```
public class Car {
```
`フィールド (インスタンス変数)`
```
    public string Tire = "良いタイヤ";
    private string _owner;
```

`コンストラクタ (インスタンス化の際、最初に呼ばれるメソッド)`
```
    public Car(string owner) {
        _owner = owner;
        Debug.Log(string.Format("新しい車ができたよ!オーナー:{0}さん", _owner));
    }
```

`メソッド`
```
    public void Run() {
```

```
        Debug.Log("走るよ!");
    }
}
```

通常は new を使ってクラスをインスタンス化する。
ただし、Unityのスクリプトはゲーム実行時に自動でインスタンス化してくれて、コンストラクタも不要
```
var car = new Car("田中");     インスタンス化。「新しい車ができたよ!オーナー:田中さん」と出力される
Debug.Log(car.Tire);     フィールドの読み取り。「良いタイヤ」と出力される
car.Run();     メソッドの実行。「走るよ!」と出力される
```

Coffee Break クラスは役割に応じて分けよう

　慣れないうちは1つのクラスに何でもかんでも入れてしまいがちですが、これはNGです。たとえば車の運転席に「押すとパンが焼けます」ボタンや「押すと洗濯がはじまります」ボタンがついていると、「何で車にこんなものがついてるの?」となってしまいます。

　混乱を避けるため、クラスは用途ごとに分けるようにしましょう。プログラムに慣れてきたら「デザインパターン」で調べてみてください。プログラムをうまく設計するためのレシピが学べます。

3-4 フィールドとプロパティ について学ぼう

ここでは、インスタンスが持つフィールドとプロパティについて学んでいきましょう。
使い方を理解することで設計がシンプルになり、不具合を防ぎやすくなります。

3-4-1 フィールドとプロパティ

フィールドとは、それぞれのインスタンスが持っている変数のことです。

ゲームの実装を進める中で、そのインスタンスの中でだけ使うフィールドや、入れられる値を制限したいフィールドが出てきます。

そのような場合は、インスタンスの外部から直接フィールドを変更させないようにすれば予期せぬトラブルを防げます。

たとえば、キャラクターのレベルを1〜99の範囲にしたい場合、直接レベルを書き換えると間違って範囲外の値を設定してしまうかもしれません。

このような場合は、フィールドをインスタンスの外部から見えないようにして、プロパティを使ってアクセスさせます。

フィールドとプロパティの使い方の例は以下の通りです。

```
public class Character {

略

    キャラクターのレベルを格納するフィールド。レベルは「1〜99」としたい
    private int _characterLevel;
    publicだと外から見えてしまうので、privateまたはprotectedで宣言する


    外部から_characterLevelにアクセスさせるためのプロパティ
    public int CharacterLevel {
        get {
            return _characterLevel;
        }
        set {
            _characterLevel = Mathf.Clamp(value, 1, 99);
```

```
            レベルを1〜99の範囲に丸めてセットする。範囲外の値が渡されたらエラーを出す形でもOK
        }
    }
}
```

ちなみに、プロパティのgetおよびsetは片方だけ宣言したり、片方だけprivateにすることも可能です。

3-4-2 アクセス修飾子

先ほどの例で、publicやprivateという記述が出てきました。これはアクセス修飾子と呼ばれるもので、メソッドやフィールドにアクセス可能な範囲を設定します。

特によく使う3種類のアクセス修飾子は表3.1の通りです。

表3.1 アクセス修飾子

アクセス修飾子	説明
public	どこからでもアクセスできる
protected	そのクラスおよび継承(継承については後述します。)したクラスからアクセスできる
private	そのクラスの中からのみアクセスできる。C#では、アクセス修飾子を付けない場合はprivateと見なされる

3-4-3 クラスを隠蔽する

C#ではクラスの中にクラスを定義することができます。外側のクラスを「アウタークラス」、クラスの中に作ったクラスを「インナークラス」といいます。

アウタークラスからはインナークラスをアクセス修飾子に関係なく使用することができます。そのため、インナークラスをprotectedまたはprivateにすれば、そのクラスを外から見えなくすることが可能です。

```
public class Car {
    private Engine _engine;

    public Car() {
        _engine = new Engine();
    }
        Engineクラスはprivateなので、Carクラスでのみ使用可能
    private class Engine {
        private Engine() {
            Debug.Log("エンジンを作ったよ!");
```

```
            }
        }
    }
```

```
var car = new Car();      「エンジンを作ったよ！」と出力される
var engine = new Car.Engine();
```
Engineクラスはprivateなので、外部から呼び出そうとすると構文エラーになる

Tips　**コメントを活用しよう**

　スクリプトを書くときは、まずはフィールドやメソッドをわかりやすい名前にし、その上で理解しづらい部分があればコメントを書きましょう。

　コメントには、処理の細かい説明よりも「なぜこんな実装にしたのか」や「注意すべき点」などを記載した方が有益です。

　1人で開発しているゲームでも、数ヵ月後の自分はほぼ他人です。複雑な処理を完全に記憶しておくことはできないので、コメントで補足しておくととても役に立ちます。

　ちなみに、本書サンプルスクリプトでは、各所でTODOコメント（// TODO 内容...）を活用しています。調整が必要な部分にTODOコメントを記述しておけば、後回しにしても対応すべきところがすぐわかります。

　クラスやメソッドに説明を入れたい場合は、Visual Studio上で「///」と入力することでsummaryタグで囲まれたコメントの雛形が表示されます。

　summaryタグの間に説明を書くことで、そのクラスやメソッドを呼び出すときにも説明を参照できるようになりますので、わかりにくいメソッドは使い方を書いておくと便利です。

図3.a **クラスやメソッドの説明書き**

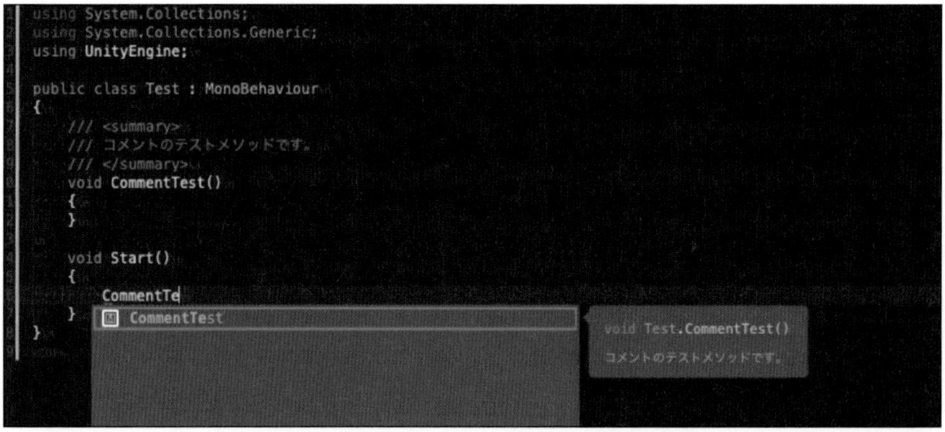

```
using System.Collections;
using System.Collections.Generic;
using UnityEngine;

public class Test : MonoBehaviour
{
    /// <summary>
    /// コメントのテストメソッドです。
    /// </summary>
    void CommentTest()
    {
    }

    void Start()
    {
        CommentTe
        🔲 CommentTest                           void Test.CommentTest()
    }                                          コメントのテストメソッドです。
}
```

3-5 演算子について学ぼう

演算子は、値に対してさまざまな演算を行うために使用します。ここでは、特によく使う演算子に関して説明します。

3-5-1 算術演算子

算術演算子は計算を行うために使用する演算子です（表3.2）。

表3.2 算術演算子

算術演算子	説明
加算演算子	足し算の演算子で「+」で記述する。数値の他に文字列なども加算できる。たとえば「1 + 2」は「3」、「"abc" + "def"」は「abcdef」となる。ちなみに、文字列に数値を足そうとした場合は、数値も文字列として扱われる。たとえば、「"1" + 2 + 3」は「123」となる
減算演算子	引き算の演算子で「-」で記述する。「1 - 2」は「-1」となる
乗算演算子	掛け算の演算子で「*」で記述する。「1 * 2」は「2」となる
除算演算子	割り算の演算子で「/」で記述する。「1f / 2」は「0.5f」となる
余剰演算子	対象を割って余りを求める演算子で「%」で記述する。「100 % 3」は33余り1となるので「1」となる

Tips 整数型の割り算に注意！

intなど整数型を割り算するとき、小数以下は切り捨てられます。つまり「1 / 2」の計算結果は「0」となり、しばしば不具合の原因になりますので注意しましょう。

3-5-2 比較演算子

比較演算子は値を比較するための演算子で、比較の結果を bool 型で返します。if 文（**3-6-2** 参照）の条件としてよく使用します（表 3.3）。

表3.3 比較演算子

比較演算子	説明
等値演算子	「==」で記述する。たとえば「A == B」の場合、 2つの値が等しければ true、そうでなければ false を返す
不等値演算子	「!=」で記述する。たとえば「A != B」の場合、 2つの値が異なっていれば true、そうでなければ false を返す
大なり演算子	「>」で記述する。たとえば「A > B」の場合、 A が B よりも大きければ true、そうでなければ false を返す
小なり演算子	「<」で記述する。たとえば「A < B」の場合、 A が B よりも小さければ true、そうでなければ false を返す
以上演算子	「>=」で記述する。たとえば「A >= B」の場合、 A が B 以上であれば true、そうでなければ false を返す
以下演算子	「<=」で記述する。たとえば「A <= B」の場合、 A が B 以下であれば true、そうでなければ false を返す

3-5-3 論理演算子

論理演算子は論理演算を行う演算子です。比較演算子で得た結果をつなげて使うときに使用します（表 3.4）。

表3.4 論理演算子

論理演算子	説明
AND 演算子	「&&（アンパサンド 2 個）」で記述する。たとえば「A && B && C」の場合、「A かつ B かつ C」の条件となる。この場合は、ABC すべてが true の場合のみ true、そうでなければ false を返す
OR 演算子	「||（パイプ 2 個）」で記述する。たとえば「A || B || C」の場合、「A または B または C」の条件となる。この場合は、ABC のいずれかが true であれば true、そうでなければ false を返す

3-5-4 代入演算子

代入演算子は定数や変数に値を入れるための演算子です（表3.5）。

表3.5 代入演算子

代入演算子	説明
代入演算子	「=」で記述する。たとえば「A = B」の場合、AにBの値を入れる
加算代入演算子	「+=」で記述する。たとえば「A += B」の場合、AにA+Bの値を入れる
減算代入演算子	「-=」で記述する。たとえば「A -= B」の場合、AにA-Bの値を入れる
乗算代入演算子	「*=」で記述する。たとえば「A *= B」の場合、AにA*Bの値を入れる
除算代入演算子	「/=」で記述する。たとえば「A /= B」の場合、AにA/Bの値を入れる
余剰代入演算子	「%=」で記述する。たとえば「A %= B」の場合、AにA%Bの値を入れる
インクリメント演算子	「++」で記述する。たとえば「A++」の場合、Aを1だけ増やす
デクリメント演算子	「--」で記述する。たとえば「A--」の場合、Aを1だけ減らす

3-5-5 条件演算子

条件演算子は三項演算子とも呼ばれます。if文（3-6-2参照）に似たもので、「条件 ? 真の値 : 偽の値」とすることで、条件に応じて返す値が選択されます。

```
var test = 1;  testの値を宣言する
var value = test == 1 ? "testは1です" : "testは1じゃないです";
Debug.Log(value);  testが1かそれ以外かで出力が変わる
```

3-6 制御構造について学ぼう

「制御構造を覚えればたいていのスクリプトは書ける！」といっても過言ではないほど重要なものですが、種類が少ないので覚えるのはかんたんです。
ここでは特によく使う5種類の制御構造を紹介します。

3-6-1 制御構造

ゲームでは、「ヒットポイントが0になったらゲームオーバー」といったように、条件に応じて実行内容を変化させる必要があります。

このように、プログラムの途中で分岐やループをさせるための記述を制御構造といいます。

3-6-2 if else

if elseはif文と呼ばれるもので、「もし○○であれば、それ以外の場合は」という条件で処理を分岐させます。

```
var hp = 10;        HPの値を変えるとメッセージが変わる
if (hp < 10) {
         HPが10未満の場合
    Debug.Log("あぶない！HPが無くなりそうだよ！");
} else if (hp < 30) {
         HPが30未満の場合
    Debug.Log("HPが減ってきたよ");
} else {
         それ以外の場合
    Debug.Log("HPはまだたくさんあるよ");
}
```

3-6-3 for

forはfor文と呼ばれるもので、主に処理を任意の回数繰り返すのに使用します。途中で処理を抜けたい場合は「break;」と記述します。

```
以下のfor分では、i = 0からはじまり、iが10未満の場合は処理を繰り返す。繰り返しの最後にiを1増やす
for (var i = 0; i < 10; i++) {
    Debug.Log(i);    0～9までが順番に出力される
}


for (var i = 0; i < 10; i++) {
    if (i == 5) break;    5に達したら処理を抜ける
    Debug.Log(i);    breakで処理が中断されるので、0～4のみ出力される
}
```

3-6-4 foreach

foreachは配列やListの要素を順番に読み取り、要素の数だけ処理を繰り返します。

```
var values = new int[] {1, 10, 100, 1000};
foreach (var value in values) {
    Debug.Log(value);    1, 10, 100, 1000が順に出力される
}
```

3-6-5 while

whileでは条件がtrueの間、処理を繰り返します。無限ループに陥らないように注意しましょう。

```
var value = 0;
数値が90未満であればループ
while (value < 90) {
    value = Random.Range(0, 100);    0～99のランダムな数値を生成する
    Debug.Log(value);
}
```

3-6-6 switch

switchでは渡された値に応じて条件分岐します。値の種類が決まっている列挙型と一緒に使うことが多いです。

```
var value = 1;    この値を変えるとログ出力が変わる
switch (value) {
    case 1:
        Debug.Log("おはよう");
        break;
    case 2:
        Debug.Log("こんにちわ");
        break;
    case 3:
        Debug.Log("こんばんわ");
        break;
    default:
        Debug.Log("ウッヒョー!!");
        break;
}
```

3-7 クラスの継承について学ぼう

クラスの継承を覚えることで、似たような機能を持つクラスをまとめられるようになります。

3-7-1 クラスの継承

Unityのゲームオブジェクトにアタッチするスクリプトは、ゲームオブジェクトを制御するための機能を持つ「MonoBehaviour」クラスを継承して作ります。

継承とは、任意のクラス（親クラス）を元にして新しいクラス（子クラス）を作成することです。クラスを継承すると、親クラスのフィールドやメソッドが子クラスにも引き継がれます。

たとえば「スポーツカー」「セダン」「軽トラック」の3つのクラスを作る必要があったとします。これらはすべて「車」ですので、「エンジン」や「タイヤ」などのフィールドや、「走る」や「クラクションを鳴らす」などのメソッドは共通です。

この場合、親クラスとなる「車」クラスを作ってどの車にも共通する処理を書いておき、「車」クラスを継承した「スポーツカー」「セダン」「軽トラック」クラスを作れば、同じ処理を何度も書かなくてもよくなります。これによって、プログラムの無駄が減って見通しが良くなり、後で修正するときも楽になります。

また、クラスの宣言で「abstract」を付けると、そのクラスは「抽象クラス」になります。抽象クラスは継承専用で、それ自体はインスタンス化できないのが特徴です。

逆にクラスを継承させたくない場合は、クラスに「sealed」を付けます。

3-7-2 抽象メソッドとオーバーライド

abstractはメソッドやフィールドにも付けられます。

たとえば、メソッドにabstractを付けると抽象メソッドになります。抽象メソッドには処理を書くことができず、そのクラスを継承した子クラス側で処理を書く必要があります。

また、メソッドやフィールドに「virtual」を付けると、そのクラスを継承した子クラス側で処理をオーバーライド（上書き）できるようになります。

車クラス（abstractなのでnew Car()するとエラー）

```
abstract public class Car {
    public virtual void Run() {
        メソッドにvirtualを付けると、子クラス側でオーバーライド（上書き）可能になる
        Debug.Log("走るよ!");
    }

    public void Stop() {
        Debug.Log("止まるよ!");
    }
}
```

スポーツカークラス

```
public class SportCar : Car {      Carクラスを継承する
    public override void Run() {      Runメソッドをオーバーライド
        Debug.Log("超早く");
        base.Run();      base.○○の形で、親クラスのメソッドを実行することも可能
    }
}

var sportCar = new SportCar();
sportCar.Run();      「超早く」「走るよ!」と出力される
sportCar.Stop();      「止まるよ!」と出力される
```

Tips　スクリプトの実行順

1つのゲームオブジェクトに複数のスクリプトをアタッチする場合は、各スクリプトの実行順を決めておきたい場合があります。

スクリプトの実行順は「Edit」→「Project Settings」→「Script Execution Order」から制御することが可能です。

図3.b Script Execution Order

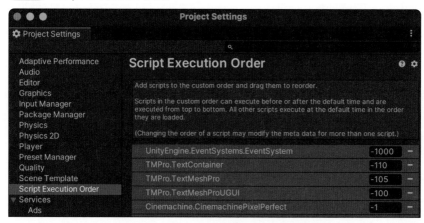

3-8 Unityのライフサイクルについて学ぼう

Unityのゲームオブジェクトを操るためには、ゲームオブジェクトのライフサイクルを把握しておく必要があります。

3-8-1 Unityのライフサイクル

ゲームオブジェクトの生成から破棄までの一連の流れをライフサイクルといいます。

ライフサイクルに沿って決まったメソッドが順に呼び出されますので、いつどんなメソッドが呼び出されるかを覚えておくことでゲームオブジェクトを制御できるようになります。

前述のMonoBehaviourクラスを継承すると、ライフサイクルに応じて特定のメソッドが呼び出されるようになります。

3-8-2 void Awake()

void Awake()は、ゲームオブジェクトが生成される際に、最初に一度だけ呼ばれます。ただし、生成されたゲームオブジェクトが無効(Inspecter左上にあるチェックがOFFになっている)だった場合は、有効になるまで呼ばれません。

3-8-3 void Start()

void Start()は、ゲームオブジェクトが生成されたあと、ゲームオブジェクトのUpdate()コールがはじまる前に一度だけ呼ばれます。

Start()メソッドは戻り値の型をvoidとIEnumeratorの2種類のいずれかを宣言できるという少し特殊なメソッドで、IEnumeratorにするとコルーチンとして実行されます(コルーチンの詳細は3-9参照)。

ゲームオブジェクトの初期化処理を行う場合は、Start()の中で実行することが多いです。

3-8-4 void Update()

void Update()は、ゲーム実行中、毎フレーム呼ばれます。

ゲーム中のキャラクターの動作やUIの更新などさまざまな処理に使いますが、時間のかかる処理（ゲームオブジェクトをたくさん生成するなど）を行うと処理落ちが発生してゲームプレイに支障が出ます。

Update()には時間のかかる処理を書かないようにしましょう。

3-8-5 void FixedUpdate()

Update()はフレームごとに呼ばれるのに対し、FixedUpdate()は物理エンジンの演算が行われるタイミングで呼ばれます（デフォルトの状態では、Update()よりもひんぱんに呼ばれます）。

物理演算に関係する処理はFixedUpdateに記載すると良いでしょう。

3-8-6 void OnDestroy()

void OnDestroy()は、ゲームオブジェクトが破棄される際に呼ばれます。敵キャラクターが消えるとき一緒にライフゲージを消したりなど、後片付けによく使用します。

3-8-7 void OnEnabled()

void OnEnabled()は、ゲームオブジェクトが有効になる際に呼ばれます。

ゲームオブジェクト生成時のAwake()とStart()の間のタイミングで呼ばれますが、Awake()やStart()が1回だけしか呼ばれないのとは異なり、有効→無効→有効とすることで何度でも呼ばれます。なお、無効になる際はOnDisabled()が呼ばれます。

3-8-8 void OnBecameInvisible()

void OnBecameInvisible()は、ゲームオブジェクトがカメラの撮影範囲から出た際に呼ばれます。

敵キャラクターが画面外に出たら消す処理などでしばしば使用します。なお、カメラの映す範囲に入った際はOnBecameVisible()が呼ばれます。

3-9 コルーチンについて学ぼう

コルーチンを覚えることで、時間の流れに応じた処理をかんたんに実装できるようになります。

3-9-1 コルーチン

Unityスクリプトの非常に重要な処理の1つに、ゲームの制御に適した「コルーチン」というしくみがあります。

前述のライフサイクルメソッドはゲームオブジェクトの状態に応じて呼び出されるのに対し、コルーチンを使うと「10秒ごとに処理を実行」「敵をすべて倒したら処理を実行」など、ライフサイクルとは関係の無い処理の流れを作ることができます。

なお、コルーチンはゲームオブジェクトによって実行されます。そのため、コルーチンを実行したゲームオブジェクトが非アクティブになると、コルーチンも自動的に停止します。

```csharp
private float startAt;
private IEnumerator testLoop;

private void Start() {
    startAt = Time.realtimeSinceStartup;
    testLoop = TestLoop();        IEumerator型のオブジェクトを保持しておけば、
                                  StopCoroutine(testLoop);でコルーチンを止めることが可能
    StartCoroutine(testLoop);     IEnumerator型のオブジェクトをコルーチンとして実行する
}

private IEumerator TestLoop() {
    while (true) {        コルーチンはStartCoroutine()したゲームオブジェクトが非アクティブになると
                          勝手に止まるので、無限ループさせるのもアリ
        var lifeTime = Time.realtimeSinceStartup - startAt;
        Debug.Log("オブジェクトの生存時間（秒）: " + lifeTime);

        if (lifeTime >= 30) {
            ゲーム開始から30秒経過したらコルーチンを止める
            Debug.Log("TestLoopを停止します");
            yield break;
```

```
        }

        yield return new WaitForSeconds(1f);    1秒待つ
    }
}
```

Coffee Break

Unityと連携するIDE

Unity 2018.1以降にバンドルされているIDE（統合開発環境）はVisual Studioです。

Visual Studioは非常に優秀なIDEですので、C#でのゲーム開発を進めるにあたって困ることは少ないでしょう。

ただし、Unityと連携できるIDEは他にも存在します。それぞれ特徴を持っていますのでかんたんに紹介します。

- Visual Studio Code

  動作が軽量なのに加えて、膨大なプラグインを使って自分好みにカスタマイズできるため、開発者に人気のエディタです。
- Rider

  さまざまなIDEを開発しているJetBrains社のUnityC#用IDEです。使うにはライセンスの購入が必要ですが、動作が軽快なのに加えて、コードを自動で綺麗に整形してくれるなど、Visual Studioを超えるほどの強力な機能を備えています。たくさんのスクリプトを書くのであればイチオシです。
- MonoDevelop

  Unity 2017以前のバージョンに同梱されていたIDEです。古いUnityプロジェクトを扱うとき以外では、あまり使う機会は無いでしょう。

図3.C Visual Studio Code

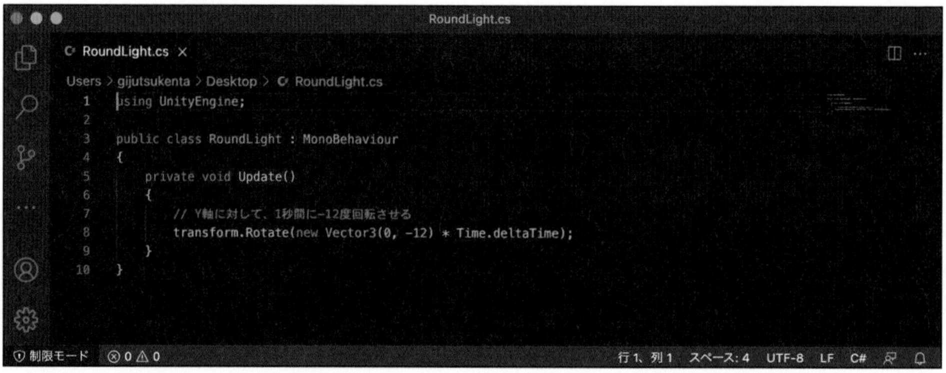

CHAPTER 4

ゲーム企画の
基本を学ぼう

ゲーム開発には、多くの人たちが陥りがちな罠が存在しています。本Chapterでは、罠を回避しつつ、開発をスムーズに進めていくためのゲームの企画について学んでいきます。

ゲーム開発の罠を
知っておこう

ゲーム開発にはたくさんの罠があります。罠の存在とその回避方法を把握して、スムーズに開発を進められるようにしましょう。

4-1-1 ゲーム開発における罠とは

ゲーム開発を進めていると、罠にはまって先に進めなくなることがよくあります。以下にありがちな罠の例を挙げています。

- 開発を進めていくうち、次に何をすれば良いかわからなくなった
- とりあえず作ってみたが、実際に遊んでみたらあまりおもしろくなかった
- アイデアが広がりすぎて、収集がつかなくなった
- 開発の難易度が高く、詰まってしまった
- 開発期間が長くなり、モチベーションが落ちてきた
- 仕事や勉強が忙しくなり、開発する時間がとれなくなった
- 新しいゲームを買ってしまった

これ見てドキッとした方もいるのではないでしょうか（筆者自身、これを書きながらドキドキしています）。身近にあるさまざまな要素がゲーム開発の罠となり得るのです。

4-1-2 罠にはまるとどうなるか

罠にはまって開発が進まなくなると、新しいゲームが作りたくなってくるはずです。開発に詰まった状態でいるよりも新しいアイデアを考える方が楽しいですし、そのアイデアを形にするのはもっと楽しいので、それ自体は自然な流れといえるでしょう。

そこで踏み留まってゲームの完成に注力できれば良いのですが、誘惑に負けて新しいゲームを作りはじめてしまうと、どうなるでしょうか。

残念ながら、それまで作っていたゲームは完成しないままお蔵入りになってしまうのです。

4-1-3 お蔵入りさせず、どんどん世に出していく

たとえゲームがお蔵入りになっても、手を動かした分の知識と経験は得ることができます。お蔵入りを繰り返していたとしても、それ以降はゲームの完成まで至る確率は少しずつ上がっていくはずです。

ただ、ゲームをリリースしないと、プレイヤーからのフィードバックを得ることはできません。自分の作品に対するプレイヤーの反応を知ることは、ゲーム開発を続ける上でとても重要です。

多少中途半端な状態でゲームをリリースしたとしても、それを世に出せば必ずフィードバックを得られます。

どうすればもっと楽しんでもらえるか、どうすればもっとたくさんの人に遊んでもらえるかを真剣に考えるきっかけになります。時には「無反応」というフィードバックになるかもしれませんが、覚悟して受け入れましょう。

より良いゲームを制作するためには、クオリティにこだわりすぎてお蔵入りに至るよりも、ある程度のクオリティに達したらリリースしていく姿勢が重要になります。

プレイヤーからのフィードバックを真摯に受け止めながら試行錯誤していく方が、開発スキル向上の近道となります。

4-1-4 どうやってお蔵入りを回避する?

では、お蔵入りを避けてゲームをリリースしていくにはどうすれば良いでしょうか。

前に挙げたような罠を常に意識し、それを回避しながら開発を進めるのがベストですが、どうしても避けられない罠もあります(おもしろいゲームは常にリリースされ続けていますからね!)。

重要なのは回避可能な罠だけでも確実に回避し、もし罠にハマっても元の開発に戻りやすくすることです。そのために、開発をはじめる前には企画書を準備することがオススメです。

企画書は開発を進める上で、とても頼れる地図になります。ゲーム開発の途中で迷子になることが減り、たとえ罠にハマっても最初に作った企画書があれば、開発を再開しやすくなるはずだからです。

4-2から、企画書を作るために必要な、ゲームのイメージを固める練習をしていきましょう。要所要所でサンプルゲームを例に挙げますので、参考にしてみてください。

4-2 ゲームの方向性を決めよう

企画書を作る前段階として、ゲームの方向性を決めていきましょう。自分が制作する
ゲームがどのようなものか、まずは自分自身の頭の中ではっきりとイメージすること
がその目的です。

4-2-1 ゲームの概要を思い浮かべてメモする

さて、皆さんが作りたいゲームはどんなものでしょうか。
まずざっくりと「どのようなジャンル」で「何が特徴」なのかを考えてみると良いでしょう。
以下にいくつか例を挙げてみます。

- スライドパズルでダンジョン探索！「パズルRPG」
- 指一本で遊べるヒマつぶし！「階段駆け下りアクション」
- レトロな見た目で激しい弾幕！「ドット絵2D シューティング」
- 辺りを見回して謎を解け！「VR 謎解きゲーム」
- リズムに乗ってスピードアップ！「リズム＋レースゲーム」

◉ ゲームイメージをメモする

どのようなゲームを作りたいのか、思い浮んだイメージをメモしていきましょう。
絵心が無くてもかまいません。落書きレベルで良いので、棒人間や○△□などのかんたんな
図形を使って、イメージしたゲーム画面を絵として形にしていくことが重要です。

◉ 本書サンプルゲームの場合

本書の Chapter 5 から制作するサンプルゲームでは、ゲームジャンルを「お手軽3D サバイ
バルアクション」としました。ゲームのウリは「ゲームを作っていきながら、Unityの基本機能
を一通りきちんと学べること」にします。
概要は以下のような感じです。

- 3D アクションにサバイバル要素をドッキング！

- 武器を振ると時間が進むシステムを搭載。サクサク遊べる3Dサバイバルアクション！
- 材料を手に入れるには武器を振らないといけない。でも、武器を振ると時間が経ってしまう。時間が経つにつれ、敵の攻撃も激しくなってきます。効率良くさまざまな材料を手に入れて、アイテムを作りながら生き延びていこう！

4-2-2　ゲームを制作する理由を考える

次に、みなさんがそのゲームを制作しようと思った理由を考えてみましょう。
たとえば、以下のような理由が考えられると思います。

- 好きなゲームがあり、それに似たゲームを作りたかったから
- 最近遊んだゲームに不満があって、もっと良いものが作れると思ったから
- 何となく思いついて、すぐに作れそうだったから
- 新しく技術を学んで、それを使ったゲームを作りたかったから
- ヒットしそうな、おもしろいアイデアだと思ったから
- 絵や物語を書いているうちに、ゲーム化したくなったから
- 既存のゲームに飽きて、これまでにないゲームを作りたかったから

Tips　ゲームの目的と目標を分けて考える

　ゲームを頑張って作っても、単調だったりすぐにマンネリ化すると、プレイヤーは飽きてしまいます。たくさんのゲームが日々リリースされていますので、一度飽きてしまったプレイヤーはほぼ戻ってこないと考えて良いでしょう。

　飽きやマンネリ化を少しでも避けるため、「プレイヤーの最終目的」と「最終目的への道しるべとなる小さな目標」を分けて考え、実装することをおすすめします。

　ゲームクリアにつながる「さらわれたお姫様を助け出す」や「魔王を倒して世界に平和を取り戻す」などは、ゲームの「目的」です。この目的が単体で存在するだけでは、プレイヤーが途中で飽きてしまいます。

　そこでたとえばRPGの場合は、ゲームの節々で「ダンジョンを攻略する」「ボスを倒す」「次の街を目指す」といった目標を散りばめ、「小さな目標を順番に達成していき、魔王を倒すという最終目的を達成した」という流れを作ると、プレイヤーの離脱を抑えることができます。

　また1回1分程度でプレイできて、ハイスコアを目指すだけのシンプルなゲームであっても、「一定のスコア獲得で新要素を開放」「コインを集めて新要素を開放」「アチーブメント（条件を満たすと獲得できる称号）」といったプレイの目標になり得るしくみを入れておくと、繰り返し遊んでもらいやすくなります。

◉ 作る理由に応じて開発方針を決める

これらの理由はゲームを開発するための動機付け、かつ開発を進めていくための道しるべとなります。開発中に何らかの選択肢が発生したとき「自分はなぜゲームを作っているのか」が明確になると、その方針に沿った選択がしやすくなるからです。

たとえば、ゲームを作っている最中に、ゲームに深みを出すための新要素のアイデアが浮かんできたとします。メリットは「ゲームに深みが増して、やりこみ度がアップする」こと、デメリットは「覚えることが増えて、ゲームが少し複雑になる」ことです。普通に考えると、おもしろくなるのであれば、要素を実装した方が良さそうに思えます。

しかし、ゲーム制作の目的が「子供たちに遊んでもらいたい」だった場合はどうなるでしょうか。対象年齢にもよりますが、小さな子供たちに遊んでもらいたければ、わかりやすさを重視した方が良さそうです。となると「あえて要素を追加しない」方が正解に思えてくるでしょう。

◉ サンプルゲームの場合

本書サンプルゲームの場合、以下の理由でサバイバルアクションを選択しました。

- アクションゲームであれば、いろいろなUnityの基本機能を盛り込めそうだから
- サバイバル要素を入れることで、データ管理やUIなどのしくみを説明しやすそうだから
- 筆者がサバイバルアクションゲームを好きだから

最後は個人的な理由ですが、「好き」や「興味がある」はゲーム作りにあたっての強力な動機付けです。これらの気持ちが芽生えたときにゲーム開発の第一歩がはじまるのです。

Coffee Break 　**楽しさの追求**

たとえば、2Dのアクションゲームで以下の2種類のゲームがあったとします。

- プレイヤーの思った通りにキャラクターがきびきびと動く
- キャラクターが止まるのに少し時間がかかるなど独特の操作感がある

それぞれ相反する要素を持っていますが、果たしてどちらが良いといえるでしょうか。

前者は思った通りに動作するので、プレイヤーのストレスはおそらく少ないでしょう。

では後者は間違った実装かというと、必ずしもそうではありません。独特の操作感であっても「プレイヤーが楽しいと感じる」のであれば、それもまた正解といえます。

ゲームを制作する上でプレイヤーに楽しいと感じてもらう方法は無数に存在し、その実現方法もさまざまです。どうすべきかに悩んだときは、「どうすればプレイヤーに楽しんでもらえるか」をまず考えてみると、答えが見えてくるかもしれません。

4-3 ゲームのルールを考えよう

ゲームには必ずルールが存在します。このルールを決める際の基本的な心構えを説明します。

4-3-1 スポーツにもゲームにもルールが必要

基本的に対戦型のスポーツには厳密なルールが存在します。たとえば、サッカーの場合は、ゴールにボールが入れば得点となります。また野球の場合は、ランナーがホームに帰ると得点となります。

一方、サッカーでは決められたエリア内でキーパーがボールを触ること以外は反則になり、野球ではバッターがストライクを3つ取られるとアウトが1つ増え、アウトが3つになると攻守が交代します。

このようにルールが決まっているからこそスポーツは成立しているのです。

対戦型のスポーツはルールが明確に決められ、かつ一般にも広く浸透しているため、ゲーム化しやすいといえるでしょう（ただし、ゲーム化しやすさと実装しやすさは話が別です……）。

ゲームにおいても、アクションやパズルなどゲームのジャンルが明確だと、プレイヤーはルールを思い浮かべやすくなります。かつ一般に広く浸透しているゲームジャンルであれば、チュートリアルさえ不要な場合もあるでしょう。

たとえば、2Dの横スクロールアクションであれば「ゴールに到達すればクリア」「敵に当たったり、穴に落ちるとゲームオーバー」などがそれにあたります。

またパズルゲームであれば「制限時間内に完成させればクリア」「一定回数以上間違えたり、制限時間がすぎるとゲームオーバー」などです。

これらのゲームを遊んだ経験がある方であればルールが想像しやすくなるため、作ったゲームを遊んでもらえる可能性は高くなるといえます。

4-3-2 直感的なルールを作る

一方、誰も見たことのないような斬新なゲームを制作した場合はどうなるでしょうか。

誰も見たことがないのであれば、ルールを推測してもらうのは難しくなるため、まずゲームのルールを理解してもらう必要があります。このときに肝心なことは、プレイヤーが誰であれ、直感的に理解してもらえるルールにしておくことです。

ルールが理解しづらいと、ほとんどのプレイヤーは遊ぶのをすぐにやめてしまいます。ゲームをおもしろくすることも重要ですが、それよりも直感的でわかりやすいルールにしておくことがより重要です。

斬新なゲームであっても、ルールを直感的にすることは可能です。

たとえば「ものをぶつけると壊れる」や「水をかけると冷えて固まる」など、普段の生活で馴染みのある法則に基づいたルールを用いると、直感的でわかりやすくなります。

どうしても独特なルールを用いたい場合は、ていねいなチュートリアルやヘルプを用意し、プレイヤーに理解してもらえるよう努めましょう。

またゲームの世界観をはっきりさせておくことも有効な手段です。

たとえば「薬を作るゲームです」とだけ説明されるより、「剣と魔法の世界で、怪しい魔女が薬を作って人体実験をするゲームです。イヒヒー！」と説明された方が、そのゲームをイメージしやすいですよね。

4-3-3 サンプルゲームの場合

本書で制作するサンプルゲームでは、以下のようなルールを設定しています。これらはとてもシンプルですが、ぱっと見で理解できるはずです。

- クリアの条件：できるだけ長く生き残ること（クリア条件は設定せず、生き残った時間をスコアにして競う）
- ゲームオーバーの条件：ライフが無くなるか、満腹ゲージがゼロになる

ゲームの公開方法を決めよう

どのようなゲームをつくるかイメージが見えてきたら、次に公開するプラットフォームを考えてみましょう。

4-4-1 プラットフォームへの影響

◉ プラットフォームとゲームの相性を考える

プラットフォームとは、PCやスマホ、ゲーム専用機など、ゲームが動作する環境のことです。プラットフォームはゲーム内容に大きな影響を及ぼすため、早い段階でどのプラットフォームにするかを決めておきましょう。

たとえば、ゲームの操作方法を考えてみましょう。PC向けの場合は「マウス＋キーボード」、スマホの場合は「画面タッチ」、ゲーム専用機の場合は「コントローラ」が一般的な操作方法です。

作りたいゲームと操作方法の相性が良いかどうかあらかじめ確認しておいてください。

ゲーム専用機で人気のアクションゲームをスマホに移植したとき、「操作性が悪い」とプレイヤーから酷評されることがしばしばあります。コントローラであれば違和感がない操作であっても、スマホのタッチ操作では操作が難しかったり、慣れるのが大変だったりします。

このようにプラットフォームが変わると操作方法も変わるため、ゲームのおもしろさが損なわれるのはよくあることです。

プラットフォームによっては、ゲームの処理やエフェクトの調整が必要な部分も出てきます。たとえば、PlayStation 5とNintendo Switchはどちらもゲーム専用機ですが、処理性能がかなり異なるため、同じゲームでもPlayStation 5用よりNintendo Switch用の方が処理の負荷を抑える必要があります。

また、PCやスマホの場合も、製品によって処理性能に大きく異なります。3Dゲームが最高画質でストレス無く動作する製品もあれば、画質を落としてもまともに動かせない製品もあります。ゲーム開発においては、どの程度のスペックまでカバーするか決めるのは悩ましい問題です。

まずは主要プラットフォームを決めて、それに合った形で操作方法やエフェクトを調整して

いきましょう。

4-4-2 Unityの対応プラットフォーム

◎ Unityはマルチプラットフォームに対応

Unityは、マルチプラットフォームに対応したゲームエンジンです。2021年10月現在、18種類のプラットフォーム用のゲームを制作することができ、これがUnityが人気のゲーム開発エンジンとなった大きな理由の1つです。

Unityが対応している主なプラットフォームは以下の通りです。

- Android
- iOS
- Windows
- macOS
- PlayStation 5
- Nintendo Switch
- XBOX ONE
- Oculus

◎ プラットフォームの変更

Unityで作られたゲームはPC・スマホ・ゲーム専用機と、複数のプラットフォームで展開されているものがたくさんあります。操作方法やUIなどはプラットフォームに合わせた調整が必要ですが、他の多くの部分は使い回せるため、プラットフォームの変更は比較的容易です。

基本的にはUnityエディタ上でプラットフォームを切り替えてビルドするだけで、プラットフォームの変更が可能です。

◎ サンプルゲームの場合

本書サンプルゲームの場合、企画の段階ではプラットフォームはPCとスマホ両方を想定していました。ただし、通常はPC用またはスマホ用とプラットフォームを決めてから開発をはじめた方が良いでしょう。

なお、本書の解説は基本的にPC用で進めています。

 企画書を作ろう

ここまででゲームのイメージはかなり固まってきたかと思います。次は頭の中のイメージを書き出して企画書を作ってみましょう。

4-5-1 ゲームの企画書

企画書というと身構えてしまうかもしれませんが、ちょっとしたゲームを制作するくらいであれば手書きでざっくり書くだけでもOKです。

イメージを絵で表現できるのがベストですが、難しければ箇条書きにするだけでもかまいません。資料が手元にあるのと無いのとでは開発効率が大きく変わってきます。

> **Tips 企画書はゲーム開発前のデバッグ**
>
> 企画書を書くことは、ゲーム開発前にデバッグを行えるという点でも重宝します。
> たとえば、イメージを書き起こしていく途中で、「あれ？ここ変だぞ？」と要素に矛盾があることに気づくこともしばしばあります。
> 開発前に矛盾に気づくことができれば、作ってから「やっぱりやり直しだ……」と脱力感に襲われることも少しは減らすことができます。

4-5-2 企画書作りのポイント

企画書を作成するにあたって重要なのは、以下の点がわかるように書くことです。

- どのようなゲームを作ろうとしているのか
- ゲームの特徴（ウリ）はどこなのか

これらが明確になっていれば、後述のプロトタイピングがとても進めやすくなります。

　参考として、以前筆者が書いた企画書を何枚か集めた写真を載せました。

　1つのゲームにつき1枚の用紙にまとめ、ゲーム画面のイメージ＋各種ゲーム要素を大雑把に記載しています。自分用として雑に書いたため、他の人に見られるのは少し気が引けますが、こういった紙が1枚あるだけで、作ろうとしているゲームがイメージしやすくなるはずです。

図4.1 手書きの企画書サンプル

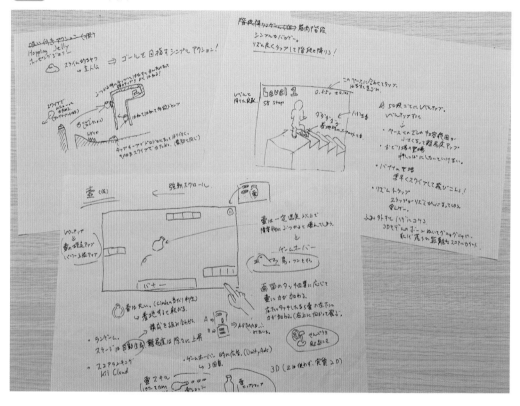

　また、シンプルなゲームであれば企画書1枚だけでも開発は進められますが、画面遷移図やシステムの仕様書などがあると、さらに開発を進めやすくなりますので、必要に応じて書き足していくと良いでしょう。

ゲームの開発手順を確認しよう

企画書を作成することで、開発の道しるべはできました。開発前にあらかじめ手順をイメージしておくことで、さらに作業がスムーズに進められるようになります。

4-6-1 ゲームのコア要素を考えてみる

開発手順を考えるにあたって、開発するゲームの中で何が一番大事かを考えてみましょう。たとえば、以下の要素で構成されるゲームがあったとします。

- キャラクター育成機能
- アイテム強化機能
- 横スクロールアクション

一番大事なのは「横スクロールアクション」の要素です。アクション部分はプレイヤーがいちばん触れることが多い要素でゲームのコア部分となります。これがつまらないと、他の要素を作り込んでもゲームの人気は伸びづらいでしょう。

このようにゲームの要素に優先順位を付け、どこに注力すべきかを明確にしておくと作業が進めやすくなります。

4-6-2 プロトタイピング

注力すべき要素が明確になったら、その要素から開発をスタートします。

その他の要素はいったん置いておき、ざっくりゲームを遊べる状態にしてみましょう。このプロセスをプロトタイピングと呼びます。

プロトタイピングにはさまざまなメリットがあります。

たとえば、ゲームを実際に遊べるようになると改善のアイデアがたくさん湧いてきますし、人に遊んでもらって意見を聴くこともできるようになります。また、ゲームに欠陥がある場合（遊んでみたら全然おもしろくなかったり、ルールが破綻しているなど）も早い段階で発見できます。

4-6-3 完璧を求めないようにする

　自分のゲームをできるだけ良いものに仕上げたくなるのは当然ですが、その一方で完璧を求めないことも重要です。完璧を求めるとゲームが完成する確率が驚くほど下がりますので、以下に挙げた点を心の隅に留めておくことをオススメします。

◎ アイデアの取捨選択

　ゲームを制作していく最中にもさまざまなアイデアが沸いてくることはよくあります。思いついた機能をすべて盛り込めば、ものすごくおもしろいゲームができ上がるかもしれません。

　ただ、それらの要素を盛り込んでいくと、開発期間も長くなります。ゲーム開発に割ける時間は限られていますので、考えたアイデアをすべて実装するのは困難でしょう。

　またおもしろさの定義は人によって異なります。自分ではおもしろいと思っていても、プレイヤーには不評ということもよくあります。

　まずはゲームのコア部分を組み立て、アイデアはおもしろさや実装難度を元に優先順位を付けて盛り込んでいくと良いでしょう。

　ゲーム開発とは、ひたすら取捨選択を繰り返すことでもあるのです。

◎ コンテンツは後から追加でOK

　インターネットが広く普及していない時代は、ゲームを完璧に仕上げてからリリースする必要がありました。一度リリースしてしまうと、後からゲームを修正することができなかったためです。

　現在ではインターネット経由でのゲーム配信サービスが主力になり、リリース後でも手軽にゲームの修正やバージョンアップを行えるようになりました。

　特にスマホ向けアプリは、機能が少ない段階でまずはリリースして、プレイヤーの反応を見ながら機能を足していくのも当たり前のように行われています。

　極端な話ですが、仮に5分で終わってしまう簡易なゲームでも、バグが一通り無くなったと判断できたら、とりあえず世に出してしまうのも1つの手です。

　プレイヤーの反応が良ければ、アップデートを繰り返していき、それにしたがってゲームのボリュームも増えていきます。ソーシャルゲームなどはまさにその典型で、アップデートのたびにコンテンツがどんどん追加されているものが多いです。

ゲームの舞台を
作ってみよう

これまでで、Unityの基本知識やゲームを開発するにあたっての注意点やポイントを解説してきました。
いよいよ本Chapterから、Unityで3Dの世界を舞台にしたゲームを開発していきます。まずは「Terrain」と「Skybox」という機能を活用して、ゲームの舞台となる世界を作り上げていきましょう。

5-1 プロジェクトを作成しよう

ここでは、本書サンプルゲームのプロジェクトを作成して、地形を作成するために必要な Asset をそのプロジェクトに追加していきます。

5-1-1 プロジェクトの作成

Unity では、ゲームをプロジェクト単位で管理しています。まずは本書で作成するゲーム用のプロジェクトを作成しましょう。

Unity Hub で「プロジェクト」を選択して「新規作成」ボタンをクリックします。以下のように入力して「プロジェクトを作成」ボタンをクリックします。

- テンプレートを「3D」
- プロジェクト名を「IkinokoBattle」

図5.1 プロジェクトの新規作成

プロジェクトが作成されるとSampleSceneが開きます。シーン名を「MainScene」に変更して作業を進めましょう。

5-1-2 Asset Storeとは

3D世界の基礎となる地形は、Terrain（テレイン）を使って作成します。

Terrainは3D地形データの作成ツールで、山や谷などの起伏・木々の生い茂る森などをさまざまなブラシを使ってお絵かき感覚で作成することができます。

初期状態のプロジェクトにTerrain用の素材が含まれていません。そこでUnityが持つ強力な機能の1つであるAsset Storeを使ってゲームの素材を準備しましょう。Asset Storeとは、Unityで使えるAssetを購入・ダウンロードすることができるオンラインストアです。

Asset Storeでは、画像・音楽・3Dモデルなどの部品から、Unityのエディタ拡張機能・ゲームのプロジェクト丸ごとに至るまで、さまざまなAssetが配布・販売されています。またパブリッシャーの登録を行うことで、自分が制作したAssetを販売することもできます。

図5.2 Asset Store

Asset Storeは、Unityの大きなメリットの1つです。というのも、Asset Storeで素材を購入・ダウンロードすることによって、短期間でかつ高品質なゲームの開発が可能になるためです。

素材を自分でイチから作成することもとても楽しい作業ですが、目的が「ゲームを作って世に出すこと」であれば、Asset Storeから素材を調達して開発時間を節約するようにしましょう。

Terrainで使用するAssetのインポート

Terrainで使用するAssetを一通りインポートしておきます。ここで使用するAssetは以下の4つです。

- Terrain Textures Pack Free
  地面のテクスチャ（画像）が入っているAssetです。
- Conifers [BOTD]
  針葉樹のAssetです。
- Grass Flowers Pack Free
  草花が数種類入っているAssetです。
- #NVJOB Water Shaders V2.x
  ゆらめく水面のAssetです。

4種類も準備するのは面倒な作業だと感じるかもしれませんが、Assetの準備はすべて同じ手順で行うことができます。

Terrain Textures Pack Freeを例に、Asset StoreからAssetをインポートする手順について解説していきます。

◉ **Terrain Textures Pack Freeのダウンロード**

Asset StoreからTerrain Textures Pack Freeをダウンロードします。

以前は、Unityエディタで Asset Storeを直接開くことができましたが、Unity 2021では、直接開くことはできません。

Unityエディタで「Window」→「Asset Store」を選択し、「Search online」ボタンをクリックすると、デフォルトのブラウザーが起動してAsset Storeのページが開きます。

図5.3 UnityエディタではAsset Storeを直接開けない

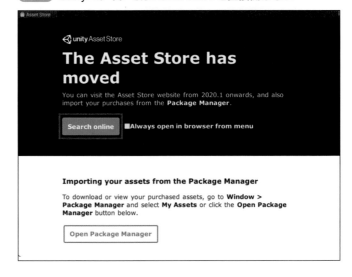

Asset Storeのページ上部の検索BOXで「Terrain Textures Pack Free」と入力してみましょう。

なお、Asset Storeには世界中の開発者がいろいろなAssetをアップしており、割引セールもひんぱんに開催されています。ストアを見ているだけでも楽しめますので、時間があるときに確認してみてください。

図5.4 Terrain Textures Pack Freeの検索結果

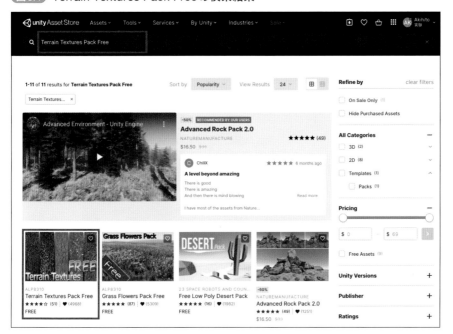

検索結果にある「Terrain Textures Pack Free」をクリックすると、詳細画面が開きます。この画面の右側にある「Add to My Assets」ボタンをクリックして、使用許諾画面で「Accept」ボタンをクリックすると、このAssetが使用可能になります。

図5.5 Terrain Textures Pack Freeの詳細

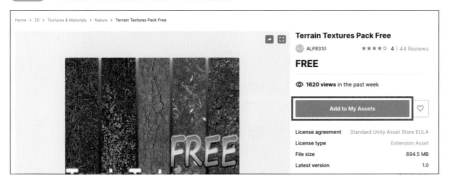

もしログイン画面が表示された場合は、Unityダウンロード時に作成したアカウント（2-1-3参照）でログインする必要がありますので、ログイン処理を行ってください。

Assetが使用可能になると、詳細画面に「Open in Unity」ボタンが表示されます。これをクリックすると、UnityエディタのPackage Managerが開き、該当のAssetが選択された状態になります。

Package Managerの右下にある「Download」ボタンをクリックすると、ダウンロードが開始します。

図5.6 Package Manager

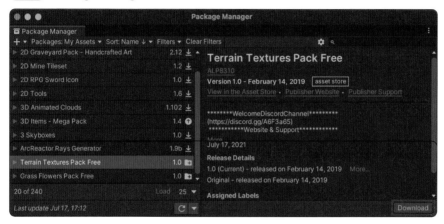

◉ Terrain Textures Pack Freeのインポート

ダウンロードが完了すると、ボタンの表示が「Import」に変化しますので、これをクリックします。

図5.7 Package のダウンロード後は「Import」ボタンが現れる

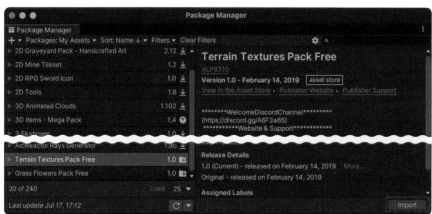

インポート対象ファイルの選択パネルが表示されます。初期状態で必要なファイルはすべて選択されていますので、そのまま右下の「Import」ボタンをクリックすると、インポートが開始します。

図5.8 Terrain Textures Pack Freeのインポート

Asset のライセンス

Coffee Break

Asset Storeでは、Assetの大半がAsset Storeの共通ライセンスの下で販売されています。自分のゲームで使用した場合もそのAsset自体を取り出せないようにしておけば、「改変OK」かつ「商用・非商用問わず利用可能」ですので、ビルドしたゲームを配布するには非常に扱いやすいライセンスとなっています。

念のため利用規約・ライセンスの原文 (https://unity3d.com/jp/legal/as_terms) に目を通しておきましょう。

基本的にはこのライセンスに沿って利用可能ですが、Assetによっては独自ライセンスのものがあります。たとえば、エディタ拡張のAssetは開発者の人数分購入しなければならないなどです。

また、エディタ拡張以外のAssetでも、まれに独自ライセンスが設定されている場合がありますので注意が必要です。独自ライセンスの場合は、Assetの説明ページにその旨が記載されていますので、必ず目を通してから使うようにしましょう。

◉ **その他のAssetのダウンロード・インポート**

先ほどと同じ手順で、Conifers [BOTD]、Grass Flowers Pack Free、#NVJOB Water Shaders V2.xのAssetについても、ダウンロードとインポートを実行します。

図5.9 Conifers [BOTD] の詳細

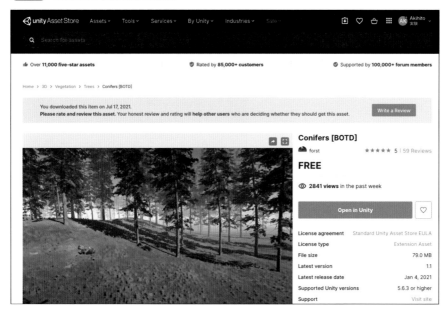

図5.10 Grass Flowers Pack Freeの詳細

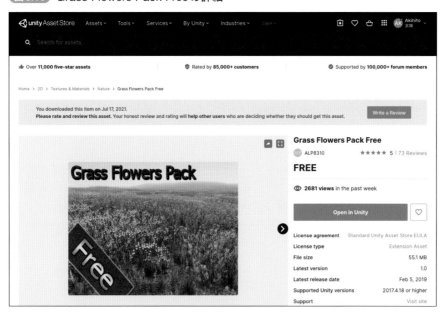

図5.11 #NVJOB Water Shaders V2.xの詳細

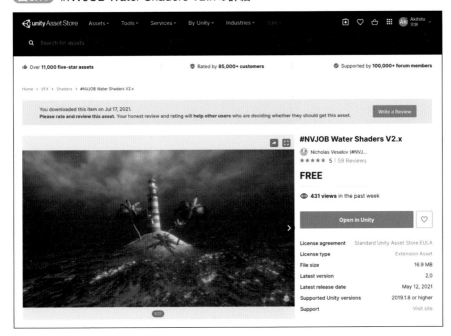

図5.12 インポート後のPackage Manager

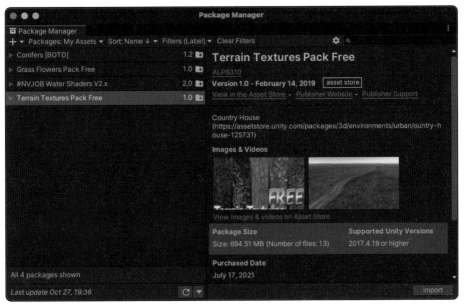

5-2 地形を追加しよう

プロジェクトを作成して、Assetを準備したあとは、舞台となる地形を追加していきましょう。

5-2-1 Terrainの作成

5-1-3で4つのAssetのインポートが完了したら、Terrain(テレイン)でゲームの舞台となる地形を作成していきます。

Hierarchyウインドウで右クリックし、「3D Object」→「Terrain」を選択します。

Sceneビューに真っ白な板が作成されました。Terrainのデフォルトサイズは1km四方とかなり大きいため、全体像を確認したい場合は、Hierarchyウインドウの「Terrain」をダブルクリックします。

図5.13 Terrainの作成

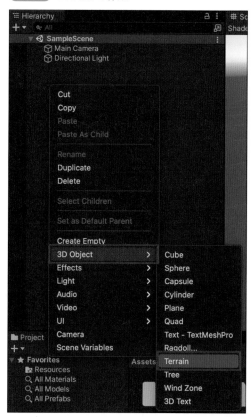

図5.14 Terrainの全体像

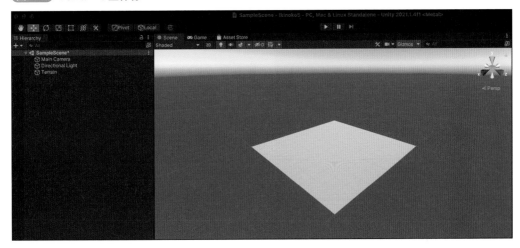

5-2-2 Terrainの初期設定

　初期状態のTerrainでは、地形の解像度が高い（＝細かく地形が設定できる）設定であるため、そのまま使用するとゲーム実行時の負荷が高くなります。

　ハイスペックなPCであれば問題ありませんが、ここでは負荷を抑えるための設定を行います。地形の解像度や詳細の描画距離など、Terrain設定の変更によって負荷を低くすることができます。

◉ 解像度を下げて負荷を抑える

　解像度などを下げて負荷を抑えるには、Hierarchyウインドウで「Terrain」を選択し、InspectorウインドウでTerrainコンポーネントの一番右の ⚙（Terrain Settings）をクリックし、設定を変更します（表5.1）。

表5.1 Terrain Settingsの設定項目

設定項目	説明	設定値
Pixel Error	マッピング精度を設定する。この値を大きくすると精度は低くなる。精度を低くすると、遠くの地形は雑に描画されるようになる	100
Detail Density	Terrainに配置される草などの密度に影響する。低いと草がまばらに表示され、高いとギッチリ詰まって表示される	0.1
Heightmap Resolution	ハイトマップの解像度。Terrainでどれだけ細かく地形を変更できるかを設定する	257×257

図5.15 Terrainの負荷を下げる初期設定

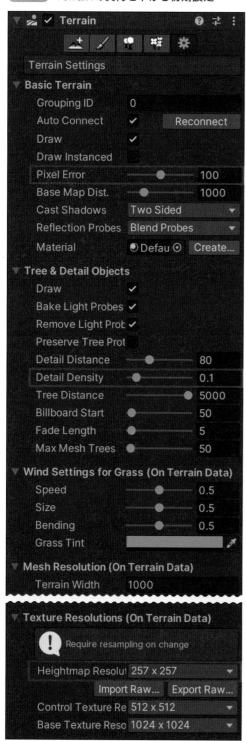

地面を上げておく

Terrainでは、初期状態で地面の高さが0になっています。高さは0以下にできないため、このままだと穴を掘る（地面を下げる）ことができません。自由に上げ下げできた方がイメージ通りの地形を作りやすくなりますので、調整しておきましょう。

InspectorウインドウでtransformコンポーネントのPositionのYを「-120」（ワールド座標の「Y:0」を地上0mとした場合、地下120m）に変更します。

次に、地面の高さをワールド座標の「Y:0」に合わせましょう。

Inspectorウインドウのtransformコンポーネントの左から2番目の をクリックします。ボタンの下にあるプルダウンメニューで「Set Height」を選択し、Spaceで「World」を選択します。Heightに「0」と入力し、「Flatten All」ボタンをクリックします。

これでTerrain全体の高さが「Y:0」にセットされ、最大でY:-120（地下120m）まで掘り下げられるようになりました。

図5.16 transformでTerrainのY座標を調節する

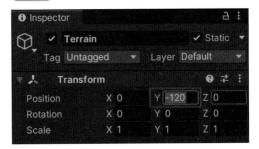

図5.17 Terrainの高さをY:0に合わせる

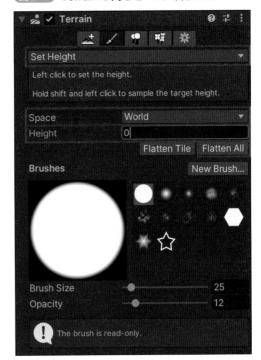

5-2-3 地面に起伏を付ける

次に地面に起伏を付けてみましょう。InspectorウインドウのTerrainコンポーネントの左から2番目の をクリックし、プルダウンで「Raise or Lower Terrain」を選択します。

これは地形を上げ下げする際に使用するツールです。地形の上げ下げは、一般的なペイントツールのように好きな形・大きさのブラシを使って行います。

Brushesから「好きな形のブラシ」を選択し、Brush Sizeで「ブラシのサイズ」を選択しましょう。Opacityは、ブラシで塗ったときの起伏の変化度を調整します（100に近いほど地形が大きく変化します）。

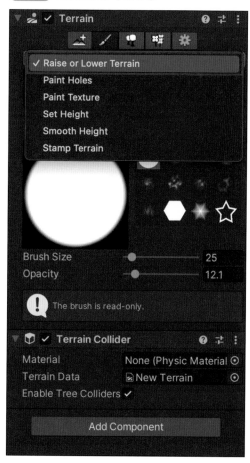

図5.18 地面を上げ下げする

　ブラシの準備ができたら起伏を付けていきます。SceneビューのTerrain上で盛り上げたい部分を左クリックすると、地形が盛り上がります。掘り下げたいときは、[Shift]＋左クリックでOKです。

　ドラッグすると連続して上げ下げが可能になります。Terrainの中央付近は後からプレイヤーキャラなどを配置しますので平地のまま残して、あとはご自身の好きなように地形を作成してみましょう。

図5.19 起伏を付けてみる

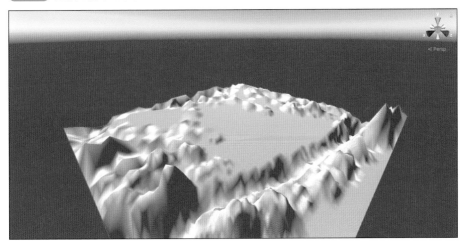

5-2-4 地面の高さを合わせる

Unityでは、高さの調整に使用できる機能が他にも用意されています。

InspectorウインドウのTerrainコンポーネントの左から2番目の ✏️ (Paint Terrain) のプルダウンで「Set Height」を選択します（**5-2-2**「地面を上げておく」と同じ）。

このツールは、Heightに基準となる高さを指定して使用します。盆地や台地を作成する際にも必須のツールとなります。

図5.20 Set Heightツールで斜面の一部を平坦にした図

5-2-5 地面の高さを平均化する

Inspectorウインドウの Terrainコンポーネントの左から2番目の ✎ (Paint Terrain) のプルダウンで「Smooth Height」を選択すると、地面の高さを平均化することができます。地形がなだらかになるため、仕上げの際に使用すると良いでしょう。

図5.21 Smooth Height ツール使用前と使用後

● 使用前

● 使用後

5-2-6 地面をペイントする

ここまでで Terrain を使って山や谷を作成できました。しかし、地面が真っ白なままだと見た目が寂しく感じます。そこでテクスチャを使って地面を塗ってみましょう。

Inspector ウインドウの Terrain コンポーネント左から2番目の ✏️ (Paint Terrain) のプルダウンで「Paint Texture」を選択します。

初期状態ではテクスチャが1つも登録されていませんので追加しましょう。「Edit Terrain Layers」ボタンをクリックし、「Create Layer...」を選択すると、Select Texture2D ウインドウが開きます。

図5.22 Terrain コンポーネント

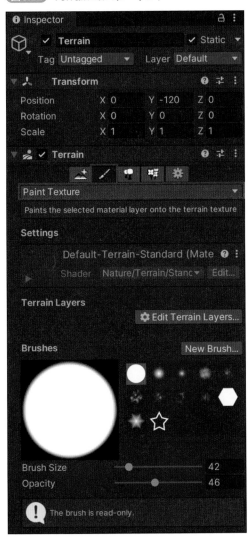

図5.23 テクスチャの追加手順

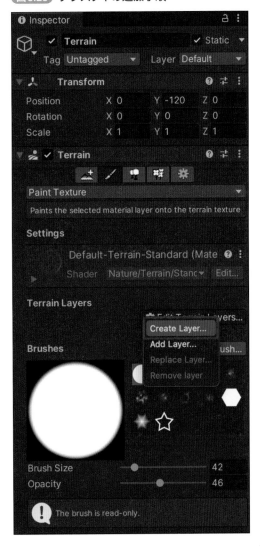

図5.24 Select Texture2D ウインドウ

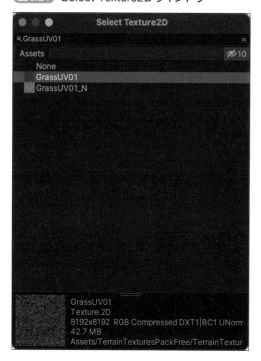

ウインドウ上部の検索BOXに「GrassUV01」と入力し、表示された「GrassUV01」のテクスチャを選択します。これでTerrainにテクスチャが反映されました。緑一色に見えますが、Terrainに近づくと模様も表示されます。

同様の手順で、「GrassUV02」「GroundCracked01」「GroundDryLeaves01」「GroundStones01」もテクスチャを追加します。

ここまでの設定はTerrainを塗りつぶすための画像となります。Terrain Layerには、Normal Mapを設定することも可能です。

Normal Mapとは法線マッピング用のテクスチャのことです。これを使用すると、オブジェクト表面の細かな凹凸など、詳細な見た目を表現することが可能になります。

図5.25 テクスチャが反映された

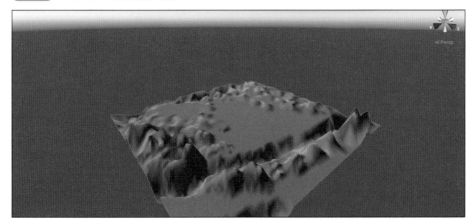

Terrain Textures Pack Freeには、各テクスチャに対応したNormal Map（テクスチャ名の末尾に「_N」が付いた画像）が含まれていますので、設定してみましょう。

先ほど追加した「GrassUV01」のTerrain Layer（一覧のいちばん左）をInspectorウインドウ上で選択すると、Insepectorウインドウ下部にNormal Mapなどの設定項目が表示されます。

Normal Mapの右側にある「Select」をクリックし、「GrassUV01_N」のテクスチャを指定しましょう。

図5.26 Normal Mapの設定

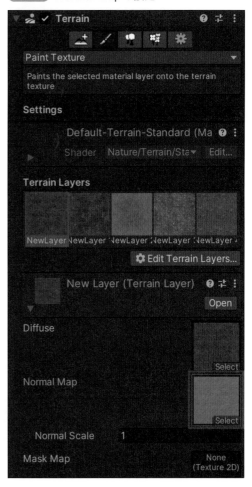

　先ほど追加したテクスチャ（「GrassUV02」「GroundCracked01」「GroundDryLeaves01」「GroundStones01」）のTerrain LayerにもNormal Mapを設定します。これでペイントの準備が整いました。

　登録したテクスチャから好きなものを選んで、Terrainに色付けしてみましょう。Normal Mapを設定しましたので、ズームしてみると少し凹凸のあるリアルな見た目になっていることが確認できます。

図5.27 ペイント後のTerrain

　また、Terrain LayerのMetaricやSmoothnessの値を変更すると、光の反射が変わって、遠くから見たときの様子がかなり変化します。興味のある方はこちらも試してみるとよいでしょう。

図5.28 Terrain LayerのMetaricとSmoothness

5-3 木や草を配置しよう

5-2では舞台となる地面を作成してきました。次にこの地面の上に木や草を配置して、よりゲームの舞台っぽくしていきましょう。

5-3-1 木を植える

Terrainでは木を植えることもできます。

Terrainコンポーネントの左から3番目の🌳（Paint Trees）を選択します。「Edit Trees...」ボタンをクリックして「Add Tree」を選択します。Add Treeダイアログが開きますので、ここに木のPrefab（設計図）を指定します。

図5.29 Paint Trees

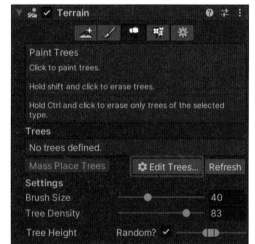

図5.30 Add Treeダイアログ

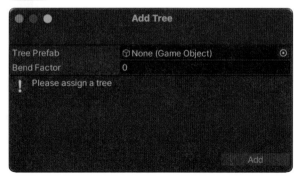

Tree Prefabの右にある■をクリックすると、Select GameObjectダイアログが開きます。「Assets」を選択し、検索BOXに「PF Conifer Medium BOTD」と入力して「PF Conifer Medium BOTD」を選択します。

Add Treeダイアログの右下にある「Add」ボタンをクリックすると、InspectorウインドウのTreesに「PF Conifer Medium BOTD」が追加され、Terrainに配置できるようになりました。

図5.31 TreeのPrefabを選択

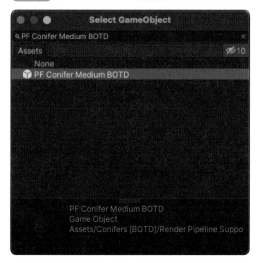

他の種類の木も使用したい場合は、Asset Storeで木のAssetを探してみましょう。無料で使用できるものがたくさん見つかります。

なお、Inspectorウインドウに表示されているTreesのSettingsでは、表5.2に挙げた設定を行うことが可能です。これらの設定は、Terrain上に木を配置する際に反映されます。

表5.2 TreesのSettings

設定項目	説明
Tree Density	木の配置密度
Tree Height	木の高さ
Tree Width	木の幅

図5.32 木の追加が完了

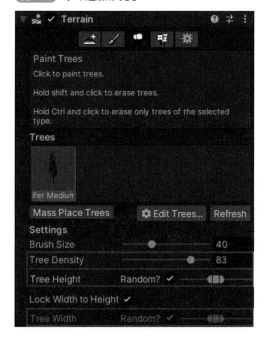

設定が完了したら、Sceneビューで木を配置してみましょう。ドラッグすると一気に配置されます。適量に調整しながら追加したい場合は、クリックで少しずつ配置していきましょう。

図5.33 木が配置された

5-3-2 草を生やす

次にTerrainに草を生やしてみましょう。Terrainコンポーネントの右から2番目の🟦（Paint Details）を選択します。

「Edit Details...」ボタンをクリックし、「AddGrass Texture」を選択すると、Add Grass Textureダイアログが開きます。ここのDetail Textureに草のテクスチャを指定します。

図5.34 Paint Details

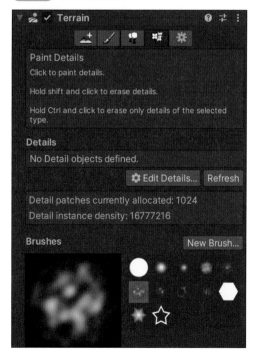

Detail Textureの右にある 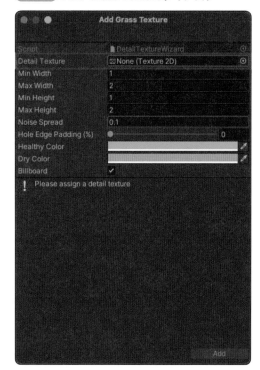をクリックすると、Select Texture2Dダイアログが開きます。「Assets」を選択し、検索BOXに「GrassFrond01AlbedoAlpha」と入力して「GrassFrond01Albedo Alpha」を選択します。

図5.35 Add Grass Textureダイアログ

図5.36 草のテクスチャを選択

図5.37 TerrainのDetails設定

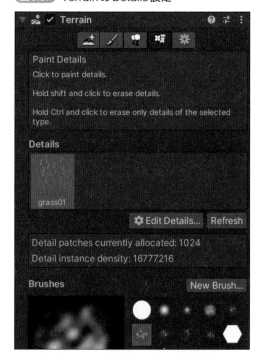

　ちなみに、草はかなり描画の負荷が高いため、初期状態では描画距離が短く設定されています。

　描画距離の設定は、Terrainコンポーネントの一番右の ※（Terrain Settings）を選択し、Terrain SettingsのTree & Detail ObjectsにあるDetail Distanceで行います。ここではDetail Distanceを「80」に設定しています。ただし、パフォーマンスに大きく影響しますので注意して設定してください。

図5.38 草を配置する

図5.39 草の描画距離設定

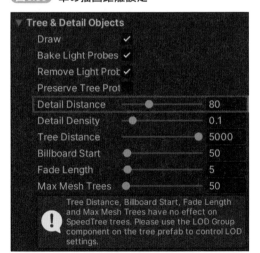

Terrainの平面サイズと配置

　Terrainは、配置された座標を原点としてプラス方向に地形データが配置されます（つまり、配置された座標は地形データの角になります）。以降の作業を進めやすくするため、Terrain平面の中心点を原点座標(X：0, Z：0) に合わせておきましょう。

　Terrainの平面サイズは、Terrain SettingsのMesh Resolution(On Terrain Data)にあるTerrain WidthとTerrain Lengthで設定されています。デフォルト値はともに「1000」になっています。

　ということは、X軸とZ軸方向に-500ずつ移動すれば、Terrainの中心座標と原点座標を重ねることができます。そこでTerrainコンポーネントのTransformでPositon Xを「-500」、Zを「-500」に変更しておきます。

図5.40 Terrainの平面サイズと配置

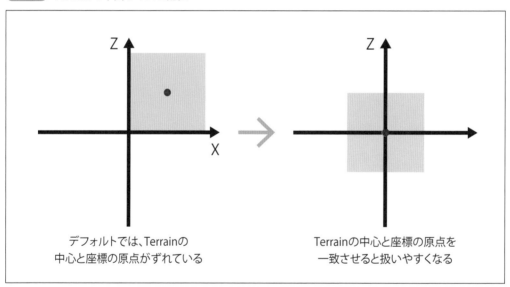

デフォルトでは、Terrainの中心と座標の原点がずれている

Terrainの中心と座標の原点を一致させると扱いやすくなる

図5.41 Mesh Resolution(On Terrain Data)

図5.42 Terrainを原点に配置する

5-4 水や風の演出を追加しよう

ここまでで地面を作成して、そこに木や草を配置しました。次に地面に水や風などの
演出を追加してみましょう。

5-4-1 水を配置する

3Dゲームの中で海や川などの液体を扱う場合、技術的なハードルは非常に高くなります。
一般的な3Dゲームでは、液体の代わりに水面の動き・反射・光の屈折などによって水に似せ
た擬似的な水面を配置していきます。

5-1-3でインポートした#NVJOB Water Shaders V2.xには、きれいな水面のAssetが含まれ
ていますので、これを使ってみることにしましょう。

ProjectウインドウのAssetsフォルダの下にある「#NVJOB Water Shaders V2」-「Examples
Water」-「Prefabs」にある「Water Specular」を選択し、Sceneビューにドラッグ&ドロップし、
水面のゲームオブジェクトを配置します。

図5.43 Water Specularの配置

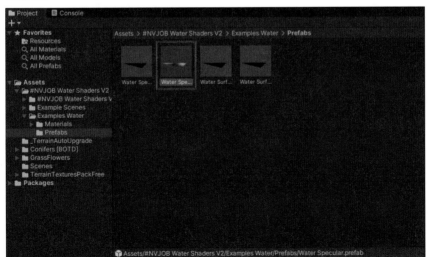

水面を配置したら、位置を調整します。Hierarchyウインドウから「Water Specular」を選択し、TransformコンポーネントのPositionでXを「0」、Yを「0」、Zを「0」に変更します。

水面は初期状態でTerrainと同じ大きさになっていますが、もし「大海原に浮かぶ島」のような世界にしたい場合は、ScaleのXとYを（初期値の「100」よりも）大きな値に変更してください。

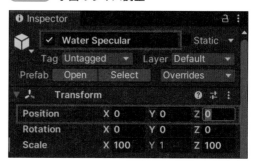

図5.44 水面のサイズ調整

これで水面の配置は完了です。カメラを水面に寄せてみると、とても美しく描画されている様子が確認できます。

ちなみに、山の上に存在する湖など、場所によって水位を変えたい場合は、その都度水面を配置してください。

図5.45 水面のズーム

5-4-2 風を吹かせる

風が吹いて木や草が揺らいでいるとよりリアリティが増します。

今回使用する針葉樹のAssetには、独自の処理が組み込まれており、何も設定しなくても風で揺らぐ効果を備えていますが、一般的にはTerrainの木はWind Zoneを使って任意の強さの風で揺らしてあげます。

Hierarchyウインドウで右クリックし、「3D Object」→「Wind Zone」を選択すると、SceneビューにWind Zoneが追加されます。

Inspectorウインドウの Wind Zone で設定可能なプロパティは表5.3の通りです。

図5.46 Wind Zoneの追加

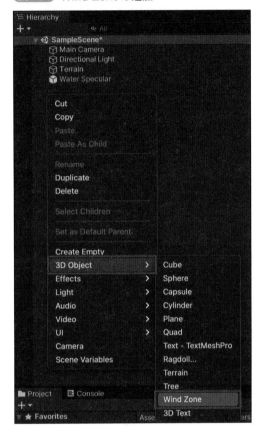

表5.3 Wind Zoneの主なプロパティ

プロパティ	説明
Mode	シーン全体に影響を及ぼすDirectionalと、範囲内だけに影響を及ぼすSphericalの2種類がある
Main	風の強さを設定する
Turbulence	乱気流を設定する。数値を大きくするとよりランダム性を与えることができる
Pulse Magnitude	Wind Zoneの風は周期的に強さが変化するが、その変化の強さを設定する
Pulse Frequency	風が変化する頻度を設定する

また、草の揺らぎについては、Terrainコンポーネントの「Terrain Settings」（一番右のアイコン）にある「Wind Settings for Grass (On Terrain Data)」で設定することが可能です。

図5.47 Wind Settings for Grass (On Terrain Data)

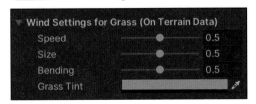

5-4-3 Terrainの弱点

Terrainはちょっとした操作でいろいろな世界が作れるとても便利な機能ですが、注意しないといけない弱点もあります。

◎ 処理が重い

Terrainは描画の負荷が高いため、何も意識せず設定するとパフォーマンスに大きな影響を及ぼします。

基本的な調整は**5-2-2**に記載していますが、「Terrain 重い」などをキーワードに検索すると、パフォーマンス改善のための有用な情報がたくさん見つかりますので、これらを参考にするのも良いでしょう。

また自分のゲームが広大な世界を必要としない場合は、Terrainを使わないようにするのも一つの手です。

◎ 横穴が掘れない

Terrainはハイトマップ（各座標の高さを持つデータ）で構成されているため、縦方向には変形できますが、横方向には変形できません。

また、TerrainのPaint Holes機能を使用すると、Terrainの一部に穴を開けることは可能ですが、地形の変形ではなくただ穴を開けるだけです。Terrainだけではトンネルや洞窟のような横方向の地形を実現することは不可能です。

このような地形を実現したい場合は、洞窟の壁などの3Dモデルを準備して手作業で配置するか、Terrainを拡張して横穴を掘れるようにした「Relief Terrain Pack」などのAssetを利用する必要があります。

◎ 木や草に変更を加えづらい

Terrainに配置した木や草は、通常のゲームオブジェクトとは異なります。切れる木や刈れる草を配置したい場合は、通常のゲームオブジェクトとして配置するのが良いでしょう。

Terrainの木をスクリプトから消すことも可能ですが、細かな制御ができないためおすすめしません。

5-5 空を追加しよう

Terrainですてきな世界を作ってきましたが、視点を見上げるとのっぺりとした水色の空が広がっているだけです。ここでは、太陽や雲などがある空に追加していきましょう。

5-5-1 Skyboxとは

Skyboxとは、Unityで空を描画するしくみです。初期状態の水色の空もSkyboxで描画されています。この設定を変更することで、よりリアルな空を表現することができます。

Skyboxには、専用のMaterialがセットされています。これを変更すれば、空の見た目を変更することができます。Asset StoreにSkybox用Assetが多く用意されていますので、それらを使ってみましょう。

5-5-2 Skybox用Assetのインポート

まずはSkybox用Assetをダウンロードします。Skybox用Assetはさまざまなものが用意されていますが、本書では無料で使用できるWispy Skyboxをインポートします。

Asset Storeウインドウで「Search online」をクリックすると、デフォルトのブラウザーが開きます。画面上部の検索BOXで「Wispy Skybox」と入力します。

図5.48 Wispy Skyboxの詳細

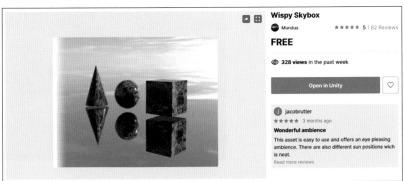

Assetが見つかったら、これまでのAssetと同じ手順（**5-1-3**参照）でプロジェクトへのインポートを行います。

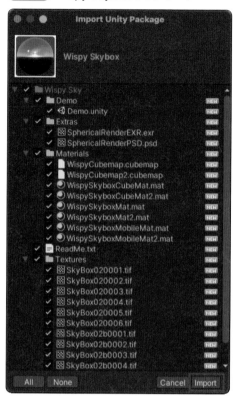

図5.49 Wispy Skyboxのインポート

5-5-3 SkyBoxの基本設定

◉ Main Cameraの設定

ダウンロードしたWispy Skyboxを使ってみましょう。Skyboxを描画するかどうかは、Cameraコンポーネントの設定によって決まります。

Hierarchyウインドウで「Main Camera」を選択し、InspectorウインドウのCameraコンポーネントでClear Flagsが「Skybox」になっているかを確認します。これはカメラの何も映っていないところにSkyboxを描画するための設定です。もし他の値に設定されている場合は、「Skybox」に変更してください。

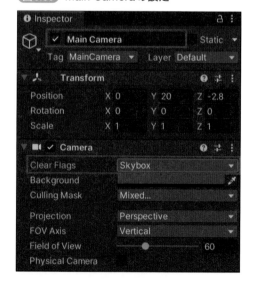

図5.50 Main Cameraの設定

Cameraコンポーネントの Clear Flags はよく使用しますので、表5.4に値を説明しています。

表5.4 Cameraコンポーネントの Clear Flagsの設定

設定項目	説明
Skybox	背景（ゲームオブジェクトがない領域）にもSkyboxを描画する
Solid Color	背景を単色で塗りつぶす
Depth Only	シーン内に複数のカメラがある場合に使用する。カメラが映した映像はCameraコンポーネントのDepth値が小さいカメラから順に描画されていく（複数のカメラで撮ったものを順に重ねていく）。Depth Onlyでは描画の際に背景をクリアしないため、背景には前のカメラで映したものが表示された状態になる
Don't Clear	背景を一切クリアしない。前フレームの映像も残った状態になるため、キャラクターが移動した場合は残像が残ったようになる

◉ Skybox Materialの設定

続いて、Skybox Materialを変更します。Unityエディタで「Window」→「Rendering」→「Lighting」を選択し、「Environment」タブを選択します。

Skybox Materialの ◉ をクリックして、検索BOXに「wispy」と入力し、「WispySkyboxMat」を選択します。

図5.51 SkyboxのMaterialを選択

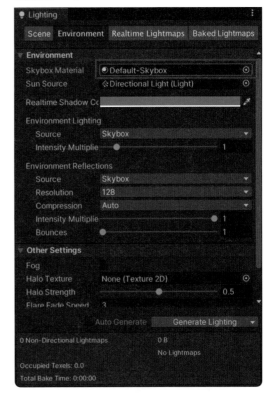

図5.52 SkyBox Material の変更

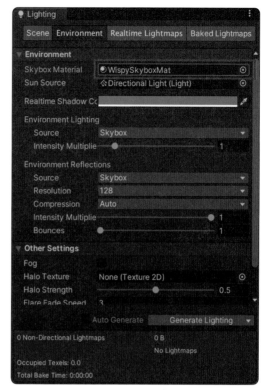

Scene ビューで空を見上げると、空が更新されてリアルな雲が浮いていることが確認できます。

図5.53 Skybox が反映された

5-5-4 Skyboxで昼夜を表現する

5-5-3で使用したSkyboxはテクスチャを描画しているだけで、時間の経過を表現することはできません。Unityには、時間経過を表現するためのSkybox用Shaderが用意されていますので、それを使ってみましょう。

◉ Materialの新規作成

昼夜を表現するSkyboxのMaterialはとてもかんたんに作成することができます。

まず作成するMaterialを入れておくためのフォルダを作成します。

ProjectウインドウでAssetsフォルダを選択右クリックし、「Create」→「Folder」を選択し、フォルダ名を「IkinokoBattle」として新しいフォルダを作成します。

IkinokoBattleフォルダを選択し、同様の手順でその下に「Materials」フォルダを作成します。

開発に必要なファイルはどんどん増えてきますので、その都度整理することをオススメします。

図5.54 フォルダの作成

　Materialsフォルダを選択したら、右クリックして「Create」→「Material」でMateralを作成します。名前は「MySkyboxProcedural」にしておきます。

図5.55 Materialの作成

　作成したMaterialを選択してからInspectorウインドウを開き、Shaderのプルダウンで「Skybox」→「Procedural」を選択します。

　Shaderは画面を描画する処理のことで、Skybox/Proceduralは空に太陽を描画して昼夜を表現するShaderです。これでMaterialの準備は完了です。

図5.56 MaterialsのShaderを変更

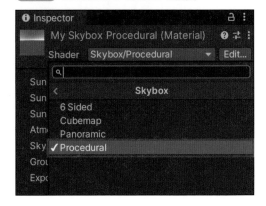

CHAPTER

5

ゲームの舞台を作ってみよう

図5.57 完成したMySkyboxProcedural

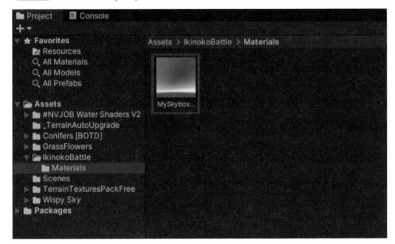

◉ Skyboxに反映する

次に「Window」→「Rendering」→「Lighting」
を選択し、「Environment」タブを開きます。
Skybox Materialに作成した「MySkyboxProce
dural」を指定して完了です。

図5.58 Lightingを開く

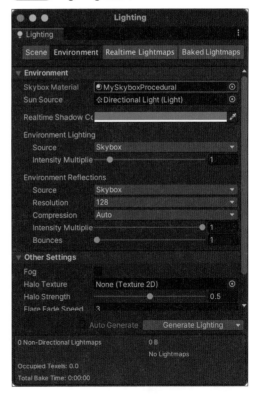

グラデーションの鮮やかな空になりました。Sceneビューで見上げてみると、太陽もあります。

図5.59 Skyboxが反映された

◉ 太陽の大きさや空の色を変える

Skybox/Proceduralを使ったMaterialは、設定で見た目を変えることが可能です。試しに太陽の大きさや空の色を変えてみましょう。

先ほど作成した「MySkyboxProcedural」を選択し、Inspectorウインドウで設定を変更します。

Sun Sizeは太陽の大きさ、Sky Tintは空の色、Groundは地面（地平線より下）の色です。各パラメータを好きな値に変更してみましょう。

色が変わると雰囲気も変わりますね。

図5.60 大気と太陽の設定

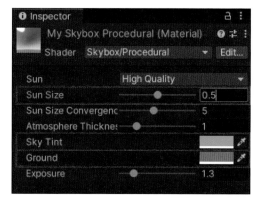

図5.61 大気と太陽の色が変わった

5-5-5 Lightで昼夜を表現する

現実世界で昼夜が移り替わるのは、太陽が出たり沈んだりするためです。

Unityでは、シーンに配置されているDirectional Lightの向きを変えるとSkyboxProceduralの太陽の位置が変わります。

◉ LightのType変更・新規作成

Lightはゲームオブジェクトを照らす光源のことです。シーン作成時にはデフォルトで「Directional Light」が配置されています。

LightのTypeはいくつかあり、Inspectorウインドウのaいコンポーネントのtypeで変更することが可能です。

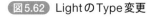

図5.62 LightのType変更

また、Hierarchyウインドウで右クリックして「Light」を選択すると、Typeを指定してLightを新規作成することが可能です。

図5.63 Lightの新規作成

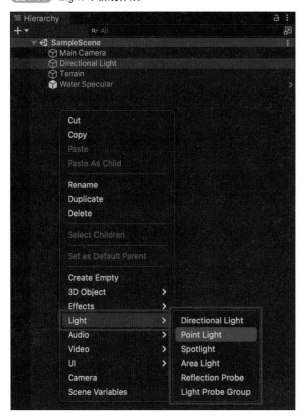

主なLightのTypeは表5.5の通りです。

表5.5 主なLightのType

種類	説明
Directional	一方向から直線的に照射される光で、地球上で受ける太陽光のイメージに近いもの
Spot	照らす距離と角度を指定できるスポットライト
Point	一定距離を照らす点光源。裸電球のようなイメージ
Area(baked only)	SpotやPointが点から光を出すのに対し、Areaは面から光を出す。照らされるオブジェクトはさまざまな方向から光を受けるため、影がぼやける

◉ 太陽の方向

　SkyboxProceduralの太陽は、シーンに配置されているDirectional Lightの向きに依存しています。具体的には、Directional Lightの向きの反対側（光源側）に太陽が配置されます。

ちなみに、同じシーンに2つ以上のDirectional Lightを配置しても、太陽は1つしか配置されません。

◎ 太陽を移動させてみる

Directional Lightにかんたんなスクリプトをアタッチして、太陽を移動させてみましょう。変化をわかりやすくするため、ゲーム内の1日（＝太陽が一周する時間）を30秒としています。

太陽の1回転は360度です。「360度÷30秒 ＝ 12」ということで、1秒間に12度回転させるようにしましょう。Directional LightはZ軸のプラス方向に向かって光が差しますので、回転はY軸を中心に反時計回りとします。

ProjectウインドウでIkinokoBattleフォルダの中に「Scripts」フォルダを作成します。作成したScriptsフォルダを選択して右クリックします。「Create」→「C# Script」を選択してC#スクリプトを作成し、名前は「RoundLight」にします。

図5.64 RoundLightスクリプト

作成したRoundLightスクリプトをダブルクリックして開きます。リスト5.1のように、Update()メソッドの中に時間経過でゲームオブジェクトが回転する処理を記述します。

リスト5.1 ゲームオブジェクトを回転させるスクリプト（RoundLight.cs）

```
using UnityEngine;

public class RoundLight : MonoBehaviour
{
    private void Update()
    {
```

```
Y軸に対して、1秒間に-12度回転させる
        transform.Rotate(new Vector3(0, -12) * Time.deltaTime);
    }
}
```

　スクリプトで継承する MonoBehaviour は、ゲームオブジェクトの座標・回転・スケールを制御できる transform フィールドを持っています。tranform.Rotate() は、Vector3を指定し、X・Y・Z各軸に対してゲームオブジェクトを回転させるメソッドですので、これを使って物体を回転させます。

　ただ、Update()メソッドは毎フレーム呼ばれるメソッドで、通常は1秒間に数十回ほど実行されるため注意が必要です。今回の場合、tranform.Rotate()に対して単純にnewVector3(0,12)を渡すだけだと、1フレームあたり12度という超高速回転になってしまいます。

　そのため、前のフレームからの経過時間（秒）を取得する Time.deltaTime を掛けることで、1秒間に12度回転するようにしています。Time.deltaTime はオブジェクトを移動・回転する際によく使用しますので、覚えておきましょう。

　完成したスクリプトを Directional Light にアタッチしましょう。Hierarchy ウインドウで「Directional Light」を選択し、Inspector ウインドウの「Add Component」ボタンをクリックして「RoundLight」で検索します。

　RoundLight スクリプトが表示されますので、クリックしてアタッチします（スクリプトを Inspector ウインドウにドラッグ＆ドロップしても OK です）。

図5.65 スクリプトのアタッチ

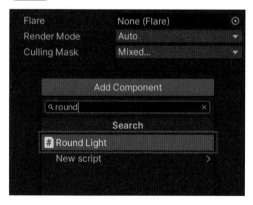

図5.66 スクリプトがアタッチされた

　次に日の出の方向がよく見えるように、カメラの位置と向きを調整しておきましょう。

　Hierarchy ウインドウで Main Camera を選択して、Transform コンポーネントの Position で X を「0」、Y を「30」、Z を「0」に変更し、Rotation で X を「-20」、Y を「-140」、Z を「0」に変更します。

図5.67 カメラの調整

Inspector				
✓ Main Camera				Static
Tag MainCamera		Layer Default		
Transform				
Position	X 0	Y 30	Z 0	
Rotation	X -20	Y -140	Z 0	
Scale	X 1	Y 1	Z 1	

準備ができたらゲームを実行してみましょう。

昼夜以外に朝焼けの太陽も表現され、なかなかリアルですね。

図5.68 動く太陽

Tips さらにリアリティのある空にしたい場合

5-5ではSkyboxの基本的な使い方を紹介しましたが、「雲が流れて天候も変わる」というように、さらにリアリティのある空を表現したい場合は、以下の2つの方法で実現できます。

- Shaderを作成する

  先ほどSkybox用のMaterialに設定したShaderは、自分で作成することも可能です（ただし作成のハードルは高めです）。ShaderについてはChapter 11で少し解説していますので、興味がある方は参照してください。

- UniStormなどのAssetを使用する

  Asset Storeで販売されているUniStormというAssetは、時間経過や天候などに加えて季節までも設定可能という、非常に便利なAssetです。有償のAssetであるため、数十ドルを支払う必要がありますが、自分で作成する手間を考慮すれば高い価格ともいえないでしょう。

図5-a UniStorm

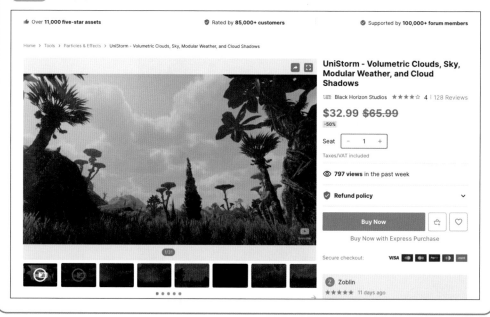

6

キャラクターを
作ってみよう

Chapter 5ではゲームの舞台となる世界を作成
しました。本Chapterでは、プレイヤーの分
身となるキャラクターを作成して、思うがまま
にゲームの世界を自由に走り回れるようにして
みましょう。

6-1 キャラクターをインポートしよう

プレイヤーキャラクターの作り方を理解すると、さまざまなゲームに活用できます。ここからは本書で用意したサンプルプロジェクトを使って、キャラクターの3Dモデルをインポートし、そのキャラクターに影を付けるまでの手順を説明します。

6-1-1 サンプルプロジェクトの準備とAssetのインポート

まずはサンプルプロジェクトを準備し、Chapter 5で使用した各種Assetをインポートします。

◉ サンプルプロジェクトの準備

P.4を参照して、技術評論社のサポートページ（https://gihyo.jp/book/2021/978-4-297-124 33-5/support）からIkinokoBattle6.zipを入手します。

次にUnity Hubを起動して「プロジェクト」タブを選択し、「開く」ボタンをクリックします。フォルダの選択ウインドウが表示されますので、解凍したIkinokoBattle6フォルダを選択して「開く」（Windowsの場合は「フォルダの選択」）をクリックします。

図6.1 IkinokoBattle6フォルダを選択

プロジェクトにIkinokoBattle6が追加されます。Unityバージョンのプルダウンで「使用している Unity バージョン」を選択し、ターゲットは「使用中のプラットフォーム」の状態でプロジェクトの名前をクリックすると、プロジェクトが開きます。

なお、Unity エディタのバージョンを変更すると、自動的にプロジェクトの最適化が行われるため、クリックしてから開くまでに少し時間がかかります。

◉ 各種 Asset のインポート

次に、Chapter 5で使用した5つのAssetをインポートします。手順はすべて同じですので、5-1-3を参照して作業を行ってください。

- Terrain Textures Pack Free
- Conifers [BOTD]
- Grass Flowers Pack Free
- #NVJOB Water Shaders V2.x
- Wispy Skybox

入手済みのAssetのインポートを行う場合は、Package Manager から行います。「Window」→「Package Manager」を選択すると、Package Manager ウインドウを開きます。

図6.2 Package Manager を開く

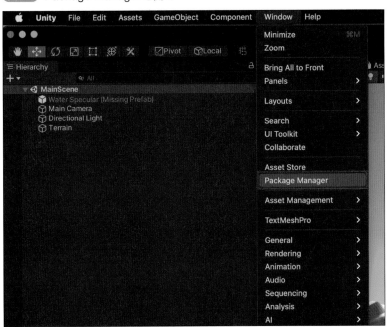

　ウインドウ左上にあるプルダウンで「Packages: My Assets」を選択すると、Asset Store で入手済みの Asset が表示されます。画面左の Asset 一覧から選択するか、入手済みの Asset が多い場合は、右側の検索 BOX でも検索可能です。

　一覧から対象の Asset をクリックして選択し、画面右下の「Import」ボタンをクリックするとインポートできます。

図6.3 入手したAssetを検索

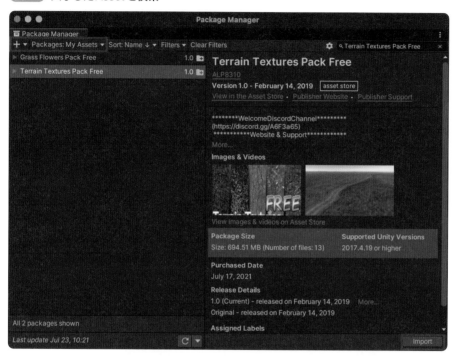

6-1-2 3Dモデルのインポート

　サンプルプロジェクトの準備が完了したので、次にキャラクターとして利用可能な 3D モデルを Asset Store からインポートしましょう。

　本書では、プレイヤーキャラクターとして 2 等身のとてもかわいいキャラクター "Query-Chan" model SD（以下クエリちゃん）を使用します。

　ブラウザーで Asset Store を開いて、画面上部にある検索ボックスに「query chan」と入力し、結果に表示された「"Query-Chan" model SD」をクリックします。

　5-1-3 の手順と同様にインポートを行います。

図6.4 クエリちゃんの詳細

図6.5 クエリちゃんのインポート

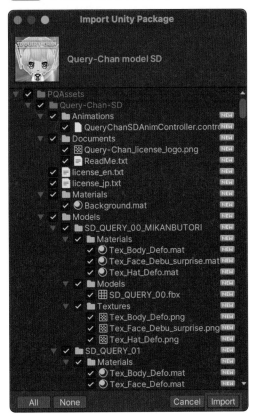

6-1-3 Prefabを配置する

クエリちゃんの3DモデルのPrefabは、Projectウインドウの「Assets」－「PQAssets」－
「Query-Chan-SD」－「Prefabs」フォルダに入っています（47都道府県にちなんだクエリちゃん
も用意されています）。

図6.6 クエリちゃんのPrefab

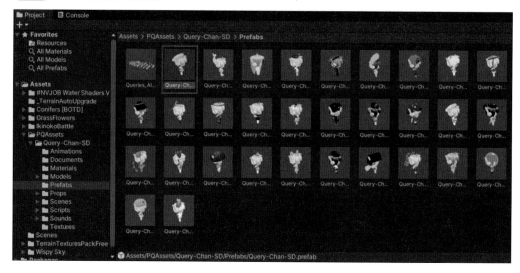

ここでは、ノーマルのQuery-Chan-SDをSceneビューの任意の場所に配置します。

図6.7 クエリちゃんをSceneに配置

6-1-4 Shader を変更して影を付ける

この状態でゲームを再生してみると、少し変なところがあることに気づくかもしれません。よく見てみると、クエリちゃんの影が表示されていません。

図6.8 クエリちゃんに影がない

これは、キャラクターの描画に影が表示されないShader（11-5-2参照）が使用されているのが原因です。影が無い代わりに負荷が低く色も鮮やかに表示されるなど、このShaderを使うメリットもありますが、今回はShaderを変更して影を付けてみましょう。

◉ Shader の変更個所

まずShaderを設定する場所を探します。クエリちゃんは可動部を含むため、ゲームオブジェクトが複雑に組み合わさっています。その中にある3DモデルとRendererを探します。

HierarchyウインドウでQuery-Chan-SDを展開すると、Query-Chan-SDの子オブジェクトが一覧表示されます。

その中にあるSD_QUERY_01、さらにその下にあるSD_QUERY_01を開くと、bodyやearphoneなどの子オブジェクトが確認できます。

図6.9 クエリちゃんの子オブジェクトと孫オブジェクト

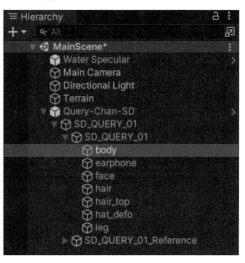

⊙ 影を付ける

bodyを選択すると、Inspectorウインドウ
にSkinned Mesh Rendererコンポーネントが
表示されます。このSkinned Mesh Renderer
コンポーネントは、画面にゲームオブジェク
トを描画するための設定です。

Skinned Mesh Rendererコンポーネントの
一番下に、3Dモデルの表面に貼られている
テクスチャのMaterial情報（Tex_Body_
Defo(Material)）が表示されています。影の描
画はこのMaterialのShaderが影響しますの
で、「Unlit/Texture」から「Standard」に変更
します。

図6.10 Shaderの変更

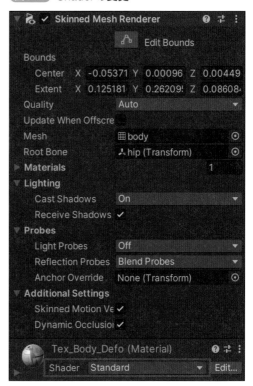

bodyと同じ階層にあるすべての孫オブジェクトのShaderも同様の手順でShaderを変更し
ます。共通のMaterialを使用している場合もありますので、すべての設定を変更する必要はあ
りません（本書確認時はfaceとhat_defoのみ）。

ちなみに、ゲームオブジェクトを複数してShaderを一括で変更できませんので、設定の変
更は地道に行ってください。

変更が完了したらゲームを実行してみましょう。影が表示されるようになり、キャラクター
自体にも陰影が付いて見た目がリアルになりました。

図6.11 キャラクターに影が付いた

Tips **BoneとRendererについて**

　人型の3Dモデルには、Boneと呼ばれるものが埋め込まれています。

　Boneは3Dモデルの骨格で、筋肉の収縮や関節の稼動を再現することで3Dモデルを変形させることが可能です。BlenderやMayaなどの3Dモデリングツールによって埋め込まれます。

　Boneを使った3Dモデルは、Boneの動きに応じて3Dモデルの表面を引き伸ばしたり縮めたりする必要があるため、皮膚のように伸び縮みするSkinned Mesh Rendererコンポーネントを使用します。

　Boneを使わずに一定の形を保つ3Dモデルの場合は、伸び縮みする必要が無いため、通常のMesh Rendererを使用します。

6-2 キャラクターを操作できるようにしよう

キャラクターの外見が用意できたので、ここでは、キャラクターを操作するための基本を学習しておきましょう。なお本節では、サンプルゲームの制作に関しての設定は行っていませんので、注意してください。

6-2-1 入力の取得方法

キャラクターをプレイヤーの思い通りに動かすためには、プレイヤーからの入力を受け取る必要があります。

UnityではInputクラスを利用すると、プレイヤーからの入力を受け取ることができます。

◉ Inputクラスの使い方

Inputクラスでは、以下のような入力を受け取ることが可能です。

- キーボード操作
- マウス操作
- タッチ操作
- ゲームパッド操作

処理はスクリプトのUpdate()メソッドの中に記述することが多く、フレームごとに入力値を取得して処理を行います。

◉ キーボード操作を受け取る

キーボードでクリックされた状態を取得します。Ctrl＋Zなど、複数キーを組み合わせる操作は、複数の条件を組み合わせることで取得することが可能です。

各キーがクリックされた状態を判定するメソッドは表6.1の通りです。引数にクリックされたキーの種類を渡し、そのキーの状態を判定してbool値で受け取ります。キーの種類は、列挙型のKeyCodeに定義されています。

表6.1 キーの押下状態を判定するメソッド

メソッド	説明
Input.GetKeyDown()	指定のキーが「今押されたかどうか」を判定する (押した瞬間だけ反応する)
Input.GetKey()	指定のキーが「押され続けているかどうか」を判定する (押している間はずっと反応する)
Input.GetKeyUp()	指定のキーが「離されたかどうか」を判定する (押したあと離した瞬間だけ反応する)

　たとえば、左側の Shift を押しながら、 Space も押されているかどうかを判定する場合は、以下のようなスクリプトを記述します。

```
private void Update() {
    if (Input.GetKey(KeyCode.LeftShift) && Input.GetKeyDown(KeyCode.Space)) {
        Debug.Log("Shift+Spaceを押しました!");
    }
}
```

◉ **マウス操作を受け取る**

　マウス操作はキーボード操作よりも値の種類が多く、主な操作として以下のようなものがあります。

- マウスボタンの操作
- マウス座標
- マウスホイールのスクロール

　マウスボタンの操作は、Input.GetMouseButtonDown()・Input.GetMouseButton()・Input.GetMouseButtonUp()でマウスボタンの押下状態を判定します。DownやUpのルールは、表6.1のInput.GetKey()系メソッドと同じです。引数は表6.2の通りです。

表6.2 マウスボタン操作の引数

引数	説明
0	左マウスボタン
1	右マウスボタン
2	中央マウスボタン (ホイールクリック)

マウス座標は、Input.mousePositionで、画面上のマウスポインタの座標をVector3型で受け取ることができます。なお、Z座標の値は常に0になります。

```
private void Update () {
    Debug.Log("マウス座標: " + Input.mousePosition);
}
```

マウスホイールのスクロールはInput.mouseScrollDeltaで、前のフレームからのスクロール差分をVector2型で受け取ることができます。

```
private void Update () {
    Debug.Log("マウスホイールのスクロール量: " + Input.mouseScrollDelta);
}
```

◉ タッチ操作を受け取る

Inputクラスを使うと、スマホのタッチ操作情報を受け取ることができます。

Input.touchSupportedで、タッチに対応しているデバイスかどうかをbool値で取得可能です。

```
private void Start() {
    Debug.Log(Input.touchSupported ? "タッチに対応しています" : "タッチに対応していません");
}
```

タッチ数を取得するには、Input.touchCountで現在タッチされている数（指の本数）を取得します。ちなみに指が接近しすぎている場合は、2本以上の指を使っている場合でも1タッチと見なされます。

```
private void Update() {
    Debug.Log(string.Format("現在のタッチ数は {0} です", Input.touchCount));
}
```

Input.touchesにはタッチ情報が配列で格納されています。スマホはマルチタッチ操作に対応していますので、2本以上の指でタッチすると配列の中身もタッチの数に応じて増えていきます。

各タッチ情報はTouchオブジェクトとなっており、タッチ識別のためのIDや座標などの情報が格納されています（IDは指を離さない限り変わりません）。

常に1本指でのタッチを想定している場合は、マウスとほとんど同様に扱えますが、複数タッチを扱う場合は、処理が少し複雑になります。

```
private void Update() {
    foreach (var touch in Input.touches)
    {
        switch (touch.phase)
        {
            case TouchPhase.Began:
                Debug.Log(string.Format("指ID: {0} タッチ開始 座標: {1}",touch.
fingerId, touch.position));
                break;
            case TouchPhase.Canceled:
                Debug.Log(string.Format("指ID: {0} タッチキャンセル 座標:
{1}",touch.fingerId, touch.position));
                break;
            case TouchPhase.Ended:
                Debug.Log(string.Format("指ID: {0} タッチ終了 座標: {1}",touch.
fingerId, touch.position));
                break;
            case TouchPhase.Moved:
                Debug.Log(string.Format("指ID: {0} タッチ移動 座標: {1} 1フレームで
の移動距離: {2}", touch.fingerId, touch.position,touch.deltaPosition));
                break;
            case TouchPhase.Stationary:
                Debug.Log(string.Format("指ID: {0} タッチホールド(移動なし) 座標:
{1}", touch.fingerId, touch.position));
break;
            default:
                throw new ArgumentOutOfRangeException();
        }
    }
}
```

◉ ゲームパッド操作を受け取る

　Unityはゲームパッドを含めた多種多様な操作方法に対応できるよう、「入力軸」に対してさまざまな操作を割り当てられるようになっています。入力軸とは、いくつかの操作を束ねて1つの入力として受け取れるようにするものです。この説明だけではわかりづらいので、1つ例を挙げてみましょう。

　たとえば、キャラクターをジャンプさせるための「ジャンプ」という入力軸が定義されているとします。その入力軸に対して「キーボードのSpaceキー」と「ゲームパッドのBボタン」が紐づけられていたとします。

　この場合は、「キーボードのSpaceキー」と「ゲームパッドのBボタン」のどちらを押しても、スクリプト側では「ジャンプ」の入力軸に対する操作として受け取れます。

　ゲームパッドのアナログスティックの操作を取得するには、Input.GetAxis()メソッドに入力軸の名前を渡します。これでアナログスティックの傾きを-1〜1の範囲で取得できます（スティックを触っていない場合は0になります）。

プロジェクトの初期状態では、アナログスティックの横方向は「Horizontal」、縦方向は「Vertical」の入力軸で取得できます。ちなみに、これらの入力軸にはキーボードの W・A・S・D キーおよびカーソルキーなども割り当てられています。

```
private void Update() {
    Debug.Log(string.Format("Axisを取得 ({0}, {1})",
        Input.GetAxis("Horizontal"),    横軸の入力を取得する
        Input.GetAxis("Vertical")       縦軸の入力を取得する
        ));
}
```

ゲームパッドのボタン入力に対応するにはInput.GetButtonDown()、Input.GetButton()、Input.GetButtonUp()メソッドを使います。これらのメソッドに入力軸の名前を渡すことで、入力軸に紐づけられている各種ボタンの押下状態を判定します。メソッドの使い分けは表6.1のInput.GetKey()系のメソッドと同じです。

プロジェクトの初期状態では、Jump・Fire1・Fire2・Fire3・Submit・Cancelなどの入力軸が定義されています。これらを引数として渡すことで、対応したボタンの押下状態を取得できます。なお、ゲームパッドの各ボタンがどの入力軸に対応しているかは、ゲームパッドの種類によって変わりますので注意してください。

```
private void Update() {
    if (Input.GetButtonDown("Jump"))
    {
        Debug.Log("Jumpボタンが押されたよ!");
    }
}
```

◉ Input Managerと入力軸の定義

前述の通り、プロジェクトの初期状態でいくつかの入力軸は定義されています。ただし、ほとんどのゲームパッドにはボタンがたくさん付いており、上記だけでは足りないこともあります。そのような場合はInput Managerを使用して、入力軸の追加と操作の紐づけを行います。

「Edit」→「Project Settings」でProject Settingsウインドウが開きます。この中の「Input Manager」を選択して「Axes」をクリックすると、入力軸の一覧が表示されます。入力軸の変更や追加もここから行います。

図6.12 Input Manager

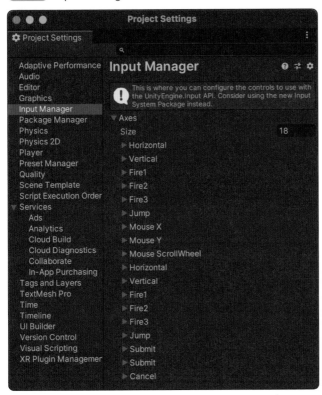

　なお、各種ボタンは、Unity公式ページ (https://docs.unity3d.com/ja/2021.1/Manual/class-InputManager.html) に記載された名前が付けられています。入力軸の設定を変更する場合は参考にしてください。

　また、入力軸の各プロパティについては、Unity公式ページ (https://docs.unity3d.com/ja/2021.1/Manual/class-InputManager.html) を参照してください。

6-2-2 ゲームオブジェクトの動かし方

　受け取った入力を使ってゲームオブジェクトを動かすスクリプトを作成すると、プレイヤーが思うがままにキャラクターを操作できるようになります。

　ゲームオブジェクトの動かし方は、物理演算に沿った動きをさせるか否かで変わります。

◉ Transformコンポーネントで動かす

　Transformコンポーネントを使うと、ゲームオブジェクトの位置・回転・スケールを直接操作可能です。物理演算を無視して直接操作しますので、このコンポーネントで物理演算が適用

されるオブジェクトを移動すると予期しない動きになる場合があります。

物理演算が適用されるオブジェクトを移動させるときは、Rigidbody コンポーネント（後述）を使用することをおすすめします。

```
MonoBehaviourを継承したスクリプトであれば、「transform」でTransformコンポーネントにアクセスできる
transform.position = new Vector(1, 2, 3);        ワールド座標を直接変更する
transform.localPosition = new Vector(1, 2, 3);   ローカル座標を直接変更する
transform.Rotate(new Vector3(0, 0, 10));         Z軸に対して10度回転させる
transform.localScale *= 3;        大きさを現在の3倍にする
```

> ### Tips ワールド座標とローカル座標
>
> Transform コンポーネントにはワールド座標とローカル座標があります。ワールド座標は「シーンの中でゲームオブジェクトがどこにあるか」を表し、ローカル座標は「親ゲームオブジェクトの中で子ゲームオブジェクトがどこにあるか」を表します。
>
> ワールド座標とローカル座標の片方を変更すると、もう片方も連動して変更されます。
>
> なお、Inspector ウインドウ上に表示される座標はローカル座標となります。スクリプトでは、MonoBehaviour内で、以下のように指定することで、それぞれの座標を使用できます。
>
> - ワールド座標
>   transform.position
> - ローカル座標
>   transform.localPosition
>
> たいていはローカル座標で事足りますが、敵キャラクターを任意のオブジェクトの場所（たとえばダンジョンの入り口）から出現させる場合など、親子関係の無いオブジェクトの位置を参照したい場合は、ワールド座標を使用すると良いでしょう。

◉ Rigidbody コンポーネントで動かす

物理演算が適用されるオブジェクト（剛体）はRigidbody コンポーネントを使って動かします。オブジェクトに対して力や回転を加えたりする他、速度を直接操作することも可能です。

前述の通り、剛体はTransform コンポーネントを使った移動との相性があまり良くありません。剛体の座標を直接変更する場合は、Rigidbody コンポーネントのMovePosition()を使いましょう。

```
Rigidbodyコンポーネントを取得&使用する
var rigidbody = GetComponent<Rigidbody>();
rigidbody.MovePosition(new Vector3(1, 2, 3));    任意の座標に瞬間移動させる
rigidbody.AddForce(transform.forward * 100);     任意の方向に力を加える
rigidbody.velocity = new Vector(10, 0, 0);       移動速度を直接変更する
```

Rigidbodyコンポーネントを動かすためのメソッドやフィールドは他にもたくさんあり、設定によって挙動が変わります。詳細は公式のスクリプトリファレンス（https://docs.unity3d.com/ja/2021.3/ScriptReference/Rigidbody.html）を参照してください。

◉ CharacterController コンポーネント

ゲームオブジェクト全般で使えるTransformコンポーネントとRigidbodyコンポーネントに対して、CharacterControllerはキャラクターの操作に特化したコンポーネントです。接地判定や当たり判定の処理もセットになっていて、RigidbodyやColliderを使わなくて良いのが特徴です。

CharacterControllerでのキャラクター移動は、Move()かSimpleMove()のいずれかを使用します。

```
CharacterControllerコンポーネントを取得&使用する
var characterController = GetComponent<CharacterController>();
characterController.Move(new Vector(1, 2, 3));
キャラクターを引数で指定した方向に移動させる（重力がかからない）
characterController.SimpleMove(new Vector(1, 2, 3));
キャラクターを指定方向に移動させる（空中に居るときは引数が無視され、代わりにキャラクターに対して重力がかかる）
```

Tips

Update()とFixedUpdate()

Input・Transform・Rigidbodyなどを操作する場合、Update()とFixedUpdate()の使い分けに注意が必要です。どちらも1秒間に複数回呼ばれるメソッドですが、Update()はフレームごとに呼ばれ、FixedUpdate()は物理演算が行われる周期で呼ばれます。

この影響で、Input.GetButtonDown()など入力があった瞬間を判定するメソッドはFixedUpdate()だと複数回連続で反応してしまう場合がありますので、必ずUpdate()の中で使いましょう。

逆に、Rigidbodyに対する処理は、FixedUpdate()で使う方が望ましいです。

CHAPTER

6

キャラクターを作ってみよう

カメラがキャラクターを追いかけるようにしよう

次はキャラクターの動きに合わせてカメラが動くようにします。カメラを動かすスクリプトを自分で書く方法もありますが、Cinemachineを利用すれば、カメラをかんたんに制御できます。

6-3-1 Cinemachineのインポート

Unity公式パッケージのCinemachineを使うと、カメラでキャラクターを追いかけたり、複数のカメラを自動で切り替えるなど、カメラに対してさまざまな制御が行うことが可能です。

Cinemachineをインポートするには、「Window」→「Package Manager」を選択してPackage Managerを開き、ウインドウ左側にあるプルダウンで「Unity Registory」を選択します。

Unity公式パッケージの一覧が表示されますので、「Cinemachine」を選択して「Install」ボタンをクリックします。

図6.13 Cinemachineのインストール

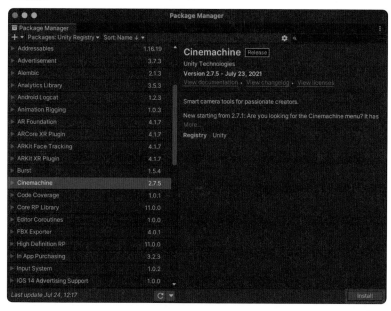

6-3-2 キャラクターを追尾するカメラを配置する

Cinemachineをインポートすると、GameObjectの作成メニューにCinemachineの項目が追加され、CinemaChineで制御する各種カメラを作成可能になります。

Hierarchyウインドウで右クリックし、「Cinemachine」→「Virtual Camera」を選択してカメラを作成しましょう。

Hierarchyウインドウに「CM vcam1」というカメラが生成されていますので、これを選択します。

図6.14 Virtual Cameraの作成

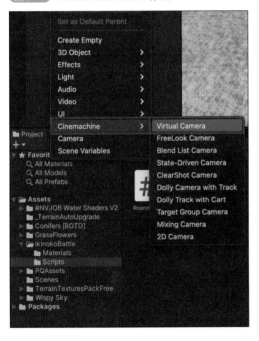

図6.15 生成されたVirtual Camera

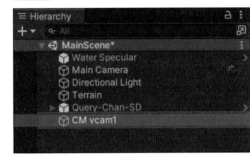

Inspectorウインドウからキャラクターを追尾するための設定を行います。

CinemachineVirtualCameraコンポーネントのFollowに「追跡対象のゲームオブジェクト」を、Look Atに「注目対象のゲームオブジェクト」を指定します。今回はどちらも「Query-Chan-SD」としたいので、Hierarchyウインドウから「Query-Chan-SD」をドラッグ&ドロップしてください。

図6.16 CinemachineVirtualCamera
コンポーネントの設定（その1）

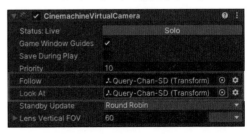

次に、Bodyの左にある▼をクリックして開いて、表6.3のように設定を変更します。
これでY「10」、Z「-20」の位置からキャラクターを映し続けるカメラができました。

表6.3 Bodyの設定

項目	設定値
Binding Mode	World Space
Follow Offset X	0
Follow Offset Y	10
Follow Offset Z	-20

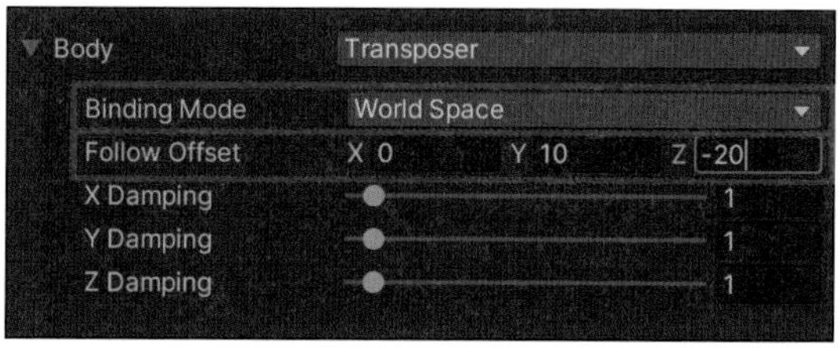

図6.17 CinemachineVirtualCameraコンポーネントの設定（その2）

CM vcam1を選択した状態でGameビューを開くと、赤い枠が表示されているのが確認できます。このカメラは、赤い枠内にキャラクターを捉え続けようとします。

枠のサイズはGameビューでドラッグすることで調整可能ですので、好みの範囲に調整してください。

調整が完了したら、Inspectorウインドウから「Game Window Guides」のチェックを外すと、枠が表示されなくなります。

図6.18 Gameビューに枠（ガイド）が表示される

図6.19 Game Window Guidesを非表示にする

Cinemachineはとても強力！

　ここで設定したカメラは距離を保ちながら、キャラクターを追いかけるだけのシンプルなものでしたが、Cinemachineは他にも強力な機能をたくさん備えています。応用的な内容になりますので本書では説明しませんが、使い方の一例を紹介します。

- **プレイヤーキャラクターの位置に応じて、複数のカメラを切り替えて使う**
  シーンに複数のカメラを配置しておき、キャラクターの位置に応じてカメラを自動で切り替えます。
- **カメラワークの演出**
  各カメラにはPriority(優先度)が指定できます。複数のカメラを準備してPriorityを制御することで、たとえば宝箱を開けたときや必殺技を使ったときなど、任意のタイミングでカメラを切り替えて演出をすることが可能です。

CHAPTER

6

キャラクターを作ってみよう

キャラクター操作のための スクリプトを書こう

6-3ではプレイヤーの入力の受け取り方と、ゲームオブジェクトの動かし方の基本について説明しました。本節ではサンプルゲームで使用するキャラクター操作のスクリプトを書いていきます。

6-4-1 スクリプトの作成

ここからは少し複雑なスクリプトを作成していきます。

本書で作成するすべてのスクリプトはサンプルプロジェクトのScriptsフォルダにChapterごとに分けて入れていますので、必要に応じて使用してください。

スクリプトを作成するには、Projectウィンドウの「Assets」ー「IkinokoBattle」の下の「Scripts」フォルダで右クリックし、「Create」→「C# Script」を選択します。新規スクリプト名を「PlayerController.cs」とします (リスト6.1)。

リスト6.1 キャラクターを操作するスクリプト (PlayerController.cs)

```
using UnityEngine;

[RequireComponent(typeof(CharacterController))]
public class PlayerController : MonoBehaviour
{
    [SerializeField] private float moveSpeed = 3;   移動速度
    [SerializeField] private float jumpPower = 3;   ジャンプ力
    private CharacterController _characterController;
    CharacterControllerのキャッシュ
    private Transform _transform;   Transformのキャッシュ
    private Vector3 _moveVelocity;   キャラクターの移動速度情報

    private void Start()
    {
        _characterController = GetComponent<CharacterController>();
        毎フレームアクセスするので、負荷を下げるためにキャッシュしておく
        _transform = transform;   Transformもキャッシュすると少しだけ負荷が下がる
    }
```

```
    private void Update()
    {
        Debug.Log(_characterController.isGrounded ? "地上にいます" : "空中です");

        // 入力軸による移動処理（慣性を無視しているので、 キビキビ動く）
        _moveVelocity.x = Input.GetAxis("Horizontal") * moveSpeed;
        _moveVelocity.z = Input.GetAxis("Vertical") * moveSpeed;
        // 移動方向に向く
        _transform.LookAt(_transform.position + new Vector3(_moveVelocity.x,0,
_moveVelocity.z));
        if (_characterController.isGrounded)
        {
            if (Input.GetButtonDown("Jump"))
            {
                // ジャンプ処理
                Debug.Log("ジャンプ！");
                _moveVelocity.y = jumpPower;  // ジャンプの際は上方向に移動させる
            }
        }
        else
        {
            // 重力による加速
            _moveVelocity.y += Physics.gravity.y * Time.deltaTime;
        }
        // オブジェクトを動かす
        _characterController.Move(_moveVelocity * Time.deltaTime);
    }
}
```

　ちょっとした計算を入れてあげることで、CharacterControllerでもキャラクターに重力を適用させることが可能です（下向きの重力を想定しているため、別の方向に重力を加える場合は、スクリプトの調整が必要となります）。

　class宣言の手前に書いてある[RequireComponent(typeof(CharacterController))] の記述は、GameオブジェクトにCharacterControllerコンポーネントが必ずアタッチされていることを宣言しています。

　対象のコンポーネントがない場合は自動でアタッチしてくれますので、GetComponent()を使うときはセットで記述しておくとミスが減らせます。

図6.20 PlayerControllerと
CharacterControllerをアタッチ

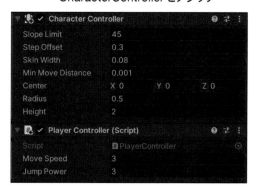

Hierarchyウインドウで「Query-Chan-SD」を選択し、Inspectorウインドウで「Add Component」ボタンをクリックします。

検索ボックスで「PlayerController」と入力すると、PlayerControllerスクリプトが表示されます。このスクリプトをアタッチすると、自動的にCharacter Controllerコンポーネントもアタッチされます。

Character Controllerコンポーネントは Colliderの役割を兼ねていますが、デフォルトではColliderのサイズと位置がキャラクターとズレていて、地面に埋まってしまっています。

そこでInspectorウインドウのCharacter Controllerコンポーネントで、CenterのYを「0.57」、Radiusを「0.25」、Heightを「1」に変更しておきます。

図6.21 Character Controllerコンポーネントの Colliderを調整

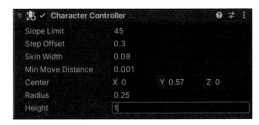

この状態でゲームを実行すると、W・A・S・Dで移動、Spaceでジャンプできますので、試してみましょう。

6-5 キャラクターにアニメーションを付けよう

ここまでで、キャラクターを自由に動かせるようになりました。しかし棒立ちしたまま移動するのはカッコ良くありません。ここでは、Mecanimというキャラクターにアニメーションをさせる機能について説明します。

6-5-1 Mecanim（メカニム）とは

Mecanim（メカニム）とは、Unityで3Dモデルをアニメーションするためのしくみです。大きく分けて以下の3つで構成されています。

- 状態に応じてアニメーションを制御するAnimator Controller
- 走り、攻撃などの各種アニメーション
- 動かす対象となるRig

Rigは既にクエリちゃんに埋め込まれていますので、Animator Controllerとアニメーションの準備を進めていきましょう。

Tips Rigとアニメーション

Rigは、3Dモデルをアニメーションさせるためのしくみです。アニメーションに対応した3Dモデルには、Boneが埋め込まれています。Boneはその名前の通り、生き物でいう骨格にあたります。Rigを使ってBoneを動かすことで、3Dモデルをアニメーションさせます。

Unityで扱えるRigは、人のBoneを動かすための「Humanoid」、人以外を動かすための「Generic」、Unityの旧アニメーションシステムで使用する「Legacy」の3種類があります。

Humanoidは人型キャラクター専用で、3Dモデルを差し替えてもアニメーションを流用することが可能です。そのため、Asset Storeで配布されている3Dモデルのアニメーションは基本的にHumanoid向けとなっています。

一方、Genericは型が決まっていないアニメーションです。Asset Storeで配布されているモンスターや動物の3Dモデルの多くには、GenericのRigが使用されており、専用のアニメーションが付けられています。

6-5-2 アニメーションのインポート

アニメーションは3Dモデルに同梱されている他、人型のキャラクターの場合はAsset Storeからアニメーションのみを購入・ダウンロードすることが可能です。

クエリちゃんにはさまざまなアニメーションが同梱されていますが、3Dモデルにアニメーションを組み合わせる方法を習得するため、今回はアニメーションを別途入手して使ってみることにしましょう。

Asset Storeを開いて画面上部の検索ボックスに「woman warrior」と入力して、The Woman Warriorを検索します。このThe Woman Warriorは、女戦士キャラクターの3Dモデルとアニメーションが入ったAssetです。5-1-3を参照して、ダウンロード・インポートを実行してください。

図6.22 Asset StoreのThe Woman Warriorページ

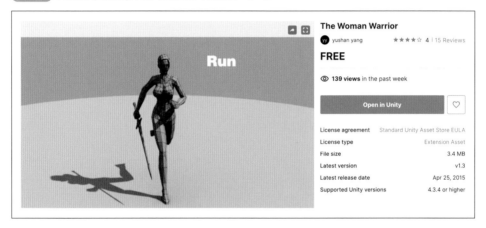

図6.23 The Woman Warriorのインポート

6-5-3 Animator Controllerを作成する

次はAnimator Controllerを作成してみましょう。

Projectウインドウで「IkinokoBattle」フォルダを右クリックし、「Create」→「Folder」を選択して、新規フォルダに「Animations」という名前を付けます。

このフォルダを選択して右クリックし、「Create」→「Animator Controller」を選択します。名前を「PlayerAnimatorController」とします。

図6.24 AnimationControllerの作成

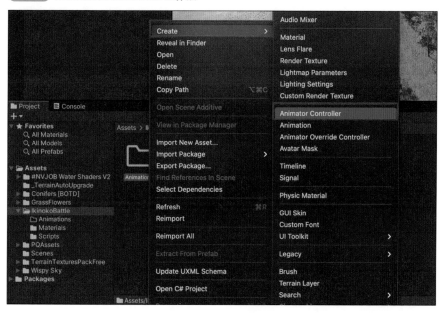

作成したPlayerAnimatorControllerをダブルクリックすると、Animatorビューが開きます。

図6.25 作成したPlayerAnimationController

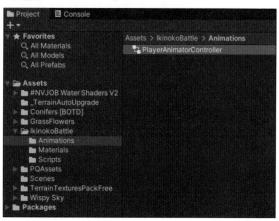

図6.26 Animatorビュー

Animatorビューの方眼状の画面を少しズームアウトすると、「Any State」「Entry」「Exit」と書かれた3つの四角が並んでいます。これらはアニメーションの状態を表す「Animation State」です（以下ステート）。Animatior Controllerは、ステート全体を管理する「State Machine」（ステートマシン）の役割を果たします。

図6.27 デフォルトのステート

ステートは「Entry」からはじまります。そして「Exit」に入るとまた「Entry」に戻ります。このEntryとExitの間に任意のステートを追加していくことで、何もしていないときは立ちアニメーション、移動するときは歩きアニメーション、ジャンプのときはジャンプアニメーションをさせるなど、キャラクターのアニメーションを自在に制御することが可能になります。

◉ 立ちアニメーションを追加する

最初にIdle（立ちアニメーション）のステートを追加してみましょう。Animatorビューで右クリックし、「Create State」→「Empty」を選択します。

「New State」と表示されたオレンジ色のステートができましたので、それを選択してInspectorウインドウで名前を「Idle」、Motionに「Idle1」をセットします。「Idle1」のアニメーションは、先ほどインポートしたWoman Warriorに含まれています。

Animatorビューを見ると、EntryからIdleに矢印がつながっています。この矢印をTransition（トランジション）といいます。

Entryからはじまったステートは、自動的にトランジションでつながったステートに移りますので、これで自動的にIdleステートに遷移するようになりました。

図6.28 立ちアニメーションの追加・設定

図6.29 立ちアニメーションのステートが追加された

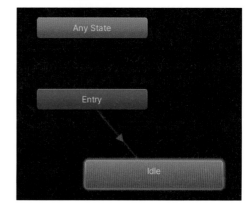

◎ 歩きアニメーションを追加する

続いてWalk（歩きアニメーション）のステートを追加します。

Animatorビューで右クリックし、「Create State」→「Empty」を選択します。名前を「Walk」とし、Motionに「walk」をセットします。

図6.30 歩きアニメーションの追加・設定

Walkのアニメーションを再生するには、IdleからWalkにステートが移るようにする必要があります。

Animatorビューで「Idle」上で右クリックし、「Make Transition」を選択します。その後に「Walk」をクリックすると、IdleとWalkがトランジションでつながれました。

図6.31 トランジションの作成

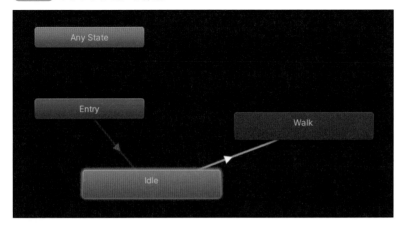

　トランジションを使ってステートを遷移させるには、「このトランジションはどのような条件で実行されるか」の設定が必要です。その条件を満たしたとき、自動的にステートが切り変わります。

　トランジションの条件は、Animator Controllerのパラメータを使って指定しますので、まずパラメータを作成します。

　Animatorビュー左上の「Parameters」をクリックし、「＋」をクリックします。パラメータの型は、Float・Int・Bool・Triggerの4種類があり、スクリプトから読み書きすることが可能です。

図6.32 パラメータの追加

　今回は「Float」を選択し、名前は「MoveSpeed」としておきます。

図6.33 パラメータの追加完了

　これでパラメータの準備はできました。次はAnimatorビューで先ほど作成した「Idle」から「Walk」につながっているトランジションを選択します。

　InspectorウインドウのConditionsで「＋」をクリックし、先ほど作成した「MoveSpeed」パラメータを選択、条件は「Greater」、値は「0.01」とします。

これで「Idleステートのとき、MoveSpeed
が0.01より大きくなればWalkステートに
遷移する」状態となりました。

図6.34 トランジションに条件を指定

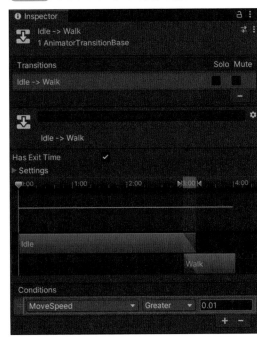

◉ 前のアニメーションに戻せるようにする

トランジションは基本的に一方通行です（Triggerのトランジションは例外です）。元のステートに戻したいときは逆方向のトランジションを作成するか、ExitにトランジションをつなぐことでEntryに戻してあげると良いでしょう。

今回は逆方向のトランジションを設定します。Animatorビューで「Walk」を選択して右クリックし、「Make Transition」を選択します。

図6.35 戻りのトランジション作成

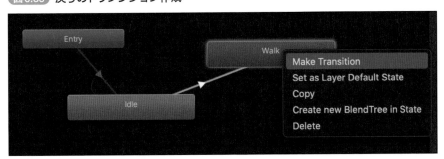

「Walk」→「Idle」にトランジションをつないだのち、作成したトランジションを選択して、Inspectorウインドウの Conditions に「MoveSpeed」「Less」「0.01」の条件を指定します。

これでWalkステートのときにMove
Speedが0.01を下回るとIdleステートに
戻るようになりました。

図6.36 戻りのトランジションに条件を指定

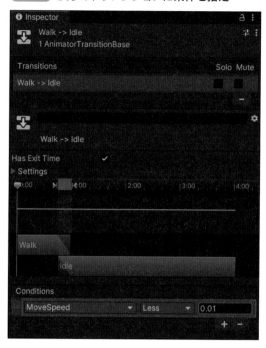

◉ アニメーションの切り替わりをスムーズにする

Animator Controllerでは、アニメーションが切り替わる際に2つのアニメーションを合成し
てくれます。これはアニメーションを滑らかに切り替えるときは役立ちますが、IdleからWalk
への切り替えに時間がかかると、歩くアニメーションがはじまる前に移動をはじめてしまい、
違和感を感じてしまいます。自然に見えるようにするため、アニメーションをパッと切り替え
るための設定を行います。

先ほど作成した「Idle」→「Walk」のトランジションを選択します。Inspectorウインドウで
Settingsの項目を展開します。ここでアニメーションの切り替えに要する時間を設定すること
が可能です（表6.4）。

表6.4 トランジションのSettings

設定	説明
Has Exit Time	チェックを付けると、遷移前のアニメーション再生をExit Timeで指定した回数分待ってからトランザクションを切り替える
Exit Time	トランザクション実行の際に、前のアニメーション再生回数を設定する。Has Exit Timeにチェックが付いている場合は「0」に設定しても実行中のアニメーションの完了を待ってからアニメーションの切り替えがはじまるため注意
Transition Duration(s)	アニメーションを切り替える時間を設定する

表6.4のパラメータは、Settingsの下に表示されるタイムラインと連動しています。デフォルトではHas Exit Timeにチェックが付いていて、Exit Timeが「0.9242424」、Transition Duration(s)が「0.25」となっています。

この設定は、Idleアニメーションの約92.4%の時点でアニメーションが切り替えがはじまり、0.25秒間でアニメーションをブレンドし、Walkに切り替わる、という内容です。Idleアニメーションは3.3秒ほどありますので、Walkアニメーションがはじまるまで最大3秒ほど待たされることになります。

Inspectorウインドウ下部にあるPreviewの再生ボタンを押すと、実際の切り替わりアニメーションを確認できます。

図6.37 切り替わりアニメーションのタイムライン

今回は迅速に切り替えられるようにするため、「Has Exit Timeの」チェックを外し、Transition Dration(s)を「0.1」に設定します。値を変えると、Settings下部の図も変化しました。

図6.38 トランジションの切り替わりアニメーションを変更

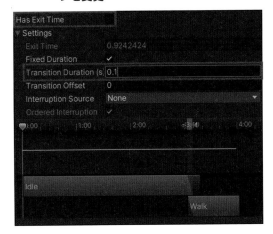

ちなみに図にある青色のツマミ（ ■ と ◀ ）をドラッグしても操作が可能です。「Walk」→「Idle」のトランジションについても、同じ手順でHas Exit TimeとTransition Duration(s)の設定を変更してください。

◉ RigとAnimation設定を調整する

このままの状態でゲームを再生しても、アニメーションが正しく動きません。正しく動かすためにThe Woman WarriorのRigとAnimationを変更しましょう。

Projectウインドウで「Assets」→「mode」→「WomanWarrior」を選択し、Inspectorウインドウで「Rig」を選択します。

Animation Typeが「Generic」になっていますので、「Humanoid」に変更して「Apply」ボタンをクリックします。これで、Woman WarriorのアニメーションでHumanoidのRigを動かせるようになりました。

図6.39 Rigの設定を変更

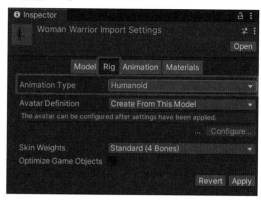

続いてInspectorウインドウで「Animation」を選択し、Clipsから「Idle1」を選択後、LoopTimeにチェックを付けましょう。これはアニメーションをループさせるための設定で、これを行わないと、Animator Controllerのステートが切り替わった際、アニメーションが1回だけ再生されて停止します。

同じようにClipsで「walk」「run」「Idle2」を選択し、「Loop Time」にチェックを付けておきます。

最後に、Inspectorウインドウの下部にある「Apply」ボタンをクリックすれば完了です。Applyボタンはスクロールしないと見えない場所にありますので注意してください。

図6.40 アニメーションのループ設定

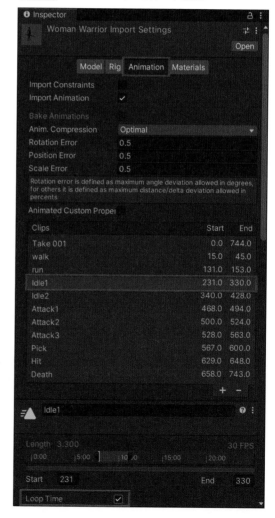

◉ **Animator Controller をセットする**

作成したAnimator Controllerをクエリちゃんにセットします。

HierarchyウインドウでQuery-Chan-SDの中にある「SD_QUERY_01」を選択します。Inspectorウインドウを見ると、Animatorコンポーネントがアタッチされています。このAnimatorコンポーネントは、Animator ControllerとAvater(キャラクターのRig)を紐づける役割を果たします。

デフォルトではAnimator Controllerに「QueryChanSDAnimController」が選択された状態になっています。これを先ほど作成した「PlayerAnimatorController」に変更しましょう。

図6.41 Animator Controllerを変更

6-5-4 スクリプトからアニメーションを切り替える

アニメーション周りの設定が一通り完了したので、スクリプトからアニメーションを切り替えてみましょう。

Animator Controllerのステートは、MoveSpeedの値によって変化しました。これでスクリプトから「MoveSpeed」パラメータに値をセットすれば、アニメーションが切り替わります。ProjectウインドウからPlayerControllerを開き、リスト6.2の内容を追記します。

リスト6.2 アニメーションが切り替え設定を追記 (PlayerController.cs)

```
(略)
public class PlayerController : MonoBehaviour
{
    [SerializeField] private Animator animator;
(略)
    private void Update() {
(略)
        移動スピードをanimatorに反映する
        animator.SetFloat("MoveSpeed", new Vector3(_moveVelocity.x, 0,
_moveVelocity.z).magnitude);
    }
}
```

追記したあとにHierarchyウインドウで「Query-Chan-SD」を選択すると、InspectorウインドウのPlayerControllerコンポーネントに「Animator」欄が増えています。こちらにQuery-Chan-SD内にあるAnimatorがアタッチされたオブジェクト「SD_QUERY_01」をドラッグ&ドロップすれば作業完了です。

図6.42 Player Controllerの設定変更

ゲームを再生すると、キャラクターがアニメーションするようになりました。

Coffee Break

新しいInput System

Unityには新旧2種類のInputSystemが存在します。現時点では旧Input Systemがデフォルトで有効になっており、本書でも旧Input Systemについて解説しています。

一方、新Input Systemは2020年4月に正式版がリリースされました。まだ登場してから日が浅くPackage Managerからインストールする必要がありますが、いずれ標準の入力システムになる見込みとのことです。

新Input Systemでは主に入力デバイスに関する機能が強化されていて、ゲームをさまざまな種類の入力デバイスに対応させる場合はこちらを利用すると開発効率の向上が見込めます。

公式ページ (https://forpro.unity3d.jp/unity_pro_tips/2021/05/20/1957/) に新Input Systemの概要と使い方が記載されていますので、参考にしてみてください。

敵キャラクターを
作って動きを付けよう

アクションゲームといえば、プレイヤーを邪魔
してくる敵キャラクターが欠かせません。本
Chapterでは、敵キャラクターを作成してい
きながら、ゲームオブジェクトを自動で動かす
方法についても学んでいきましょう。

7-1 敵キャラクターがプレイヤーを 追いかけるようにしよう

ここでは、Asset Storeから敵キャラクターで使用するAssetをインポートし、プレイヤーを追いかける動きを付けてみましょう。

7-1-1 敵キャラクターのインポート

Asset Storeから敵キャラクターをインポートします。本書ではクエリちゃんにマッチする、かわいい敵キャラクターの3Dモデルを使うことにします。

「Window」→「Asset Store」を選択し、「Search Online」をクリックしてAsset Storeを開き、画面上部の検索ボックスに「level 1」と入力して「Level 1 Monster Pack」を検索します。

Level 1 Monster Packは、かわいい敵キャラクターの3Dモデルとアニメーションが同梱された無料で利用可能なAssetです。

検索結果で表示される「Level 1 Monster Pack」を、5-1-3を参照してダウンロード・インポートを実行します。

図7.1 Level 1 Monster Packの詳細

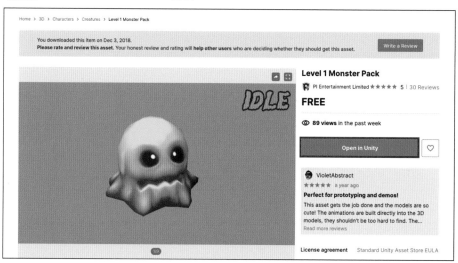

図7.2 Level 1 Monster Packのインポート

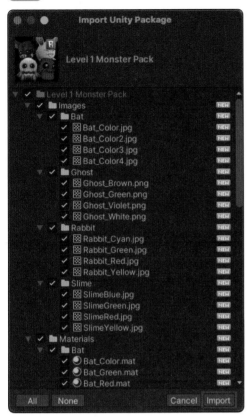

7-1-2 追いかけるのは意外と難しい

　敵キャラクターにプレイヤーキャラクターを追いかけさせようとした場合、真っ先に浮かんでくる方法は「プレイヤーの方向に向かって敵キャラクターを移動させること」ではないでしょうか。

　しかし、この方法には問題点があります。

　敵キャラクターとプレイヤーの間に何も無ければ問題ありませんが、段差や障害物が間に存在すると、敵キャラクターはそこで詰まってしまいます。

　それでもゲームとして成立するかもしれませんが、できればもう少しスマートに移動させたいところです。

　そのような場合に使えるのが、目標地点までの経路探索を行うNavMeshというしくみです。

7-1-3 NavMeshのしくみ

最初に、NavMeshのしくみをかんたんに理解しておきましょう。

NavMeshでは、動かすキャラクター（エージェント）の大きさや登れる角度をあらかじめ決めておき、それを元にエージェントが動ける範囲（ポリゴン）を事前に計算しておきます。この計算のことをベイクと呼びます。

NavMesh上でゲームオブジェクトを動かす場合は、Navmesh Agentコンポーネントを使用します。動かしたいゲームオブジェクトにNavmesh Agentコンポーネントをアタッチして目標地点を指定することによって、あらかじめベイクしたポリゴンを通って目標地点を目指します。

もしその途中に障害物があった場合は、ベイク時に「通れない場所」として計算されているため、障害物を避けながら移動することが可能です。

ちなみに、目標地点までポリゴンがつながっていない場合は、目標地点にできるだけ近づいてから停止します。

7-1-4 NavMeshをベイクする

NavMeshをベイクするには、「Window」→「AI」→「Navigation」を選択してNavigationウインドウを開いて、「Bake」タブを選択します。

図7.3 Bakeの設定

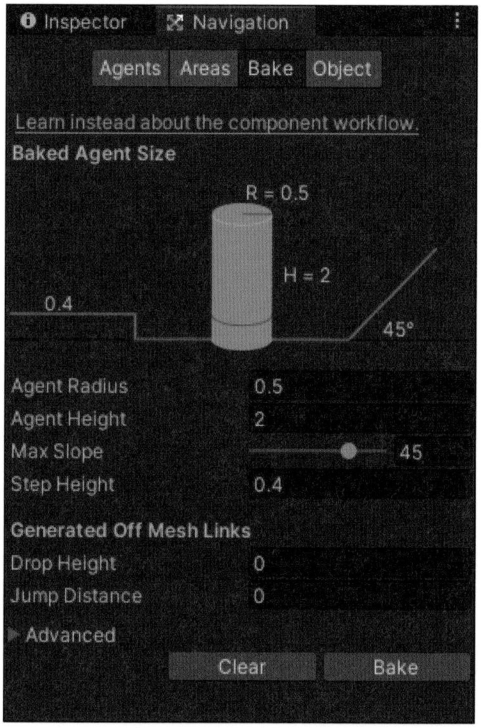

最初にBaked Agent Sizeを指定します。今回は初期値のまま進めていきますが、表7.1に各パラメータの内容を記載しています。

表7.1 Baked Agent Sizeの設定

項目	説明
Agent Radius	エージェントの半径を指定する
Agent Height	エージェントの高さを指定する
Max Slope	エージェントが登れる坂道の最大角度を指定する
Step Height	階段など、エージェントが超えられる段差の最大値を指定する

準備が完了したら「Bake」ボタンをクリックします。マシンの性能によってはかなりの時間が必要となることがあります。

ベイクが完了すると、移動可能な範囲が青色で表示されます。

図7.4 Bake実行中の様子

図7.5 移動可能な範囲が青色で表示される

7-1-5 敵キャラクターにプレイヤーを追跡させる

7-1-4では、NavMeshのベイクを実行することでキャラクターが動ける範囲を計算しました。敵キャラクターを配置してから、これを使って敵キャラクターを移動させてみましょう。

◉ 敵モデルの配置

敵モデルとして、**7-1-1**でインポートしたLevel 1 Monter Packに入っている緑色のスライムを使ってみます。

Projectウインドウで「Level 1 Monster Pack」－「Prefabs」－「Slime」フォルダを開いて、「Slime_Green」をSceneビューにドラッグ＆ドロップします。場所はクエリちゃんの近くに配置しておきます。

デフォルトではSlime_Greenのサイズが小さすぎるため、HierarchyウインドウでSlime_Greenの下にある「RIG」を選択し、InspectorウインドウのTransformコンポーネントのScaleで、Xを「30」、Yを「30」、Zを「30」に設定を変更します。

HierarchyウインドウではSlime_Greenではなく、子オブジェクトであるRIGのScaleを変更する点に注意してください。

もし親オブジェクトであるSlime_GreenのScaleを変更してしまうと、以降の手順で作成するすべての子オブジェクトの位置と大きさにズレが生じます。

図7.6 敵キャラクターのPrefab

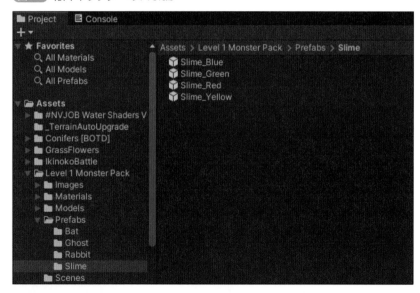

図7.7 敵キャラクターの配置とサイズ調整

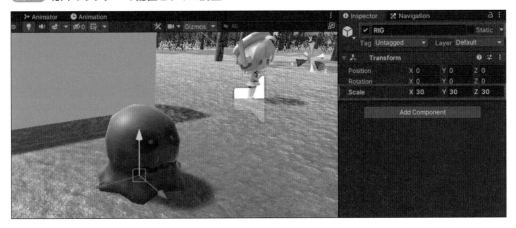

また、モバイル用のShaderでは、影が表示されなくなっていますので、クエリちゃん（6-1-4参照）と同様に、Hierarchyウインドウで「Slime_Green」－「MESH」－「SlimeLevel1」を選択し、InspectorウインドウのSlime_Green(Material)でShaderを「Standard」に変更しておきます。

図7.8 Shaderの変更

⊙ NavMeshAgentのアタッチ

NavMesh上でゲームオブジェクトを動かすためには、ゲームオブジェクトにNav Mesh Agentをアタッチする必要があります。

Hierarchyウインドウで「Slime_Green」を選択し、Inspectorウインドウで「Add Component」ボタンをクリックして検索ボックスで「NavMesh」と入力し、Nav Mesh Agentコンポーネントを追加します。

Nav Mesh AgentコンポーネントのSteeringでは、対象キャラクターの移動速度などを設定できます。

スライムはクエリちゃんよりも移動を遅くしたいので、Speed（移動速度）を「1」、

図7.9 Nav Mesh Agentコンポーネント

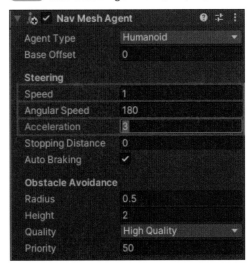

Angular Speed（回転速度）を「180」、Acceleration（加速度）を「3」に変更します。

その他の項目についてはデフォルトのままで進めます（表7.2）。

表7.2 その他のNav Mesh Agentコンポーネントの設定

項目	説明
Obstacle Avoidance	移動ルートにある障害物を回避するための設定。エージェントのサイズや回避の精度などが指定可能
Path Finding	経路探索の方法に関する設定。離れたNavMesh同士をつなぐリンク（OffMeshLink）を自動で超えさせたり、Area Maskを利用して移動可能なエリアを制限することが可能

次にSlime_Greenに目的地を指定するスクリプトを書きます。名前は「EnemyMove.cs」とします（リスト7.1）。

リスト7.1 目的地を指定するスクリプト（EnemyMove.cs）

```
using UnityEngine;
using UnityEngine.AI;
[RequireComponent(typeof(NavMeshAgent))]
public class EnemyMove : MonoBehaviour
{
    [SerializeField] private PlayerController _playerController;
    private NavMeshAgent _agent;

    private void Start()
    {
        _agent = GetComponent<NavMeshAgent>();    NavMeshAgentを保持しておく
    }

    private void Update()
    {
        _agent.destination = _playerController.transform.position;
        クエリちゃんを目指して進む
    }
}
```

作成したEnemyMove.csをSlime_Greenにアタッチし、EnemyMoveコンポーネントにあるPlayer Controllerのプロパティに「Query-Chan-SD」を設定すれば準備完了です。

図7.10 EnemyMove.csのPlayerControllerにQuery-Chan-SDを紐づけ

ゲームを再生すると、スライムがクエリちゃんをゆっくりと追いかけてくることが確認できます。

> ## Tips NavMeshを使いこなそう（その1）
>
> NavMeshは、ゲーム実行前にベイクして移動可能な範囲を計算しますが、「イベントで開閉するドア」などゲーム中に変化する障害物をNavMeshに即時反映させることも可能です。
>
> 実装方法はかんたんで、障害物にNavMeshObstacleコンポーネントをアタッチしてCarveプロパティにチェックを付けるだけで、障害物として機能するようになります。
>
> ちなみに、NavMeshAgentはNavMesh上でゲームオブジェクトを動かすためのもので、動く足場をジャンプで飛び移っていくようなキャラクターの制御には向いていません。
>
> ただし、このような制御が完全に不可能なわけではなく、離れたNavMesh間をジャンプさせたり、崖を飛び降りるといった制御はOffMeshLinkを利用すれば実現できます。
>
> 図7.a OffMeshLink
>
>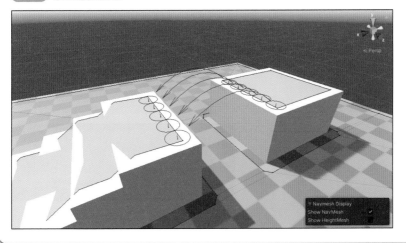

7-2 一定範囲に入ると 襲ってくるようにしよう

現時点ではプレイヤーと敵キャラクターがどれだけ離れていても、敵がプレイヤーを
追いかける状態になっています。敵キャラクターの一定範囲内にプレイヤーが入った
場合のみ、敵キャラクターがプレイヤーを追いかけるようにしてみましょう。

7-2-1 オブジェクトにタグを付ける

ゲームオブジェクトにタグを付けることで、スクリプトから「そのゲームオブジェクトがど
のようなものであるか」を判定しやすくなります。今回はプレイヤーキャラクターかどうかの
判定を行うために、Query-Chan-SDにPlayerタグを付けてみましょう。

Hierarchyウインドウで「Query-Chan-SD」を選択し、Inspectorウインドウ上部にある「Tag」
のプルダウンをクリックします。

Tagはデフォルトの状態でいくつか準備さ
れていますので、今回はこの中から「Player」
を選択します。なお、プルダウン最下部の
「Add Tags...」から新しいTagを追加すること
もできます。

図7.11 Tagの設定

7-2-2 検知のためのColliderをセットする

一定範囲に入ったことを検知するためには、Colliderを使用します。

まずColliderをアタッチするために、
HierarchyウインドウのSlime_Green上で右
クリックして「Create Empty」を選択し、空っ
ぽの子オブジェクトを作成します。名前は
「CollisionDetector」としておきます。

図7.12 検知のためのゲームオブジェクトを準備

CollisionDetectorにSphere Colliderをアタッチし、「Is Trigger」にチェックを付けます。

デフォルトの状態ではCollider同士がぶつかると跳ね返りますが、Is Triggerにチェックを付けることによって、Collider同士がぶつかってもすり抜けるようになり、衝突判定だけが実行されます。これを利用して、範囲内に入ったかどうかを判定します。

この判定方法は、「攻撃が当たったどうか」や「ゴールにたどり着いたか」など、さまざまな場面で使用できるので覚えておきましょう。

また、今回はRadiusは「4」に設定します。Radiusを変えると、Colliderの範囲（Sceneビューに緑色で表示されます）もリアルタイムで変わりますので、任意の範囲に調整しましょう。

図7.13 Sphere Colliderの設定

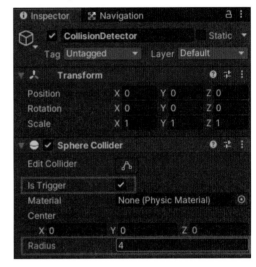

図7.14 Colliderの範囲表示

7-2-3 衝突検知用の汎用スクリプトを作成する

今回はCollisionDetectorで衝突を検知したら、Slime_GreenにアタッチされたEnemyMoveスクリプトに対して衝突したことを伝えるようにします。

このように、子オブジェクトから親オブジェクトに対して衝突の検知を伝えたいケースはよくあります。Unityで作ったスクリプトは他のプロジェクトでも流用できますので、よく使う処理は汎用的に作って使い回すのがおすすめです。

◉ 衝突を伝えるスクリプトの作成

「IkinokoBattle」の下のScriptsフォルダに、衝突したことを任意のオブジェクトに伝える汎用的なスクリプト「CollisionDetector.cs」を作成します (リスト7.2)。

リスト7.2 衝突検知用の汎用スクリプト (CollisionDetector.cs)

```
using System;
using UnityEngine;
using UnityEngine.Events;

[RequireComponent(typeof(Collider))]
public class CollisionDetector : MonoBehaviour
{

    [SerializeField] private TriggerEvent onTriggerStay = new TriggerEvent();
    // Is TriggerがONで他のColliderと重なっているときは、このメソッドが常にコールされる
    private void OnTriggerStay(Collider other)
    {
        // onTriggerStayで指定された処理を実行する
        onTriggerStay.Invoke(other);
    }

    // UnityEventを継承したクラスに[Serializable]属性を付与することで
    // Inspectorウインドウ上に表示できるようになる
    [Serializable]
    public class TriggerEvent : UnityEvent<Collider>
    {
    }
}
```

UnityEventは任意のスクリプトのメソッドをイベントとして設定しておき、好きなときに実行できるしくみです。これを使うと、Inspectorウインドウ上から「呼び出したいメソッド」を指定できるようになります。

リスト7.2では、CollisionDetectorの範囲内に別のColliderがあるとき (OnTriggerStayメソッ

ドが実行されたとき）にイベントを実行し、そのイベントに検知したColliderのインスタンス
を渡すようにしています。

　UnityEventのおかげで、イベントで実行されるメソッドは、Inspectorウィンドウ上から設
定できます。CollisionDetectorでの衝突判定の結果を任意のオブジェクトの任意のメソッドで
受け取れるようになりました。

　なお、ColliderコンポーネントのIs Triggerがオンのときに衝突が発生すると「OnTrigger ○○
()」メソッドが呼ばれます。

　一方、Is Triggerがオフのときは「OnCollision ○○ ()」メソッドが呼ばれます（衝突開始時に呼
ばれるものや衝突終了時によばれるものなど、メソッドはそれぞれ数種類ずつあります）。

　公式スクリプトリファレンスのMonoBehaviourのページ（https://docs.unity3d.com/
ja/2021.1/ScriptReference/MonoBehaviour.html）に、メソッドの種類と呼び出される条件が
記載されていますので、参照してみてください。

　MonoBehaviourはメソッドの種類が多いので、「OnCollision」や「OnTrigger」でページ内検索
するとかんたんに見つけられます。

◉ 衝突を検知したときに実行するメソッドの追加

　次にEnemyMoveスクリプトに衝突を検知したときに実行するメソッドを準備しましょう。
EnemyMove.csを開き、リスト7.3のように書き換えます。

リスト7.3 リスト7.1（EnemyMove.cs）の書き換え

```
略
public class EnemyMove : MonoBehaviour
{
常にプレイヤーを追いかける処理は不要になったので消す
// [SerializeField] private PlayerController playerController;
略

常にプレイヤーを追いかける処理は不要になったので消す
// private void Update()
// {
// _agent.destination = playerController.transform.position;
// }

    CollisionDetectorのonTriggerStayにセットし、衝突判定を受け取るメソッド
    public void OnDetectObject(Collider collider)
    {
        検知したオブジェクトに「Player」のタグが付いていれば、そのオブジェクトを追いかける
        if (collider.CompareTag("Player"))
        {
            _agent.destination = collider.transform.position;
```

```
        }
    }
}
```

追加したOnDetectObjectメソッド
が呼ばれるようにします。Hierarchy
ウインドウでSlime_Greenの中にあ
るCollisionDetectorを選択します。
InspectorウインドウでCollisionDete
ctorスクリプトをアタッチし、On
Trigger Stayの下にある「＋」をク
リックします。

図7.15 実行するメソッドの選択

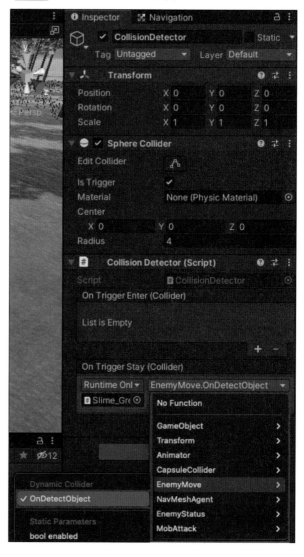

On Trigger Stayイベントに対して「どのオブジェクトの、どのコンポーネントにある、どの
メソッドを紐づけるか」を指定する入力欄が現れます。Slime_Greenオブジェクトを左側の枠
にドラッグ＆ドロップし、右側のプルダウンでは、EnemyMoveスクリプトの「OnDetectObject」
メソッドを選択します。

ここで注意しなければいけない点として、メソッド一覧には「Dynamic Collider」と「Static Parameter」があり、それぞれにOnDetectObjectメソッドが表示されています。

前者はイベント呼び出し元から渡されたパラメータを受け取るのに対し、後者はInspectorウインドウ上で渡したいColliderを指定するしくみになっています。

今回は呼び出し元で検知したColliderを使いたいので、Dynamic Colliderの「OnDetectObject」メソッドを選択してください。

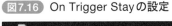

図7.16 On Trigger Stayの設定

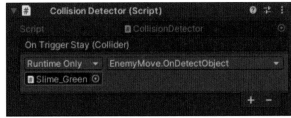

これで設定が完了です。ゲームを実行すると、クエリちゃんが近づいたときだけ、敵キャラクターが追いかけてくるようになりました。

スクリプトに少し手を加えれば「追いかけたあと、元の場所に戻る」といった処理にすることもできます。

 視界に入ると
襲ってくるようにしよう

プレイヤーと敵キャラクターとの間に障害物がある場合、敵キャラクターがプレイヤーを見失うようにしてみましょう。

7-3-1 Raycastとは

2つのゲームオブジェクトの間に障害物があるかどうかをチェックするには、Raycastが便利です。

Raycastとは、任意の座標から指定した方向に対して、指定した長さのRay（見えないビームのようなもの）を放ち、Rayが衝突したオブジェクト（Collider）を取得する処理です。

7-3-2 敵キャラクターからプレイヤーにRaycastする

プレイヤーが敵キャラクターに近づいたときの処理に、Raycastによる障害物の検知処理を追加してみましょう（リスト7.4）。

リスト7.4 リスト7.1（EnemyMove.cs）の書き換え

```
略
public class EnemyMove : MonoBehaviour
{
    略
    private RaycastHit[] _raycastHits = new RaycastHit[10];
    略

    public void OnDetectObject(Collider collider)
    {
        検知したオブジェクトに「Player」のタグが付いていれば、そのオブジェクトを追いかける
        if (collider.CompareTag("Player"))
        {
            var positionDiff = collider.transform.position - transform.
            position;  自身とプレイヤーの座標差分を計算する
            var distance = positionDiff.magnitude;  プレイヤーとの距離を計算する
```

```
        var direction = positionDiff.normalized;  プレイヤーへの方向
   raycastHitsに、ヒットしたColliderや座標情報などが格納される。RaycastAllと
   RaycastNonAllocは同等の機能だが、RaycastNonAllocだとメモリにゴミが残らないのでこちらを推奨
        var hitCount = Physics.RaycastNonAlloc(transform.position,
        direction, _raycastHits, distance);
        Debug.Log("hitCount: " + hitCount);
        if (hitCount == 0)
        {
   本作のプレイヤーはCharacterControllerを使っていて、Colliderは使っていないのでRaycastは
   ヒットしない。つまり、ヒット数が0であればプレイヤーとの間に障害物が無いということになる
            _agent.isStopped = false;
            _agent.destination = collider.transform.position;
        }
        else
        {
            見失ったら停止する
            _agent.isStopped = true;
        }
    }
  }
}
```

　ちなみにRaycastで検知したオブジェクトはRaycastHit[] の配列に格納されますが、格納されたオブジェクトの順番は、対象との距離とは関係が無いので注意しましょう（つまり、配列の最初の要素がRay発射地点から一番近くにあるとは限りません）。

7-3-3 障害物を設定する

　Hierarchyウインドウで右クリックして「3D Object」→「Cube」で立方体を作成し、それを障害物にします。

　InspectorウインドウのTransformコンポーネントのScaleで、Xを「3」、Yを「2」、Zを「0.5」に変更します。Cubeには最初からBoxColliderがアタッチされていますので、そのまま使用します。

図7.17 障害物の配置

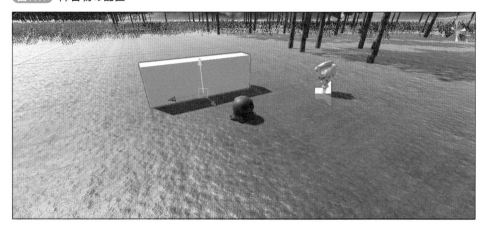

障害物をNavMeshに反映するには、NavigationStaticの設定が必要です。「作成したCube」を選択し、Inspectorウインドウ右上の「Static」と表示されている部分のプルダウンから「NavigationStatic」を選択してチェックを付けます。これによって、NavMeshのBake時に障害物として認識されるようになります。

図7.18 Navigation Static を選択

敵にも当たり判定があった方が良いので、Slime_GreenにもCapsule Colliderをアタッチしておきましょう。Colliderの高さを低く設定しすぎるとプレイヤーが敵を乗り越えてしまいます。Inspectorウインドウの Capsule ColliderコンポーネントでCenterのYを「1」、Radiusを「0.3」、Heightを「2」に変更しておきます。

図7.19 敵へCapsule Colliderをアタッチ

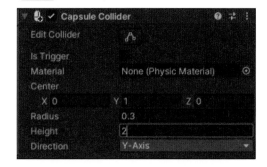

最後に、「Window」→「AI」→「Navigation」を選択し、Navigationウインドウを開いて、Bakeタブを選択します。

「Bake」ボタンをクリックしてベイクし直すと、障害物の周りのポリゴンが変化することが確認できます（マシン性能によってはかなりの時間が必要です）。

図7.20 NavMesh のベイク完了後画面

　ゲームを実行すると、クエリちゃんが障害物に隠れたときは敵が追いかけてこなくなるのが確認できます。

Tips NavMesh を使いこなそう（その2）

　NavMesh には他にも便利な機能があります。

• NavMesh をエリア分けする

　NavMesh にはエリア分けの機能があり、各エリアには「コスト」を設定することができます。コストは移動経路の計算に影響します。たとえば、目標地点にたどり着くためにA（コスト1）・B（コスト5）のどちらかを通る必要があるとします。このとき、AI は移動距離＊コストの計算を行い、合計コストが最も低いルートを選択します。この場合、AのルートがBのルートと比べて5倍以上長い場合のみ、Bが選択されることになります。

　これを利用すれば、たとえば「沼地は歩きづらいので、少し遠回りでも普通の道を通ろうとする」といった制御が可能です。また、NavMeshAgent でエリアのフィルタリングを行うことも可能です。これを使うと、たとえば「水が苦手なモンスターは、水のある場所までは追いかけてこない」といった制御をすることが可能です。

• NavMeshComponents で動的にベイクする

　実は Unity エディタに同梱されている NavMesh は基本的なもので、NavMesh の機能をさらに拡張する「NavMeshComponents」があります。デフォルトの状態では NavMesh はあらかじめベイクしておく必要がありますが、NavMeshComponents を使うとゲームの実行中にベイクすることが可能になりますので、シーンの途中で移動できる場所が広がるような場合に活躍します。NavMeshComponents は Github からダウンロード可能です。

https://github.com/Unity-Technologies/NavMeshComponents

7-4 敵キャラクターに 攻撃させてみよう

次は敵キャラクターが攻撃してくるようにしてみましょう。

7-4-1 アニメーションの設定

今回使用しているスライムの3Dモデルには、攻撃や被ダメージ時ののけぞりなど、各種アニメーションが同梱されています。Animator Controllerを作成して、スクリプトからアニメーションを制御できるようにしましょう。

Projectウインドウの「IkinokoBattle」-「Animations」フォルダを右クリックし、「Create」→「Animator Controller」を選択して、Animator Controllerを作成します。名前は「SlimeAnimatorController」とします。

図7.21 AnimatorController の作成

Hierarchyウインドウで「Slime_Green」を選択し、InspectorウインドウのAnimatorコンポーネントにあるControllerに、作成した「SlimeAnimatorController」をドロップします。

図7.22 Animation コンポーネントの設定

　クエリちゃんのときと同様の手順（**6-6-3**参照）で、SlimeAnimatorControllerに「Idle」と「Move」のEntityを作成し、Transitionでつなぎます。「Idle」と「Move」間のConditionsも、クエリちゃんと同じくMoveSpeedを使って設定しておきましょう。

　IdleのInspectorウインドウのMotionを「slime_idle」に変更し、MoveのMotionを「slime_move」に変更します。Transitionでつなぐ部分については、**6-6-3**と同様に設定してください。

図7.23 Idle Entityの設定

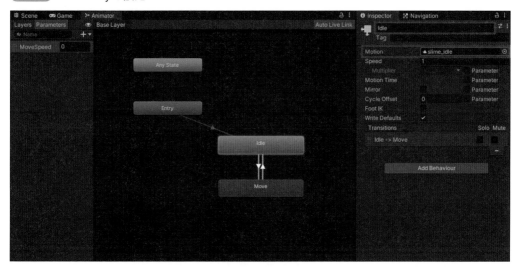

図7.24 Move Entityの設定

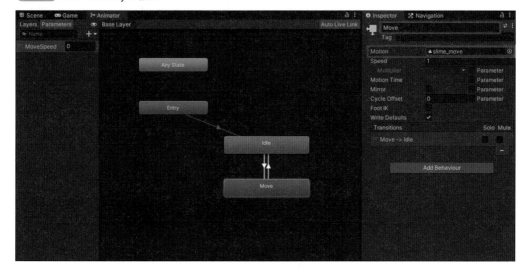

CHAPTER 7 敵キャラクターを作って動きを付けよう

図7.25 Transition（Idle -> Move）の設定

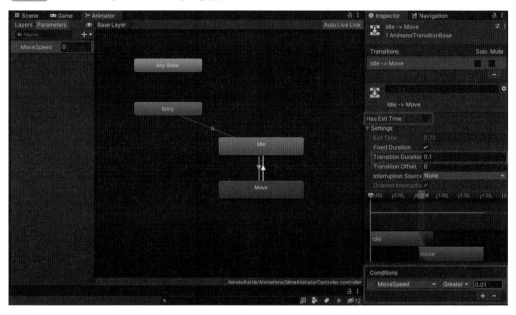

図7.26 Transition（Move -> Idle）の設定

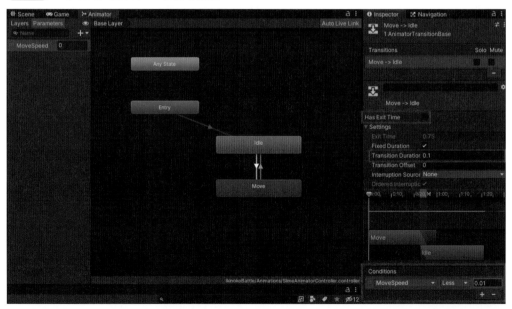

攻撃と死亡モーションの設定として、「Attack」（攻撃）と「Die」（死亡）のEntityを作成します。

AttackとDieには、それぞれAny StateからTransitionをつなぎます。こうすることで他のどのステートからでもAttackとDieに遷移できるようになります。

Attackはアニメーションが終わったら他のアニメーションに切り替えたいので、AttackからExitにもTransitionをつなぎます。こうすることで、アニメーションが終わったら自動的にEntry→Idleにアニメーションが切り替わるようになります。

Dieは再生後そのまま停止させたいので、Exitにはつながないようにしましょう。

図7.27 AttackとDieの作成後

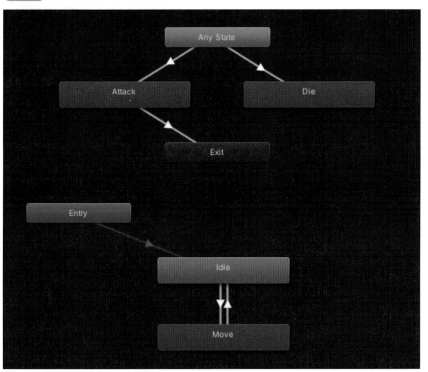

次に「Attack」を選択し、InspectorウインドウのMotionから「slime_attack」を紐づけます。同じく「Die」を選択し、InspectorウインドウのMotionから「slime_die」を紐づけます。

図7.28 Attack Entityの設定

図7.29 Die Entityの設定

　続いて、Animatorウインドウ左上の「Parameters」を選択して「Attack」と「Die」の2つのパラメータを作成します。値の種類はどちらも「Trigger」を選択してください。

　Triggerは、trueにしたあと自動的にfalseに戻るパラメータで、1回だけ再生するアニメーションに向いています。

　「Any State -> Attack」のTransitionのConditionsに「Attack」、「Any State -> Die」のTransitionのConditionsに「Die」を割り当てます。

図7.30 Parametersの作成

図7.31 Transition (Any State -> Attack) のConditions

図7.32 Transition (Any State -> Die) のConditions

なお、AttackからExitへは、アニメーションの再生終了後自動で遷移しますので、Conditions
の設定は必要ありません。

7-4-2 スクリプトを書く

この後に、PlayerとEnemyのどちらも攻撃・移動・死亡モーションを持たせる予定ですので、
処理を共通化しつつスクリプトを組みます。

EnemyMove.csをリスト7.5のように書き換えると共に、リスト7.6〜リスト7.8でいくつか
の新規スクリプトを作成します。

リスト7.5 EnemyMove.csの書き換え

```
略
[RequireComponent(typeof(NavMeshAgent))]
[RequireComponent(typeof(EnemyStatus))]
public class EnemyMove : MonoBehaviour
{
    private NavMeshAgent _agent;
    private RaycastHit[] _raycastHits = new RaycastHit[10];
    private EnemyStatus _status;

    private void Start()
    {
        _agent = GetComponent<NavMeshAgent>();    NavMeshAgentを保持しておく
        _status = GetComponent<EnemyStatus>();
    }

    CollisionDetectorのonTriggerStayにセットし、衝突判定を受け取るメソッド
    public void OnDetectObject(Collider collider)
    {
        if (!_status.IsMovable)
        {
            _agent.isStopped = true;
            return;
        }
        検知したオブジェクトに「Player」のタグが付いていれば、そのオブジェクトを追いかける
略
```

リスト7.6 動くオブジェクトの状態管理スクリプト (MobStatus.cs)

```
using UnityEngine;

Mob（動くオブジェクト、MovingObjectの略）の状態管理スクリプト
public abstract class MobStatus : MonoBehaviour
{
```

```
状態の定義
protected enum StateEnum
{
    Normal,      通常
    Attack,      攻撃中
    Die          死亡
}


移動可能かどうか
public bool IsMovable => StateEnum.Normal == _state;


攻撃可能かどうか
public bool IsAttackable => StateEnum.Normal == _state;


ライフ最大値を返す
public float LifeMax => lifeMax;


ライフの値を返す
public float Life => _life;


[SerializeField] private float lifeMax = 10;      ライフ最大値
protected Animator _animator;
protected StateEnum _state = StateEnum.Normal;     Mob状態
private float _life;      現在のライフ値（ヒットポイント）


protected virtual void Start()
{
    _life = lifeMax;      初期状態はライフ満タン
    _animator = GetComponentInChildren<Animator>();
}


キャラクターが倒れたときの処理を記述する
protected virtual void OnDie()
{
}


指定値のダメージを受ける
public void Damage(int damage)
{
    if (_state == StateEnum.Die) return;

    _life -= damage;
    if (_life > 0) return;

    _state = StateEnum.Die;
    _animator.SetTrigger("Die");
    OnDie();
}
```

可能であれば攻撃中の状態に遷移する

```
public void GoToAttackStateIfPossible()
{
    if (!IsAttackable) return;

    _state = StateEnum.Attack;
    _animator.SetTrigger("Attack");
}
```

可能であればNormalの状態に遷移する

```
public void GoToNormalStateIfPossible()
{
    if (_state == StateEnum.Die) return;
    _state = StateEnum.Normal;
}
}
```

リスト7.7 敵の状態管理スクリプト（EnemyStatus.cs）

```
using System.Collections;
using UnityEngine;
using UnityEngine.AI;
```

敵の状態管理スクリプト

```
[RequireComponent(typeof(NavMeshAgent))]
public class EnemyStatus : MobStatus
{
    private NavMeshAgent _agent;

    protected override void Start()
    {
        base.Start();
        _agent = GetComponent<NavMeshAgent>();
    }

    private void Update()
    {
```

NavMeshAgentのvelocityで移動速度のベクトルが取得できる

```
        _animator.SetFloat("MoveSpeed", _agent.velocity.magnitude);
    }

    protected override void OnDie()
    {
        base.OnDie();
        StartCoroutine(DestroyCoroutine());
    }
```

倒されたときの消滅コルーチン

```
    private IEnumerator DestroyCoroutine()
    {
        yield return new WaitForSeconds(3);
        Destroy(gameObject);
    }
}
```

リスト7.8 攻撃制御用スクリプト（MobAttack.cs）

```
using System.Collections;
using UnityEngine;
```

攻撃制御クラス
```
[RequireComponent(typeof(MobStatus))]
public class MobAttack : MonoBehaviour
{
    [SerializeField] private float attackCooldown = 0.5f;      攻撃後のクールダウン（秒）
    [SerializeField] private Collider attackCollider;

    private MobStatus _status;

    private void Start()
    {
        _status = GetComponent<MobStatus>();
    }
```

攻撃可能な状態であれば攻撃を行う
```
    public void AttackIfPossible()
    {
        if (!_status.IsAttackable) return;
```
ステータスと衝突したオブジェクトで攻撃可否を判断する
```
        _status.GoToAttackStateIfPossible();
    }
```

攻撃対象が攻撃範囲に入ったときに呼ばれる
```
    public void OnAttackRangeEnter(Collider collider)
    {
        AttackIfPossible();
    }
```

攻撃の開始時に呼ばれる
```
    public void OnAttackStart()
    {
        attackCollider.enabled = true;
    }
```

attackColliderが攻撃対象にHitしたときに呼ばれる

```
    public void OnHitAttack(Collider collider)
    {
        var targetMob = collider.GetComponent<MobStatus>();
        if (null == targetMob) return;

        プレイヤーにダメージを与える
        targetMob.Damage(1);
    }

    攻撃の終了時に呼ばれる
    public void OnAttackFinished()
    {
        attackCollider.enabled = false;
        StartCoroutine(CooldownCoroutine());
    }

    private IEnumerator CooldownCoroutine()
    {
        yield return new WaitForSeconds(attackCooldown);
        _status.GoToNormalStateIfPossible();
    }
}
```

スクリプトを作成したら、EnemyStatus. csとMobAttack.csを「Slime_Green」にアタッチしておきます。

なお、このあと7-5-3でプレイヤーのステータスを管理するPlayerStatusクラスを作るため、プレイヤー・敵のどちらにも使える汎用的な処理を切り出し、MobStatusクラスにまとめておきました。リスト7.7のEnemyStatusクラスはこのMobStatusクラスを継承し、敵キャラクター専用の処理を追加しています。

クラスの継承は本書の3-7でも少し説明していますが、「C# 継承」で検索するとわかりやすく解説してくれているサイトが多数見つかりますので、調べてみてください。

図7.33 EnemyStatus.csとMobAttack.csをアタッチ

7-4-3) アニメーションにスクリプトの実行イベントを仕込もう

Unityのアニメーションには、アニメーションの途中で任意のメソッドを呼び出せるしくみがあります。

7-4-2で作成したMobAttack.csには攻撃アニメーションの途中で呼び出すべきメソッドがありますので、攻撃アニメーションの途中でメソッドを呼び出すように設定してみましょう。

◉ Animationウインドウの設定

まず「Window」→「Animation」→「Animation」を選択し、Animationウインドウを開きます。ショートカットを使用する場合は、Command + 6 を実行してください。Animationウインドウ上部の「Animation」と表示されている部分をドラッグして、Unityエディタ内に配置しておくと、この後の作業がやりやすくなります。

続いてHierarchyウインドウで「Slime_Green」を選択して、Animationウインドウの「Show Read-Only Properties」ボタンをクリックすると、Slime_Greenに紐づいたアニメーションの内容がAnimationウインドウに表示されます。

ウインドウの左側にはアニメーションで変化するパラメータが並び、右側にはタイムラインが表示されています。◆マークは、該当のパラメータの値が変化することを表しています。

図7.34 Animationウインドウ

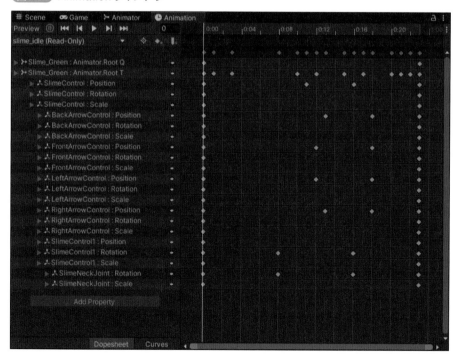

ウインドウ上部にあるプルダウンで対象の
アニメーションを切り替えられますので、
「slime_attack」を選択します。これで攻撃ア
ニメーションが選択されました。

図7.35 アニメーションにslime_attackを選択

プルダウンの上にあるPreviewのボタン群でアニメーションのプレビューが可能です。プレ
ビューの再生ボタンをクリックすると、Sceneビュー上のSlime_Greenが大きな口を開けて噛
みつく動きをするはずです。

図7.36 攻撃アニメーションのプレビュー

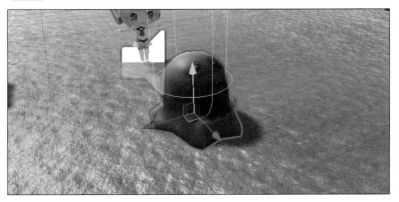

攻撃アニメーションの内容が確認できたら、攻撃の当たり判定が発生すべきタイミングを考
えます。

プレビューを確認したところ、今回のアニメーションの場合、0.06秒のところで当たり判
定が発生しはじめ、0.10秒のところで消えるくらいがちょうど良さそうです。その2つのタイ
ミングでMobAttack.csのメソッドを呼び出すイベントを作成します。

◉ アニメーションのRead-Onlyを解除する

ただし、slime_attackは読み込み専用（Read-Only）になっているため、このままだとイベン
トを追加できません。

Projectウインドウで「Level 1 Monster Pack」-「Models 」-「Slime_Level_1」の中身を見ると、
slime_attackアニメーションが入っています。

図7.37 Slime_Level_1の中身

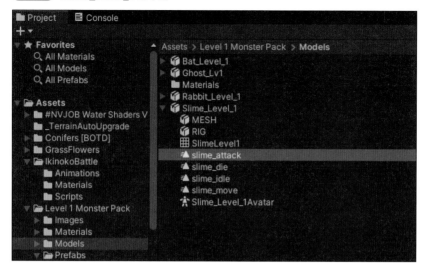

このSlime_Level_1はFBX（Filmbox）というフォーマットの3Dモデルのファイルです。FBXファイルに埋め込まれているアニメーションは読み込み専用ですので、今回はFBXからアニメーションを切り離して使うことにしましょう。

アニメーションを切り離すのはかんたんで、Projectウインドウで「slime_attack」を選択し、Command + D を押すだけです。

これによってアニメーションのみが複製され、FBXと切り離されてSlime_Level_1と同じディレクトリに入ります。見分けがつくように名前を「slime_attack_custom」に変更します。

図7.38 Animationの切り離し

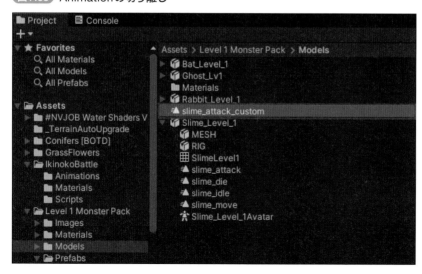

続いてAnimatorウインドウを開き、Attackの Entityを選択してMotionの値を「slime_attack_custom」に変更します。

図7.39 Attack Entityのアニメーションを変更

◉ イベントを仕込む

Hierarchyウインドウで「Slime_Green」を選択し、Animationウインドウを確認すると、プルダウンで選択できるアニメーションの値に「slime_attack_custom」が表示されていますので選択します。Read-Only表示は無くなっています。

図7.40 Animationウインドウを再チェック

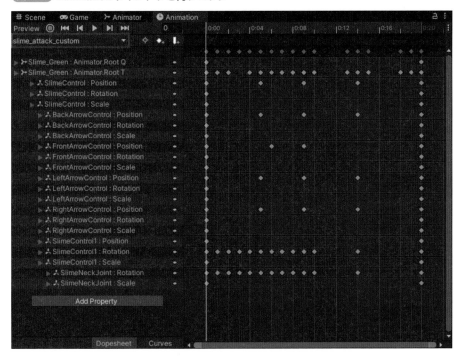

　タイムライン上部にある0.06秒の目盛りの下の空きスペースで右クリックして、「Add Animation Event」を選択します。

　これでアニメーションのイベントができ上がりますので、イベントを選択してInspectorウインドウのFunctionで「OnAttackStart()」を選択します。

図7.41 イベントへOnAttackStart()メソッドを紐づけ

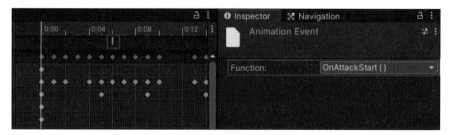

　同様に0.10秒のところにもイベントを作成し、イベントを選択してInspectorウインドウのFunctionで「OnAttackFinished()」を選択します。

図7.42 イベントへのOnAttackFinished()メソッドを紐づけ

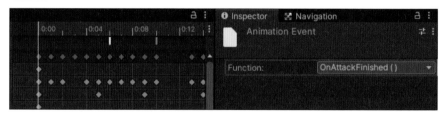

　これで、アニメーションのそれぞれのタイミングで該当メソッドが実行されるようになりました。

◎ 当たり判定とダメージ

　次は、敵キャラクターに2種類のColliderを追加します。

　1つ目はプレイヤーが範囲内に入ったときに攻撃を開始する検知用Collider、2つ目は攻撃の当たり判定用Colliderです。

　現在のCollisionDetectorは、Collider内にオブジェクトが留まっていることしか検出できませんので、Collider内にオブジェクトが入った瞬間も検知できるようにしましょう。リスト7.9のようにCollisionDetector.csを書き換えます。

リスト7.9 CollisionDetector.csの書き換え

```
using System;
using UnityEngine;
using UnityEngine.Events;

[RequireComponent(typeof(Collider))]
public class CollisionDetector : MonoBehaviour
{
    [SerializeField] private TriggerEvent onTriggerEnter = new TriggerEvent();
    [SerializeField] private TriggerEvent onTriggerStay = new TriggerEvent();

    private void OnTriggerEnter(Collider other)
    {
        onTriggerEnter.Invoke(other);
    }
略
}
```

Hierarchyウインドウで「Slime_Green」を選択して右クリックし、「Create Empty」を2回繰り返して空のゲームオブジェクトを2つ作成し、それぞれ名前を「AttackRangeDetector」「AttackHitDetector」とします。

Hierarchyウインドウで Command を押しながら、この2つのオブジェクトを順にクリックして複数選択します。

Inspectorウインドウの Transform コンポーネントで、PositionのXを「0」、Yを「0.25」、Zを「0.5」に設定します。またScaleではX・Y・Zともに「0.5」に設定します。

それぞれに Box Collider コンポーネントと Collision Detector コンポーネントをアタッチし、Box Collider コンポーネントの「Is Trigger」にチェックを付けます。

次に以下の手順でAttackRangeDetectorの範囲内にプレイヤーが入ったことを検知するための設定を行います。

図7.43 AttackRangeDetectorとAttackHitDetectorの設定

① Hierarchy ウインドウで「AttackRangeDetector」を選択する

② Inspector ウインドウの Collision Detector コンポーネントの「On Trigger Stay」の「+」を クリックする

③ 「None (Object)」のところに Hierarchy ウインドウから「Slime_Green」をドラッグ＆ド ロップする

④ 「No Function」を「MobAttack」→「OnAttackRangeEnter」に変更する

⑤ Hierarchy ウインドウで「AttackHitDetector」を選択する

⑥ Inspector ウインドウの Collision Detector コンポーネントの「On Trigger Enter」の「+」 をクリックする

⑦ 「None (Object)」のところに Hierarchy ウインドウから「Slime_Green」をドラッグ＆ド ロップする

⑧ 「No Function」を「MobAttack」→「OnHitAttack」に変更する

図7.44 AttackRangeDetector の Collision Detector

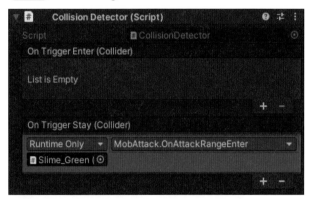

図7.45 AttackHitDetector の Collision Detector

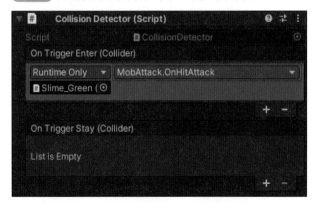

Hierarchyウインドウで「Slime_Green」を選択し、InspectorウインドウのMobAttackコンポーネントのAttack Colliderを「AttackHitDetector」に変更します。

図7.46 Attack Colliderの設定

⦿ 衝突するレイヤーの設定

この時点では敵キャラクターの攻撃判定はあらゆるColliderを対象に発生しますが、敵キャラクターが攻撃するのはプレイヤーのみに絞りたいところです。

スクリプト側でタグなどを使って判定することも可能ですが、レイヤーというしくみを使うことで、任意のレイヤー同士が衝突した場合のみ衝突判定を行うことができます。

いずれかのゲームオブジェクトを選択した状態で、Inspectorウインドウの上部にあるLayerプルダウンをクリックし、「Add Layer...」を選択します。

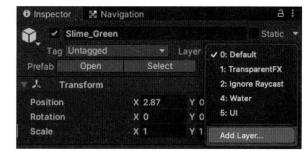

図7.47 レイヤーの追加

Tag & Layersの設定が表示されますので、LayersにあるUser Layer 6〜9の入力欄に「EnemyAttack」「Player」「PlayerAttack」「Enemy」 の4つを追加します。

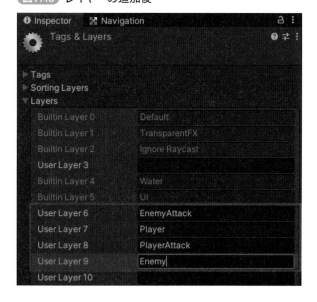

図7.48 レイヤーの追加後

続いて、Hierarchyウインドウで「AttackRangeDetector」と「AttackHitDetector」を選択し、InspectorウインドウのLayerプルダウンで「EnemyAttack」を選択します。

図7.49 AttackRangeDetectorとAttackHitDetectorのレイヤーを変更

同様に「Quety-Chan-SD」を選択し、InspectorウインドウのLayerプルダウンで「Player」を選択します。

Query-Chan-SDのレイヤーを変更する場合は、子オブジェクトのLayerも一括で変更するかについて確認が出てきますので、「No, this object only」ボタンをクリックします。

図7.50 子オブジェクトの一括変更の確認

図7.51 Quety-Chan-SDのレイヤーを変更

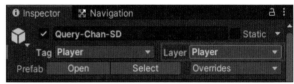

次に「Edit」→「Project Settings」→「Physics」を選択します。

Physicsの設定下部にたくさん並んでいるチェックボックスで、レイヤー同士が衝突するかどうかを設定します（チェックが付いていれば衝突します）。

たとえば、以下の図の一番左上のチェックボックスは、DefaultレイヤーとEnemyレイヤーが衝突するかどうかの設定です。デフォルトではすべてにチェックが付いていますので、EnemyAttackレイヤーはPlayerレイヤーとだけ衝突するように設定を変更します。

同様に、PlayerAttackレイヤーはEnemyレイヤーとだけ、衝突するように設定を変更します。

図7.52 衝突するレイヤーの設定

◉ Raycastにレイヤーマスクを設定する

実はここで予期せぬ不具合が発生しています。

敵キャラクターがプレイヤーを追いかける処理でRaycastを使う処理を書きましたが、この RayがAttackRangeDetectorやAttackHitDetectorを「障害物」と見なしており、プレイヤーを 正常に追いかけなくなってしまっています。

Raycastを実行する際、layerMaskの引数を渡すことで、「判定対象にするレイヤー」を指定 可能です。

今回はInspectorウインドウのEnemyMoveコンポーネントからlayerMaskを指定可能にする ため、EnemyMove.csをリスト7.10のように変更します。

リスト7.10 EnemyMove.csの書き換え

```
public class EnemyMove : MonoBehaviour
{
    [SerializeField] private LayerMask raycastLayerMask;  レイヤーマスク
    略

    public void OnDetectObject(Collider collider)
    {
        略

        _raycastHitsに、ヒットしたColliderや座標情報などが格納されるRaycastAllとRaycastNonAllocは
        同等の機能だが、RaycastNonAllocだとメモリにゴミが残らないのでこちらを推奨
        var hitCount = Physics.RaycastNonAlloc(transform.position,direction,
_raycastHits, distance, raycastLayerMask);
        Debug.Log("hitCount: " + hitCount);
        略
    }
}
```

続いて、Hierarchyウインドウで「Slime_Green」を選択し、Inspectorウインドウで
EnemyMoveコンポーネントのRaycast Layer Maskで「Default」のみにチェックを付けます。
　これでRaycastの判定対象がDefaultレイヤーのみになりました。

図7.53 RaycastのLayer Mask設定

　ゲームを実行すると、再び敵がプレイヤーを追いかけてくるようになりました。

7-5 敵を倒せるようにしよう

次はプレイヤーキャラクターも攻撃ができるようにして、敵を倒せるようにしましょう。

7-5-1 武器をインポートする

まずはプレイヤーキャラクターに武器を持たせてみましょう。

「Window」→「Asset Store」を選択し、「Search Online」をクリックしてAsset Storeを開き、画面上部の検索ボックスに「Low Poly Survival modular Kit VR」と入力して、ローポリゴンの3DモデルLow Poly Survival modular Kit VR and Mobileを検索します。

ダウンロード・インポートについては、**5-1-3**を参照して作業を行ってください。

図7.54 Low Poly Survival modular Kit VR and Mobileの詳細

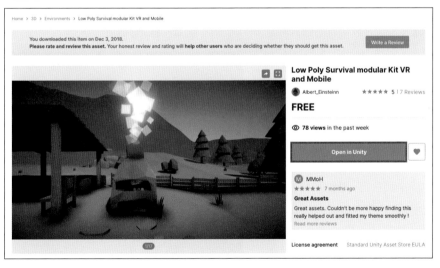

図7.55 Low Poly Survival modular Kit VR and Mobileのインポート

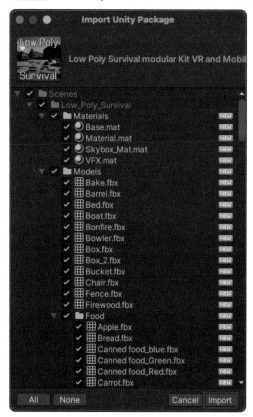

インポートが完了したらクエリちゃんの右手に剣を持たせます。

Hierarchyウインドウで「Query-Chan-SD」－「SD_QUERY_01」－「SD_QUERY_01_Reference」－「hip」－「spine」－「upper」－「R_arm」－「R_arm2」－「R_hand」を選択します。

Projectウインドウで「Assets」－「Scenes」－「Low_Poly_Survival」－「Prefab」－「Weapons」フォルダを開いて、フォルダに入っている「Sword_metal」のPrefabをHierarchyウインドウのR_hand（右手）にドラッグ＆ドロップします。

図7.56 右手に武器を配置

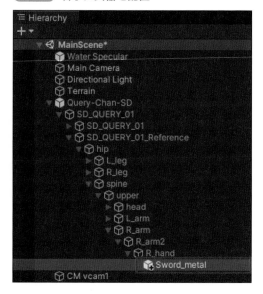

Hierarchyウインドウで「Sword_metal」を選択し、InspectorウインドウでPositionをXを「-0.3」、Yを「0.025」、Zを「0」に設定します。RotationはXを「90」、Yを「90」、Zを「0」に設定して手の位置に合わせておきます。

手で剣を握らせるにはモデルの調整が必要になるため、今回は重ねるだけにしています。ズームしなければそれほど違和感は無いはずです。

図7.57 武器の設定

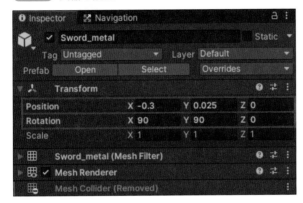

Sword_metalには、デフォルトでMesh Colliderが付いています。そのまま使えれば武器のリアルな当たり判定が実現できますが、今回の攻撃アニメーションとは相性が良くない（武器が敵に当たりづらい）ため、別の方法で当たり判定を行います。

Sword_metalのMesh Colliderコンポーネント右にある ⋮ をクリックして「Remove Component」を選択し、Mesh Colliderを削除しておきましょう。

図7.58 武器を持った状態

7-5-2 攻撃の当たり判定を配置する

7-4-3では、敵キャラクターの攻撃の当たり判定を実装しました。これと同様にプレイヤーでも攻撃の当たり判定オブジェクトを配置します。

Hierarchyウインドウで「Query-Chan-SD」を選択して右クリックし、「Create Empty」を選択して空のゲームオブジェクトを作成します。名前を「AttackHitDetector」とします。

図7.59 AttackHitDetectorの作成

AttackHitDetectorを選択し、InspectorウインドウのPositionでXを「0」、Yを「0.25」、Zを「0.5」に設定し、ScaleはX、Y、Zをすべて「0.5」に設定します。

続いて、Box Colliderコンポーネント、Rigidbodyコンポーネントをアタッチします。

Box Colliderコンポーネントの左側にあるチェックを外して、コンポーネントを非アクティブにし、「Is Trigger」のチェックを付けます。

Rigidbodyコンポーネントでは、「Use Gravity」のチェックを外します。Rigidbodyコンポーネントをアタッチしたのは重要なポイントで、UnityでColliderを使って衝突判定を行う場合、少なくともいずれか一方にRigidbodyまたはCharacterControllerをアタッチする必要があります。

図7.60 AttackHitDetectorの設定

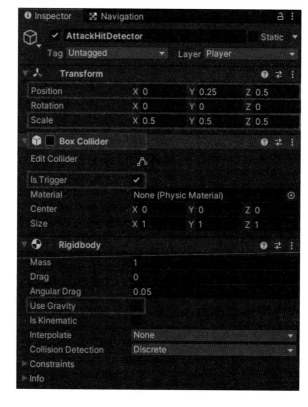

Slime_GreenはNavMeshで動かしており、Rigidbodyをアタッチすると挙動がおかしくなるため、今回は武器の当たり判定であるAttackHitDetectorにRigidbodyコンポーネントをアタッチしました。

7-5-3 スクリプトのアタッチ

プレイヤーの状態とアニメーションを制御する、PlayerStatus クラスを作成します (リスト 7.11)。

あとでプレイヤー向けにカスタムしますが、この時点で行うことは、敵キャラクターと共通ですので、MobStatus クラスを継承しているだけです。

リスト7.11 プレイヤーの状態とアニメーションを制御するスクリプト (PlayerStatus.cs)

```
using UnityEngine;

public class PlayerStatus : MobStatus
{
    TODO あとでプレイヤー向けにカスタムする
}
```

作成したら、PlayerStatus.cs と MobAttack.cs を Query-Chan-SD にアタッチします。

MobAttack コンポーネントの Attack Collider に先ほど作成した「AttackHitDetector」を設定します。

この設定を忘れると攻撃したときにエラーが発生しますので、注意しましょう。

図7.61 Query-Chan-SDへのスクリプトアタッチと設定

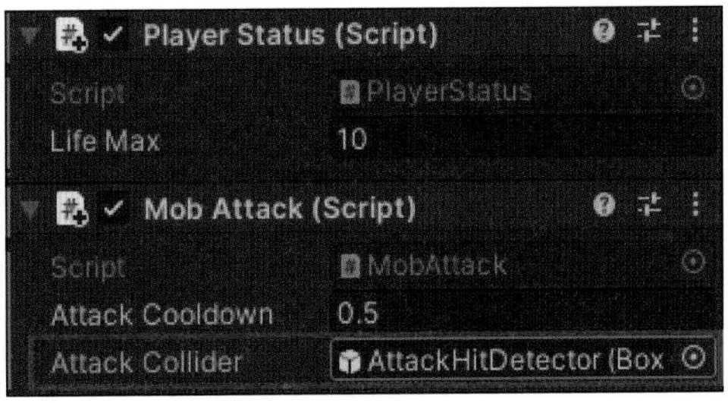

続いて Query-Chan-SD の AttackHitDetector に、Collision Detector スクリプトをアタッチし、On Trigger Enter で攻撃が Hit したときに実行するメソッド (「Query-Chan-SD」-「MobAttack」-「OnHitAttack」) を指定します。

詳しい手順については **7-4-3**「当たり判定とダメージ」を参照してください。

図7.62 設定後のAttackHitDetector

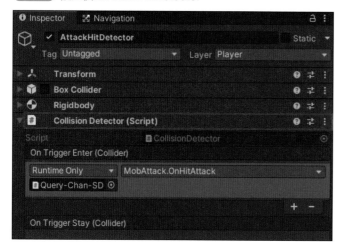

　敵キャラクターは範囲内に入ったときに自動で攻撃するようにしていますが、プレイヤーキャラクターはプレイヤーがボタンをクリックしたときに攻撃するようにします。

　PlayerControllerスクリプトをリスト7.12のように変更し、Fire1ボタン（デフォルトではマウス左クリック）で攻撃するようにします。

リスト7.12 PlayerController.csの書き換え

```csharp
using UnityEngine;

[RequireComponent(typeof(CharacterController))]
[RequireComponent(typeof(PlayerStatus))]
[RequireComponent(typeof(MobAttack))]
public class PlayerController : MonoBehaviour
略
    private Vector3 _moveVelocity;   キャラの移動速度の情報
    private PlayerStatus _status;
    private MobAttack _attack;

    private void Start()
    {
        _characterController = GetComponent<CharacterController>();
        毎フレームアクセスするので、負荷を下げるためにキャッシュしておく
        _transform = transform;   Transformもキャッシュすると少しだけ負荷が下がる
        _status = GetComponent<PlayerStatus>();
        _attack = GetComponent<MobAttack>();
    }

    private void Update()
    {
```

```
        Debug.Log(_characterController.isGrounded ? "地上にいます" : "空中です");

        if (Input.GetButtonDown("Fire1"))
        {
            // Fire1ボタン（デフォルトだとマウス左クリック）で攻撃する
            _attack.AttackIfPossible();
        }

        if (_status.IsMovable)  // 移動可能な状態であれば、ユーザー入力を移動に反映する
        {
            // 入力軸による移動処理（慣性を無視しているので、キビキビ動く）
            _moveVelocity.x = Input.GetAxis("Horizontal") * moveSpeed;
            _moveVelocity.z = Input.GetAxis("Vertical") * moveSpeed;

            // 移動方向に向く
            _transform.LookAt(_transform.position + new Vector3(_moveVelocity.x,
0, _moveVelocity.z));
        }
        else
        {
            _moveVelocity.x = 0;
            _moveVelocity.z = 0;
        }

        if (_characterController.isGrounded)
        {
            // 略
```

7-5-4 武器と敵のレイヤー設定

続いて、HierarchyウインドウでQuery-Chan-SDの「AttackHitDetector」を選択し、Inspector
ウインドウでレイヤーを「PlayerAttack」に設定します。

図7.63 Query-Chan-SD AttackHitDetectorのレイヤー設定

同様にSlime_Greenのレイヤーを「Enemy」に設定します。Slime_Greenにレイヤーを設定す
る際、子オブジェクトのLayerも一括で変更するかの確認が出てきます。

Slime_GreenのAttackHitDetectorとAttackRangeDetectorのレイヤーは「EnemyAttack」のま
まにしておきたいので、「No, this object only」をクリックし、子オブジェクトにレイヤーを反
映してしまわないよう注意しましょう（もし間違えて反映してしまったら、EnemyAttackレイ

ヤーに戻しておいてください)。

図7.64 Slime_Greenのレイヤー設定

7-5-5 プレイヤーのアニメーション設定

プレイヤーの攻撃・死亡アニメーションを設定します。

今回使用しているWoman WarriorのアニメーションもFBXに含まれており、読み取り専用になっています。

Projectウインドウで「Assets」-「mode」を開いて、その中のWoman Warriorから、Attack1のアニメーションを Command + D で複製して取り出します。名前は「Attack1_custom」とします。

図7.65 Attack1の複製

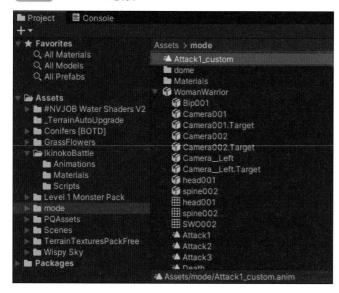

次にPlayerAnimatorControllerを変更します。

Projectウインドウで「Assets」-「IkinokoBattle」-「Animations」-「PlayerAnimationController」をダブルクリックで開きます。攻撃と死亡モーションとして、「Attack」(攻撃)と「Die」(死亡)

のEntityを作成します。AttackのMotionには「Attack1_custom」を、DieのMotionには「Death」を設定します。

図7.66 Attackのアニメーション設定

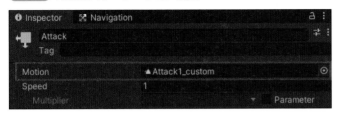

図7.67 Dieのアニメーション設定

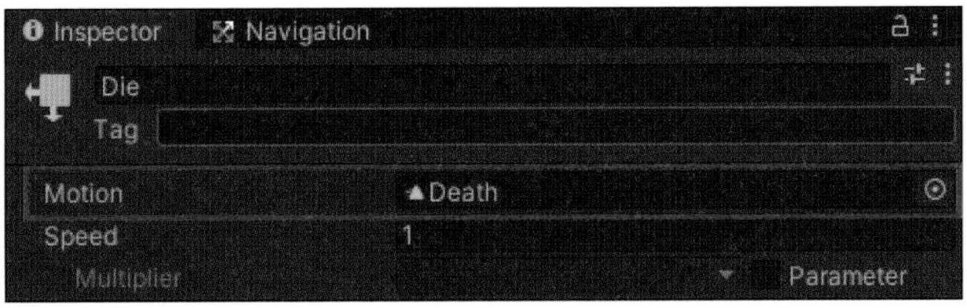

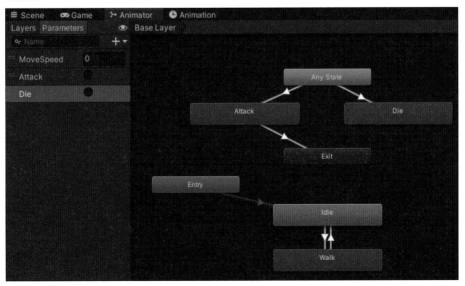

他の手順は敵キャラクターのときと同様です。7-4-1の手順を参照して、トランザクションの作成とParametersの設定を行ってください。

図7.68 AttackとDie作成後

続いてHierarchyウインドウでQuery-Chan-SDの下の「SQ_QUERY_01」を選択し、Command ＋6で「Animation」ウインドウを開きます。

Animationウインドウの上部にあるプルダウンで「Attack1_custom」を選択し、0.08秒辺りの下で右クリックし、「Add Animation Event」を選択します。また0.11秒辺りの下で右クリックし、もう一度「Add Animation Event」を選択し、イベントを2つ作成します。

あとは敵キャラクターのときと同じくイベントで呼び出すメソッドを指定しますが、ここで問題となるのが「Animatorからイベントで呼び出し可能なのは、Animatorと同じゲームオブジェクトにアタッチされているスクリプトに限る」という制限です。

現在、AnimatorコンポーネントはSD_QUERY_01にアタッチされていますので、イベントで呼び出せるメソッドがありません。そこでAnimatorをQuery-Chan-SDに移動することにしましょう。

SQ_QUERY_01にアタッチされているAnimatorコンポーネントの右上にあるボタン（▮）をクリックして、「Copy Component」を選択します。

次にQuery-Chan-SDを選択し、Inspectorウインドウに表示されるいずれかのコンポーネントの右上にあるボタンをクリックして、「Paste Component as New」を選択します。

これで、元のコンポーネントがプロパティの値も含めてコピーされます。

コンポーネントをコピーしたら、Inspectorウインドウで「Apply Root Motion」のチェックを外します。これはアニメーションに応じてオブジェクトを移動させるための設定で、ONのままだと、Attackアニメーション再生時にQueryちゃんが回転してしまいます。忘れず設定しておきましょう。

図7.69 コンポーネントのコピーと Apply Root MotionのOFF

SQ_QUERY_01のAnimatorコンポーネントは不要になりますので、削除しておきましょう。

これでAnimatorのイベントからQuery-Chan-SDにアタッチされているコンポーネントのメソッドが呼び出せるようになりました。

図7.70 SD_QUERY_01のコンポーネントを削除

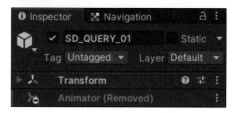

Animatorコンポーネントを移動したことで、Query-Chan-SDのPlayer ControllerコンポーネントのAnimatorが「Missing」になっていますので、Query-Chan-SDをドラッグ＆ドロップして設定し直しておきましょう。

図7.71 PlayerControllerの再設定

これでアニメーションイベントからメソッドを呼び出せるようになりました。Query-Chan-SDを選択してから、Command + 6 でAnimationウインドウを開いて、Attack1_customアニメーションの0.08秒付近のイベントでOnAttackStart()メソッドを呼び出すように設定し、0.11秒付近のイベントでOnAttackFinished()メソッドを呼び出すように設定します。

図7.72 攻撃判定StartとEnd

これでプレイヤーキャラクターと敵キャラクターが互いに攻撃し合えるようになりました。

Slime_GreenのEnemyStatusコンポーネントのLifeMaxを「2」にして戦ってみましょう。スライムを2回攻撃すれば倒せるはずです。

ちなみに、Inspectorウインドウ右上の ⋮ ボタンをクリックして、「Debug」を選択すると、

図7.73 敵のライフを2に設定

Inspectorウインドウの表示内容がデバッグモードになり、普段は表示されないプロパティもInspectorウインドウで確認可能になります。

これを利用すると、攻撃を受けた際にPlayerStatusコンポーネントのLifeの値が減っていくことが確認できます。

7-6 敵キャラクターを 出現させよう

敵キャラクターと戦闘ができたところで、敵キャラクターの配置方法について考えて みましょう。

7-6-1 敵キャラクター登場の基本

敵キャラクターを登場させる方法として一番シンプルなのは、敵キャラクターをステージ上 に手作業で配置することです。開発者の思い通りに配置できる反面、かなりの手間がかかります。

手作業以外の方法として、敵キャラクターをスクリプトで自動配置する方法もあります。手 作業と比べると調整は難しくなりますが、敵キャラクターの出現エリアを分けたり、出現頻度 や上限数を調整できる処理を実装すれば、ゲームの開発コストを抑えることも可能です。

7-6-2 敵キャラクターをPrefab化する

Prefabはゲームオブジェクトの設計図のようなもので、これを元にゲームオブジェクトを量 産することが可能です。これを利用して敵キャラクターを量産してみましょう。

Projectウインドウで IkinokoBattle の下に「Prefabs」 フォルダを作成します。

Hierarchyウインドウで「Slime_Green」を選択し、作 成したPrefabフォルダにドラッグ＆ドロップすると、 Prefab作成についてのポップアップが表示されます。

「Original Prefab」はオリジナルのPrefabを作成する 場合に、Prefab Variantは元のPrefabを継承してカス タマイズしたPrefabを作成する場合にします。

Prefab Variantは、継承元のPrefabを変更すると、 Prefab Variant側にも変更が反映されます。ここでは 「Original Prefab」をクリックします。

図7.74 作成するPrefabの種類を選択

7-6-3 Prefabの特徴を知っておく

　Prefabから作成したゲームオブジェクトは、Hierarchyウインドウに青文字で表示されるようになり、Prefab側の設定を変更すると、各ゲームオブジェクトにも設定が反映されます。実際に見たほうがわかりやすいので、試してみましょう。

　7-6-2でPrefabsディレクトリに作成したSlime_GreenのPrefabを、Sceneビューにドラッグ＆ドロップします。すると、Prefabを元にしたゲームオブジェクトが生成されました。2〜3回繰り返して、スライムを何体か配置します。

図7.75 Prefabでゲームオブジェクトを生成

　配置したスライムには連番が付いています。
　Hierarchyウインドウで「Slime_Green(1)を選択し、InspectorウインドウのTransformコンポーネントのScaleでXを「0.3」、Yを「0.3」、Zを「0.3」に、Enemy StatusコンポーネントのLife Maxを「1」に変更し、小さくて弱いスライムに設定してみました。

図7.76 スライム (1) の設定変更

続 い て Slime_Green(2) を 選 択 し ま す。InspectorウインドウのTransformコンポーネントのScaleでXを「2」、Yを「2」、Zを「2」に、Enemy StatusコンポーネントのLife Maxを「100」に変更し、大きくて強いスライムに設定してみました。

図7.77 スライム (2) の設定変更

図7.78 小さなスライムと大きいスライム

次はゲームオブジェクトに加えた変更をPrefabに反映してみましょう。

Slime_Green(2) を選択して、Inspectorウインドウ上部にある「Overrides」のプルダウンをクリックし、「ApplyAll」ボタンをクリックします。これでSlime_Green(2)で変更したプロパティがPrefabに反映されました。Prefabの設定が変わったので、もう一体のスライムも大きくなっています。

ちなみに、Overrideの左にある「Select」はゲームオブジェクトの元になっているPrefabを選択するボタンで、「Revert All」はゲームオブジェクト側に加えた変更を破棄し、Prefabから複製されたばかりの状態に戻すボタンです。

図7.79 Prefabに変更を反映

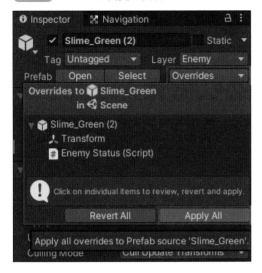

図7.80 Prefabとの連動

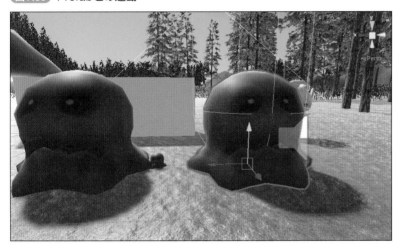

　この状態でSlime_GreenのPrefabをシーンにドラッグ＆ドロップすると、Life Maxが100のスライムが量産されます。しかし、ちっちゃくて弱いスライムにしたSlime_Green(1)はそのままです。これは、「Prefabの変更よりもシーン上での変更を優先する」というルールがあるためです。

　Projectウインドウで「IkinokoBattle」－「Prefabs」にあるSlime_GreenのPrefabを選択し、Life Maxを「2」に戻しておきましょう。シーン上にいるLife Maxが100だったスライ

図7.81 Prefabを直接変更

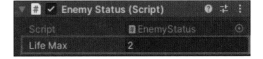

ムたちのLife Maxが一気に2に変化することが確認できます。

7-6-4 Coroutineを使う

Prefabの準備ができたので、スクリプトで敵を出現させてみましょう。

今回の敵出現スクリプトは、「一定時間ごとに1体ずつ敵が出現する」という形にしてみます。このような処理にはCoroutineが向いています。

⊙ Coroutineとは

Coroutineとは、Unityで処理を非同期に（他の処理の完了を待たず、並列で）実行するためのしくみです。「○秒待ってから何かをする」「○秒ごとに何かをする」といった処理をかんたんに実装できるので、敵を出現させるスクリプトに使ってみましょう。

7-6-5 スクリプトを書く

それでは、10秒ごとに敵を出現させるスクリプト（Spawner.cs）を書いてみましょう（リスト 7.13）。

リスト7.13 10秒ごとに敵を出現させるスクリプト（Spawner.cs）

```csharp
using System.Collections;
using UnityEngine;
using UnityEngine.AI;

public class Spawner : MonoBehaviour
{
    [SerializeField] private PlayerStatus playerStatus;
    [SerializeField] private GameObject enemyPrefab;

    private void Start()
    {
        StartCoroutine(SpawnLoop());     Coroutineを開始する
    }
    敵出現のCoroutine
    private IEnumerator SpawnLoop()
    {
        while (true)
        {
            距離10のベクトル
            var distanceVector = new Vector3(10, 0);
            プレイヤーの位置をベースにした敵の出現位置。
            Y軸に対して上記ベクトルをランダムに0°〜360°回転させている
```

```
            var spawnPositionFromPlayer = Quaternion.Euler(0, Random.Range(0,
360f), 0) * distanceVector;
            敵を出現させたい位置を決定する
            var spawnPosition = playerStatus.transform.position +
spawnPositionFromPlayer;
            指定座標から一番近いNavMeshの座標を探す
            NavMeshHit navMeshHit;
            if (NavMesh.SamplePosition(spawnPosition, out navMeshHit, 10,
NavMesh.AllAreas))
            {
                enemyPrefabを複製、NavMeshAgentは必ずNavMesh上に配置する
                Instantiate(enemyPrefab, navMeshHit.position, Quaternion. identity);
            }
            10秒待つ
            yield return new WaitForSeconds(10);

            if (playerStatus.Life <= 0)
            {
                プレイヤーが倒れたらループを抜ける
                break;
            }
        }
    }
}
```

Hierarchyウインドウで右クリックして「Create Empty」を選択し、空のゲームオブジェクトを作成します。名前は「Spawner」とし、Spawner.csをアタッチします。

InspectorウインドウのSpawnerコンポーネントで、Player StatusにHierarchyウインドウから「Query-Chan-SD」をドラッグ＆ドロップし、Enemy Prefabには、Projectウインドウの「IkinokoBattle」－「Prefabs」の下にある「Slime_Green」のPrefabをドラッグ＆ドロップしてください。

図7.82 Spawnerの準備

ゲームを実行すると、10秒ごとに新たな敵が出現するようになりました。

図7.83 敵が出現

Coffee Break Coroutineが勝手に止まってしまう！？

　Coroutineは、StartCoroutine()を実行したゲームオブジェクトによって実行＆管理されています。

　たとえば、Spawnerオブジェクトで「StartCoroutine();」を実行した場合、Spawnerオブジェクトが非アクティブになったり破棄されたりすると、Coroutineは自動的に停止します。そして、通常のゲームオブジェクトはシーンが変わると破棄されてしまいます。

　ゲームを作り込んでいくと、シーン遷移時に何らかの処理を行いたい場合も出てきます。このような場合は、「シーンを遷移しても破棄されないゲームオブジェクト」を準備し、そこからStartCoroutine()を実行すると解決できます。

　「シーンを遷移しても破棄されないゲームオブジェクト」については、リスト9.2にある「DontDestroyOnLoad()」の記述を参照してください。

8

ユーザーインタフェースを
作ってみよう

これまでの設定でゲームとして少し遊べるよう
になってきました。本Chapterではよりゲー
ムらしくするためのUI（ユーザーインタフェー
ス）やシステムを作成していきましょう。
Unityでは、使いやすいUI作成機能が搭載さ
れていますので、これを使って進めていくこと
にします。

8-1 タイトル画面を作ろう

UnityのUI（ユーザーインタフェース）の基本的な機能を使って、タイトル画面を作成してみましょう。

8-1-1 新規シーンの作成

UI（User Interface、ユーザーインタフェース）を編集するには、Sceneビュー上部の「2D」をクリックして、2D用の視点にしておきます。これでUIを正面から見た状態に変更できます。

図8.1 Sceneビューを2Dに変更

「File」→「New Scene」（ショートカットは Command + N ）を選択して新しいシーンを作成します。Scene Templateは「Basic (Built-in)」を選択してください。

作成したら Command + S を押し、名前を「TitleScene」として保存しておきます。

シーンも1ヵ所にまとめた方が管理しやすいため、Projectウインドウで「IkinokoBattle」の下に「Scenes」フォルダを作成し、Chapter 7までに使用したMainSceneと一緒に入れておくと良いでしょう。

開いているSceneファイルの移動はできないため、MainSceneを開いている場合は、別のシーンを開いてから、MainSceneファイルを移動してください。

また、「Assets」ー「Scenes」ー「MainScene」フォルダにはベイクされたNavMeshが入っています。MainSceneを移動する際はMainSceneフォルダも一緒に移動してください。

図8.2 新規シーンの作成と移動

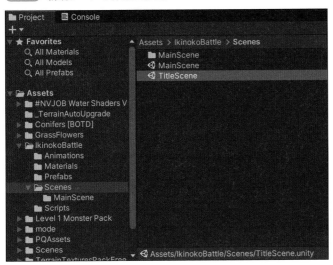

シーンの移動が完了したら、TitleSceneを開きます。Hierarchyウインドウ上で右クリックし、「UI」→「Panel」を選択すると、Canvasとその子オブジェクトのPanelが生成されます。

図8.3 Canvasの作成

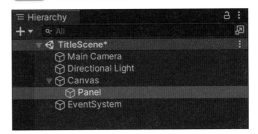

8-1-2 Canvasとは

Canvasはその名の通りUIを配置するキャンバスのことで、この中にさまざまなUI部品を配置していきます。

Hierarchyウインドウで「Canvas」を選択し、InspectorウインドウのCanvasコンポーネントのRender Modeを「Screen Space - Overlay」に設定します。Render Modeでは、Canvasをどのように描画するかを設定します（表8.1）。

図8.4 Render Modeのプロパティ

表8.1 Render Modeのプロパティ

プロパティ	説明
Screen Space - Overlay	CanvasがScene上にあるカメラの影響をまったく受けず、常に最前面に表示される。シンプルで扱いやすいが、カメラのエフェクトが適用できない、あらゆるオブジェクトがUIの後ろに隠れるなど、描画の制限事項がある
Screen Space - Camera	指定したカメラの最前面にCanvasが表示される。指定したカメラに対してあらゆるオブジェクトがUIの後ろに隠れるが、Sceneに複数カメラを準備してUIカメラの映像を先に描画することで、UIにパーティクルを重ねるなどの演出が可能になる
World Space	CanvasをWorld座標に配置する。傾けたり縮小したりとCanvasを他のゲームオブジェクトと同様に扱うことが可能

8-1-3 Canvasの解像度を設定する

Canvasの解像度を設定するには、CanvasにアタッチされているCanvas Scalerコンポーネントを使用します（ただしCanvasコンポーネントのRender Modeで「World Space」を指定した場合は例外で、Rect TransformコンポーネントのWidthとHeightで解像度を指定します）。

今回は、Canvas ScalerコンポーネントのUI Scale Modeで「Scale With Screen Size」を指定します。

Canvas ScalerコンポーネントのReference Resolutionでは、画面サイズをピクセル単位で指定します。サイズの指定を大きくすれば詳細な描画になりますが、パフォーマンスに大きく影響するため、見た目が劣化しない程度に抑えると良いでしょう。今回は「960×540」としています。

Screen Match Modeで は、Reference Resolutionで指定した範囲を実際の画面（エディタ上であれば、Gameビューの大きさ）にどのようにマッチさせるかを設定します。今回は、使いやすい「Expand」を選択します。

図8.5 Canvas Scalerのプロパティ

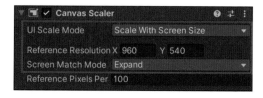

なお以降では、Screen Match Modeにおける各設定項目の説明と、Reference Resolutionと同じサイズのImageをCanvasに配置してGameビューを横長にして撮影した場合の例を挙げています。

◉ Match Width Or Height

Screen Match Modeで「MatchWidth Or Height」に設定すると、Reference Resolutionで設定した範囲を画面の横もしくは縦のどちらかに合わせるように調整します（これによって一部はみ出る場合があります）。

Screen Match ModeのMatchスライダーをWidthに寄せると、横幅に合います。一方、Screen Match ModeのMatchスライダーをHeightに寄せると、縦幅に合います。

図8.6 Match Width Or Height（横幅に合わせた場合）

図8.7 Match Width Or Height（縦幅に合わせた場合）

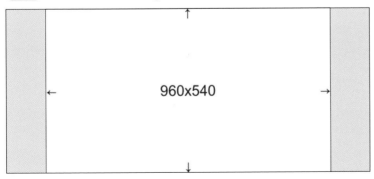

◉ Expand

Screen Match Modeで「Expand」に設定すると、Reference Resolutionの範囲が画面からはみ出ないよう自動で調整されます。

UIが画面からはみ出ないようにできるため、デバイスの画面サイズがまちまちなスマホア

プリなどで有用です。今回の場合は図8.7と同じ見た目になります。

◉ **Shrink**

Screen Match Modeで「Shrink」に設定すると、Reference Resolutionの範囲で画面をピッタリ埋めるよう自動で調整されます（一部はみ出る場合もあります）。今回の場合は図8.6と同じ見た目になります。

8-1-4 タイトルの文字を配置する

次にCanvasにタイトルの文字を配置してみましょう。

◉ フォントのインポート

Unityでは、.ttfや.otfなどの一般的なフォントファイルが利用可能です。今回は、タイトル文字用にRounded M+フォントをダウンロードして使用します。

Rounded M+フォントは高品質にも関わらず、商用利用・複製・再配布可能なフォントで、筆者もよく利用しています。

まず自家製Rounded M+（ラウンデッド エム プラス）のサイト（http://jikasei.me/font/rounded-mplus/）から、Rounded M+のフォントファイルをダウンロードします。

いくつかフォントの種類がありますが、今回はzip形式の「Rounded M+（標準）」を選択します。

図8.8 自家製Rounded M+（ラウンデッド　エムプラス）

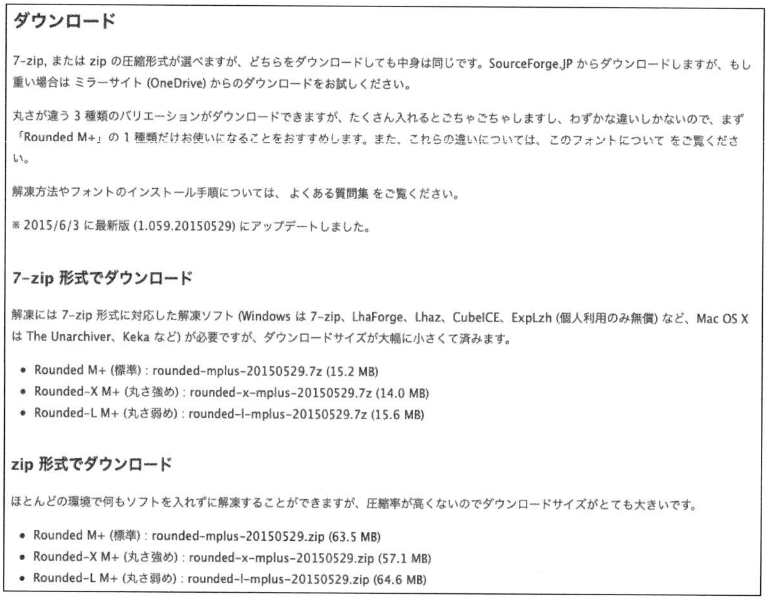

ダウンロード

7-zip、またはzipの圧縮形式が選べますが、どちらをダウンロードしても中身は同じです。SourceForge.JPからダウンロードしますが、もし重い場合はミラーサイト（OneDrive）からのダウンロードをお試しください。

丸さが違う3種類のバリエーションがダウンロードできますが、たくさん入れるとごちゃごちゃしますし、わずかな違いしかないので、まず「Rounded M+」の1種類だけお使いになることをおすすめします。また、これらの違いについては、このフォントについて をご覧ください。

解凍方法やフォントのインストール手順については、よくある質問集 をご覧ください。

※ 2015/6/3 に最新版 (1.059.20150529) にアップデートしました。

7-zip 形式でダウンロード

解凍には 7-zip 形式に対応した解凍ソフト (Windows は 7-zip、LhaForge、Lhaz、CubeICE、ExpLzh (個人利用のみ無償) など、Mac OS X は The Unarchiver、Keka など) が必要ですが、ダウンロードサイズが大幅に小さくて済みます。

- Rounded M+ (標準)：rounded-mplus-20150529.7z (15.2 MB)
- Rounded-X M+ (丸さ強め)：rounded-x-mplus-20150529.7z (14.0 MB)
- Rounded-L M+ (丸さ弱め)：rounded-l-mplus-20150529.7z (15.6 MB)

zip 形式でダウンロード

ほとんどの環境で何もソフトを入れずに解凍することができますが、圧縮率が高くないのでダウンロードサイズがとても大きいです。

- Rounded M+ (標準)：rounded-mplus-20150529.zip (63.5 MB)
- Rounded-X M+ (丸さ強め)：rounded-x-mplus-20150529.zip (57.1 MB)
- Rounded-L M+ (丸さ弱め)：rounded-l-mplus-20150529.zip (64.6 MB)

ダウンロードが完了したらzipファイルを展開します。多くの.ttfファイルが入っていますが、これらはフォントの太さや文字の形に違いがあります。今回はタイトル文字に使用するため、少し太めの「rounded-mplus-1c-heavy.ttf」を選択します。

図8.9 フォントの選択

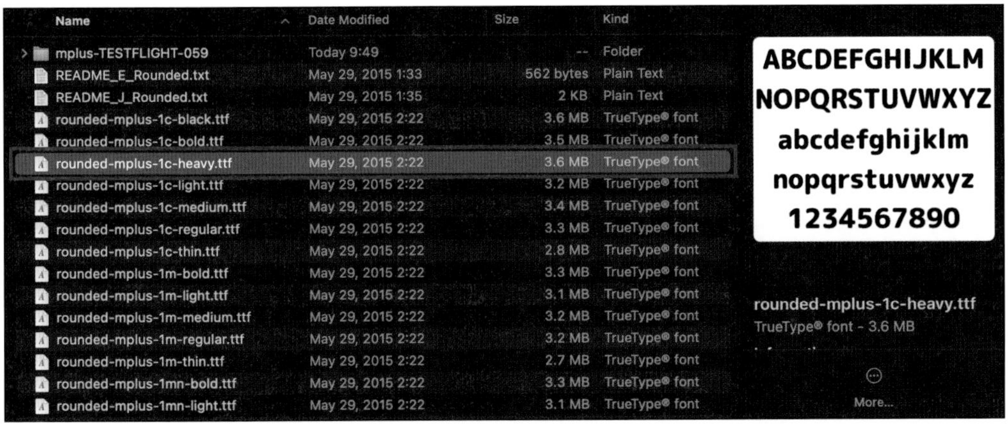

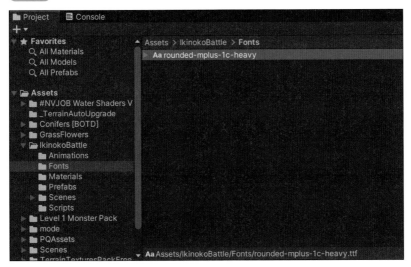

インポートは、rounded-mplus-1c-heavy.ttfをUnityのProjectウインドウにドラッグ＆ドロップするだけで完了します。

1つのゲームで複数フォントを使用するのはよくあることですので、「Assets」－「IkinokoBattle」の下に「Fonts」フォルダを作成し、このフォルダにフォントをまとめておくようにします。

図8.10 Fontsフォルダ

◉ TextMesh Pro

Unity UIには、通常のTextとTextMesh ProのTextがあります。通常のTextは文字を表示するための最低限の機能を備えており、インポートしたフォントファイルをそのまま使用できます。

一方、TextMesh Proは、文字にさまざまなエフェクトを適用できますが、事前にフォントを変換する必要があります（詳細は後述します）。ここではゲームのタイトル文字を作成するため、TextMesh Proを使用します。

Hierarchyウインドウの「Canvas」―「Panel」で右クリックし、「UI」→「Text - TextMesh Pro」を選択します。初めて起動した際はTMP Importerウインドウが開きます。

図8.11 TMP Importerウインドウ

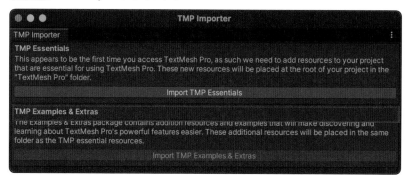

「Import TMP Essentials」ボタンをクリックすると、TextMesh Proがインポートされます。これを行わないと文字が表示されませんので、必ず実行しましょう。

その下の「Import TMP Examples & Extras」ボタンをクリックすると、サンプルなどがインポートされます。文字のエフェクトに使える素材が入っていたり、使い方の参考にもなりますので、こちらもインポートしておきましょう。

サンプルシーンは、Projectウインドウの「Assets」―「TextMesh Pro」―「Examples&Extras」―「Scenes」に配置されます。

インポートが完了したら、Hierarchyウインドウに作成されたTextMesh Proのオブジェクトの名前を「Title」に変更します。

図8.12 オブジェクト名の変更

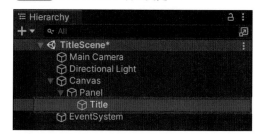

◉ TextMesh Pro用のフォントを準備する

先ほどインポートしたRounded M+フォントは、そのままではTextMesh Proで使用できません。先にTextMesh Pro用にフォントを変換する必要があります。

「Window」→「TextMeshPro」→「Font Asset Creator」を選択すると、フォント変換ツール（Font Asset Creator）が起動します。表8.2のように設定を変更し、「Generate Font Atlas」ボタンをクリックします。

表8.2 フォント変換ツールの設定内容

項目	設定値
Source Font File	rounded-mplus-1c-heavy
Atlas Resolution	256 x 256
Character Set	Custom Characters
Custom Character List	いきのこバトル

これで、rounded-mplus-1c-heavyのフォントから「いきのこバトル」の7文字を「256× 256」の画像に抽出してくれます。

処理が完了したらInspectorウインドウを下にスクロールし、「Save」ボタンをクリックして保存します（ファイル名はそのままでかまいません）。

図8.13 フォント変換ツール（Font Asset Creator）

図8.14 文字生成後

これで、「いきのこバトル」の7文字がTextMeshProで利用可能になりました。

ちなみに、プレイヤーに入力させる部分など、使う文字が確定していない場合は、「TextMeshPro 常用漢字」でGoogle検索を行うと、常用漢字をすべてTextMesh Proで使用する方法が見つかります。ファイルサイズは大きくなりますが、TextMeshProでさまざまな文章を表示したい場合はとても有用ですので、参考にしてみてください。

◉ タイトルテキストを入力する

次にタイトル部分のテキストを入力します。Hierarchyウインドウで「Title」を選択し、Inspectorウインドウの「TextMeshPro - Text(UI)」コンポーネントのTextに「いきのこバトル」と入力します。

画面の中央に配置するため、Rect TransformコンポーネントのPos X、Pos Y、Pos Zをすべて「0」にしておきます。

図8.15 タイトルテキストの入力

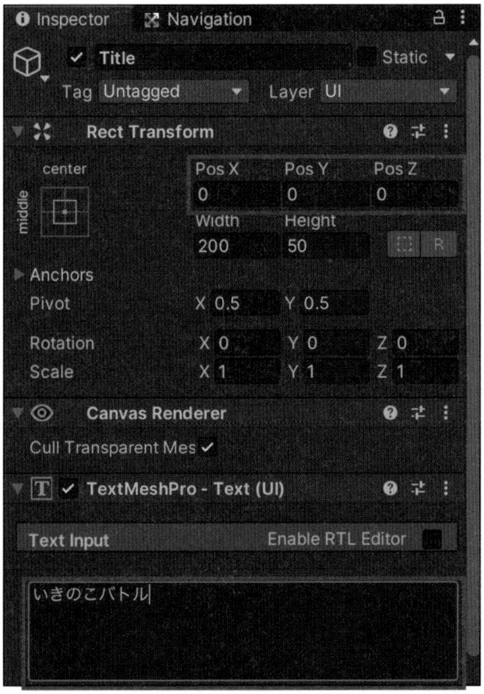

◉ タイトル文字を装飾する

続いてフォントの指定と文字の装飾を行います。

先ほどFont Asset Creatorで作成した「rounded-mplus-1c-heavySDF」を選択し、その他の設定を表8.3のように変更します。

表8.3 タイトル文字の装飾設定

項目	設定値
Font Size	80
Alignment	縦横共に「中央」
Wrapping	Disabled

TextMesh Pro らしく、文字を装飾してみましょう。

FaceとOutlineでそれぞれ「適当なColorとTexture」を選択し、OutlineのThicknessを「0.3」に設定します。この設定変更によって、文字とアウトラインにテクスチャを貼ることが可能になります。

図8.16 文字配置の設定

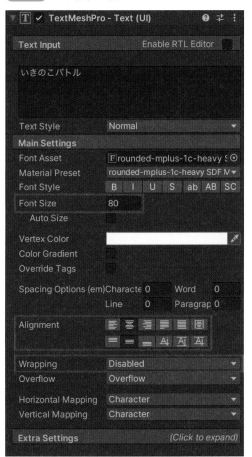

図8.17 文字装飾の設定

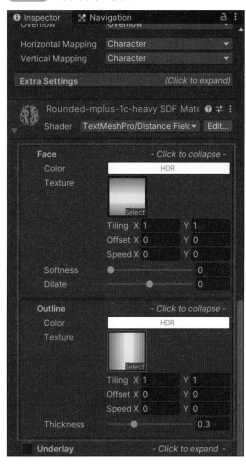

図8.18 文字装飾後のSceneビュー

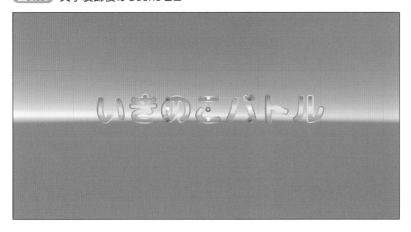

8-1-5 ボタンを配置する

タイトル画面にゲームのスタートボタンを配置してみましょう。

HierarchyウインドウのPanelで右クリックして「UI」→「Button」を選択し、名前は「StartButton」に変更します。

Hierarchyウインドウで「StartButton」を選択し、InspectorウインドウのRect TransformコンポーネントでPos Xを「0」、Pos Yを「-100」、Pos Zを「0」に変更し、Widthを「300」、Heightを「60」に変更します。

図8.19 ボタンの設定

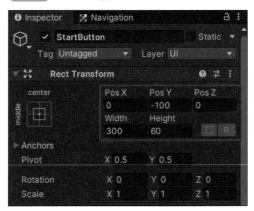

ボタン（StartButton）の子オブジェクトにはTextがあり、ここでボタンに表示される文字を指定します。

Textにアタッチされているテキストコンポーネントは、先ほどのTextMesh Proと比較すると機能はシンプルですが、インポートしたフォントがそのまま使えるという特徴があります。

HierarchyウインドウでStartButtonの下にある「Text」を選択し、InspectorウインドウのTextコンポーネントのTextを「スタート」、Fontを「rounded-mplus-1c-heavy」、Font Sizeを「40」に変更します。

図8.20 ボタン内の文字設定

図8.21 ボタン配置後のSceneビュー

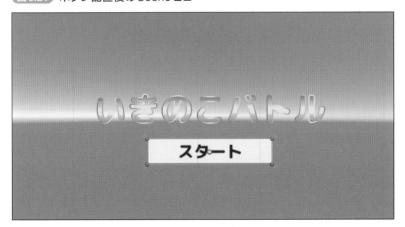

Anchor Presets

UIのゲームオブジェクトには、通常のTransformコンポーネントの代わりにUI用に拡張されたRect Transformコンポーネントがアタッチされています。

Rect Transformコンポーネントには、Anchor（アンカー）のしくみがあり、Anchor Presetsを使うことで「UIを親要素に対してどのように配置するか」を指定できます。

たとえば、親要素の中央に配置したり、親要素の大きさに併せて子UIのサイズを収縮させたりすることが可能で、使いこなせばUIの作成が格段に早くなります。

図8.a Anchor Presets

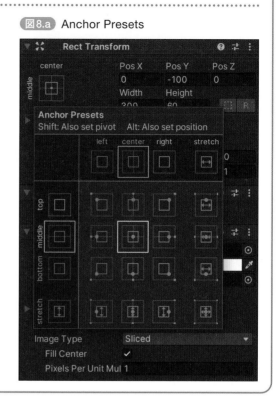

8-1-6 シーン遷移を実装する

次にボタンを押したときの処理として、シーンを遷移するスクリプト（StartButton.cs）を記述します（リスト8.1）。

リスト8.1 シーンを遷移するスクリプト（StartButton.cs）

```
using UnityEngine;
using UnityEngine.SceneManagement;
using UnityEngine.UI;

[RequireComponent(typeof(Button))]
public class StartButton : MonoBehaviour
{
    private void Start()
    {
        var button = GetComponent<Button>();
```

```
// ボタンを押下したときのリスナーを設定する
        button.onClick.AddListener(() =>
        {
            // シーン遷移の際にはSceneManagerを使用する
            SceneManager.LoadScene("MainScene");
        });
    }
}
```

　リスト8.1を「StartButton」にアタッチすると、ボタンがクリックされたときにMainSceneに遷移するようになります。

　なお、ボタンがクリックされた際の処理は、InspectorウインドウのButtonコンポーネントから実行するメソッドを直接指定することも可能です。

図8.22 Buttonコンポーネントでメソッドを指定

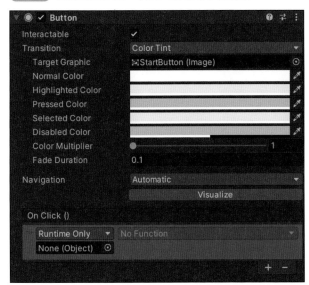

Tips ラムダ式

　リスト8.1では、「button.onClick.AddListener()」にラムダ式を渡しています。ラムダ式とは、無名関数（名前の付いていない関数）を表現する式のことで、その場で定義してすぐ関数として使用できるためとても便利です。

　ちなみに、AddListener()にラムダ式ではなく、普通のメソッドを渡すことも可能です。

8-1-7 シーンをビルド対象に追加する

　シーンを遷移させるには、シーンをビルド対象に追加する必要があります。反対に、デバッグ用のシーンなどはビルド対象に含めないようにしましょう。

　「File」→「Build Settings」（ショートカットは Command + Shift + B ）を選択してBuild Settingsを開きます。「Add Open Scene」ボタンをクリックして、開いているシーン（ここではTitleScene）をビルド対象に追加します。

　Chapter 7までで使用したMainSceneもビルド対象に追加しておきましょう。Projectウインドウの「IkinokoBattle」―「Scenes」に入っている「MainScene」を、Build Settingsの「Scenes In Build」にドラッグ＆ドロップして追加することができます。

　先頭に配置されているシーンがゲームで最初に開かれるシーンとなりますので、TitleSceneをScenes In Buildの先頭に配置しましょう。ドラッグ＆ドロップで順番を入れ替えることができます。

図8.23 シーンをビルド対象に追加

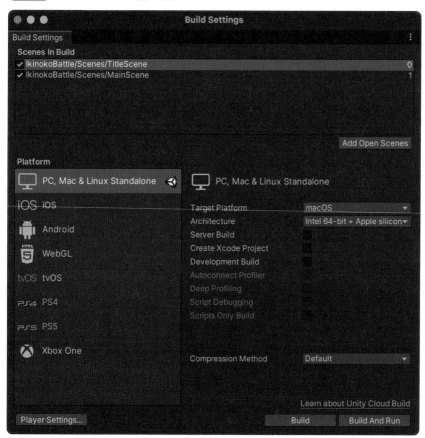

2Dゲームはどうやって制作する？

　Unityで2Dゲームを制作するためのしくみとして、SpriteやTilemapがあります。これらを使用する場合は、プロジェクトを作成する際に「2D」を選択するか、もしくはPackage Managerで2D関連のパッケージをインストールします。

　Hierarchyウインドウで右クリック→「2D Object」から2Dゲーム用のオブジェクトを配置し、あとは3Dゲームの場合と同様に、Collider2Dなどのコンポーネントをアタッチしたり、ボーンを仕込んでアニメーションを付けてゲームを形作っていきます（スーパーファミコン世代の筆者は、Tilemap機能でテンションがアガります）。

　また2Dゲームは、UIを使って制作することも可能です。Spriteの代わりにImageを使えば画像を表示でき、Collider2Dなども問題無くアタッチできます。

　では、2Dゲームを制作するときはどちらを使うのが正解でしょうか？

　ちょっとした2DゲームであればUIで制作しても全然かまいませんが、本格的に制作するのであればSpriteを使うのがオススメです。

　SpriteとUIでは描画方式やポリゴンの扱いなどに違いがあり、「UIは動かさなければ負荷が少ないが、動かすと負荷が高まる」という特徴があるためです。

　それぞれ得意不得意があるので、うまく使い分けてゲームを制作していきましょう。

図8.a Timemap

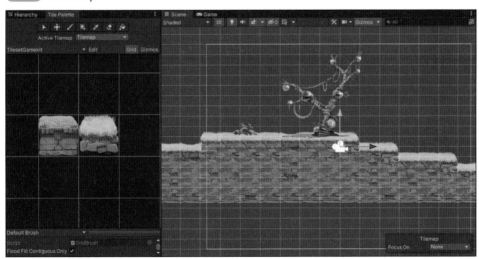

8-2 ゲームオーバー画面を作ろう

続いて、少し演出を入れつつゲームオーバー画面を作ってみましょう。

8-2-1 ゲームオーバー画面シーンの作成

ここから、ゲームオーバー画面のシーンを作成していきます。

「File」→「New Scene」を選択して（ショートカットは Command + N ）で新規シーンを作成し、名前を「GameOverScene」として保存します。

次にHierarchyウインドウで右クリックし、「UI」→「Panel」を選択してパネルを作成します。

Canvasの設定も必要となりますが、8-1-2 ～ 8-1-3 と同じ流れですので、参照して設定を行ってください。

8-2-2 UIに影を付ける

UIや2DのSpriteには、コンポーネントで影を付けることができます。デザインのアクセントになったり、同系色の背景に溶け込みづらくすることもできますので、試してみましょう。

影をわかりやすくするため、Panelの背景色を黄色に変更しておきます。

Hierarchyウインドウで「Canvas」―「Panel」を選択し、InspectorウインドウのImageコンポーネントのColorを変更します。Rを「255」、Gを「255」、Bを「0」、Aを「255」に設定することで、不透明の黄色を指定できます。

図8.24 Panelの色を設定

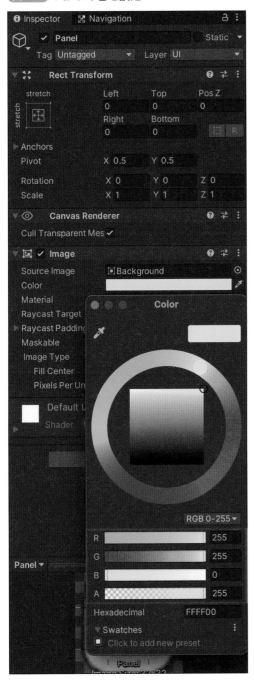

次にHierarchyウインドウの「Canvas」ー「Panel」で右クリックし、「UI」→「Text」でTextを作成します。名前は「GameOver」にしておきましょう。

Hierarchyウインドウで「GameOver」を選択し、InspectorウインドウのTextコンポーネントで表8.4のように設定します。

表8.4 Textコンポーネントの設定

項目	設定値
Text	GAMEOVER
Font	roundedmplus-1c-heavy
Font Size	80
Alignment	縦横とも中央寄せ
Horizontal Overflow	Overflow
VerticalOverflow	Overflow
Color	白

図8.25 UIのテキスト作

UIに影を付けてみましょう。

Hierarchyウインドウで「GameOver」を選択し、Inspectorウインドウの「Add Component」ボタンをクリックして、「Shadow」コンポーネントを追加します。

ShadowコンポーネントのEffectDistance、Xを「3」、Yを「-3」に変更すると、文字に影が付きました。

図8.26 Shadowコンポーネントの設定

図8.27 文字に影が付いた

Coffee Break

Outlineコンポーネントはちょっとイケてない

　Shadowの代わりにOutlineというコンポーネントを使用すると、UIやSpriteにアウトラインを付けることができます。

　ShadowやOutlineのコンポーネントは、対象のオブジェクトをずらして描画することで影やアウトラインを実現しています。Shadowは影の位置に一度描画するだけですが、Outlineは四方にずらして描画します。

　太いアウトラインを描きたいときが困りモノで、「四方にずらして描画する」という特性上、ずらす距離を大きくするだけだと、角の欠けた汚いアウトラインになってしまいます。

　ずらす距離を小さくしたOutlineコンポーネントを複数アタッチすることでアウトラインを滑らかにできますが、描画回数が跳ね上がるため、パフォーマンスには悪影響を及ぼします。

　太いアウトラインを付けたいときは、Outlineコンポーネントは使用せず、テキストの場合はTextMesh Pro、画像の場合は画像自体を加工することをオススメします。

8-2-3 Tweenアニメーションを使う

「GAME OVER」の文字にアニメーションを付けてみましょう。

　Unityでアニメーションを付けるには、Chapter 7で解説したAnimatorを使う方法の他に、Assetを利用して、Tweenアニメーションにする方法があります。

　ボーンを使った本格的なアニメーションではAnimatorが向いていますが、移動・拡大・回転などのシンプルなアニメーションであれば、Tweenアニメーションを利用することでかんたんに実装することができます。

　ちなみに、Tweenアニメーションは、中間を意味する「Between」が語源になっています。初期状態とアニメーション後の状態を指定すると、ライブラリがその中間の状態を補完し、滑らかなアニメーションを実現しています。

◉ DOTweenのインポート

　Tweenアニメーション用のAssetはいくつか存在しますが、今回は非常に使いやすくて人気のDOTweenを利用します。

　Asset StoreでDOTweenをダウンロード・インポート（**5-1-3参照**）を行います。インポートが完了すると、DOTweenのセットアップを案内するダイアログが開きますので、「Open DOTween Utility Panel」をクリックします。

図8.28 DOTweenのインポート

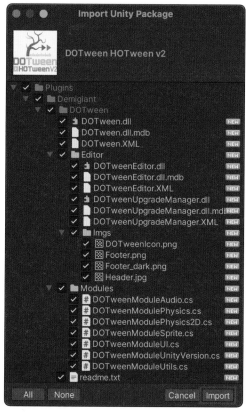

図8.29 DOTweenのダイアログ

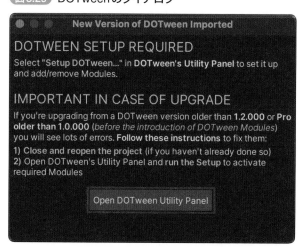

DOTween Utility Panelウインドウが開きますので、「Setup DOTween」ボタンをクリックし、次のウインドウで「Apply」ボタンをクリックすると、必要なモジュールをインストールできます。

図8.30 DOTween Utility Panel（その1）

図8.31 DOTween Utility Panel（その2）

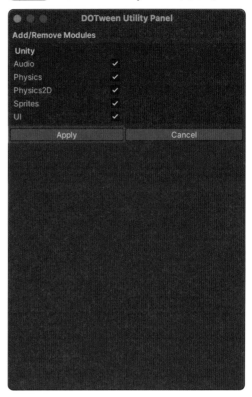

なおパネルを閉じてしまった場合は、「Tools」→「Demigiant」→「DOTween Utility Panel」で開くことができます。

◉ Tweenアニメーションを付ける

次にGAME OVERのテキストに以下のアニメーションを付与するため、スクリプト（GameOverTextAnimator.cs）を記述します（リスト8.2）。

- 上から現れ、画面中央まで移動する
- 移動完了時に振動する

リスト8.2 Tweenアニメーションを付けるスクリプト（GameOverTextAnimator.cs）

```csharp
using DG.Tweening;
using UnityEngine;
using UnityEngine.SceneManagement;

public class GameOverTextAnimator : MonoBehaviour
{
    private void Start()
    {
        var transformCache = transform;
        // 終点として使用するため、初期座標を保持する
        var defaultPosition = transformCache.localPosition;
        // いったん上の方に移動させる
        transformCache.localPosition = new Vector3(0, 300f);
        // 移動アニメーションを開始する
        transformCache.DOLocalMove(defaultPosition, 1f)
            .SetEase(Ease.Linear)
            .OnComplete(() =>
            {
                Debug.Log("GAME OVER!!");
                // シェイクアニメーション
                transformCache.DOShakePosition(1.5f, 100);
            });
        // DOTweenには、Coroutineを使わずに任意の秒数を待てる便利メソッドも搭載されている
        DOVirtual.DelayedCall(10, () =>
        {
            // 10秒待ってからタイトルシーンに遷移する
            SceneManager.LoadScene("TitleScene");
        });
    }
}
```

　ちなみに、リスト8.2では、「OnComplete()」を使って前のTweenアニメーションの実行を待ってから、次のアニメーションを仕込んでいます。アニメーション以外の処理を行わない場合は、Tweenアニメーションを結合できる「DOTween.Sequence()」を使ってアニメーションを結合する方がスマートです。使い方を詳しく知りたい場合は、「DOTween　Sqeuence」でGoogle検索を行ってみてください。

　また、拡大・縮小や回転を行いたい場合は「DOScale()」や「DORotate()」などのメソッドがありますので、そちらを利用してください。

　他にもさまざまなメソッドがありますので、公式ドキュメント（http://dotween.demigiant.com/documentation.php）にも目を通してみてください。英語が苦手な場合は、「DOTween使い方」でGoogle検索を行うと、ためになる記事がたくさん見つかります。

　あとはHierarchyウインドウで「GameOver」を選択して、**リスト8.2**をアタッチすれば、アニ

メーションが実行されます。

図8.32 GameOverTextAnimationをアタッチ

Coffee Break

DOTween のハマりポイント

　DOTweenは、2Dゲーム・UIなどでよく利用しますので、ありがちなハマりポイントを紹介します。

- **Time.timeScale を「0」にすると、Tween アニメーションが動かなくなった**
  Tweener に対して .SetUpdate(true) と指定することで、Time.timeScale の値に影響されずアニメーションが実行されます。ポーズ画面でゲームは停止させたいが、UIはアニメーションさせる場合などで活用できます。
- **Tween アニメーションを設定しているのに、意図と異なる動きをする**
  別の Tweener が生きていて、アニメーションを実行し続けている可能性があります。アニメーションを完全に止めたい場合は、Tweener の .DOKill() を実行しましょう。
- **アニメーションをループさせたい**
  Tweener の .SetLoop() で回数やループ方法を指定することができます。
- **コルーチンで Tween アニメーションの完了を待ちたい**
  Tweener の .WaitForCompletion() で IEnumerator 型の戻り値が得られますので、これを yield を使って待てば OK です。
- **アニメーションを繰り返すとオブジェクトの位置や大きさが少しずつずれる**
  同じゲームオブジェクトに何度もアニメーションを適用すると、ちょっとしたズレが積み重なり、オブジェクトの位置や大きさが大きくズレることがあります。デフォルトの座標や大きさを保持しておき、アニメーション実行前にセットし直すと安心です。

8-2-4 メイン画面からゲームオーバー画面に遷移させる

　シーンを遷移させるには、遷移先のシーンをビルド対象に追加する必要があります。

　TitleScene のときと同様に、Build Settings の Scenes In Build に「GameOverScene」を追加します。8-1-7 を参照して設定を行ってください。

図8.33 ビルド対象にGameOverSceneを追加

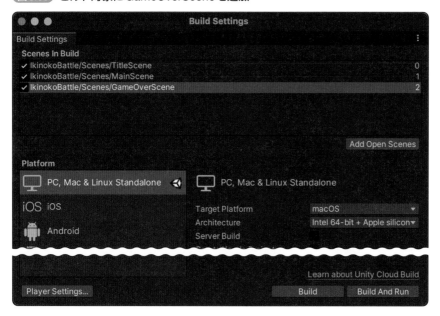

　次にPlayerStatus.csを**リスト8.3**のように書き換えれば、プレイヤーのライフが0になった
ときにゲームオーバー画面に遷移します。

リスト8.3 PlayerStatus.csの書き換え

```
using UnityEngine;
using System.Collections;
using UnityEngine.SceneManagement;

public class PlayerStatus : MobStatus
{
    protected override void OnDie()
    {
        base.OnDie();
        プレイヤーが倒れたときのゲームオーバー処理
        StartCoroutine(GoToGameOverCoroutine());
    }

    private IEnumerator GoToGameOverCoroutine()
    {
        3秒待ってからゲームオーバーシーンへ遷移
        yield return new WaitForSeconds(3);
        SceneManager.LoadScene("GameOverScene");
    }
}
```

8-3 アイテムを出現させよう

アイテム欄などのUIを作成する前に、アイテムの実装を行っていきましょう。ここでは、敵キャラクターから木のアイテムと石のアイテムを出現させるようにしていきます。

8-3-1 アイテムのスクリプトを書く

まずアイテムのスクリプト (Item.cs) を記述します (リスト8.4)。アイテムを取った際の処理はいったん後回しにします。

リスト8.4 アイテムのスクリプト (Item.cs)

```
using DG.Tweening;
using UnityEngine;

[RequireComponent(typeof(Collider))]
public class Item : MonoBehaviour
{
    アイテムの種類定義
    public enum ItemType
    {
        Wood,      木
        Stone,     石
        ThrowAxe   投げオノ（木と石で作る！）
    }

    [SerializeField] private ItemType type;

    初期化処理
    public void Initialize()
    {
        アニメーションが終わるまでcolliderを無効化する
        var colliderCache = GetComponent<Collider>();
        colliderCache.enabled = false;
        出現アニメーション
        var transformCache = transform;
        var dropPosition = transform.localPosition +
```

```
        new Vector3(Random.Range(-1f, 1f), 0, Random.Range(-1f, 1f));
    transformCache.DOLocalMove(dropPosition, 0.5f);
    var defaultScale = transformCache.localScale;
    transformCache.localScale = Vector3.zero;
    transformCache.DOScale(defaultScale, 0.5f)
        .SetEase(Ease.OutBounce)
        .OnComplete(() =>
        {
```
アニメーションが終わったらcolliderを有効化する
```
            colliderCache.enabled = true;
        });
    }

    private void OnTriggerEnter(Collider other)
    {
        if (!other.CompareTag("Player")) return;
```
TODO プレイヤーの所持品として追加する

オブジェクトを破棄する
```
        Destroy(gameObject);
    }
}
```

　続いて、敵を倒したときにアイテムを出現させるスクリプト（MobItemDropper.cs）を記述します（リスト8.5）。

リスト8.5 敵を倒したときにアイテムを出現させるスクリプト（MobItemDropper.cs）

```
using UnityEngine;
using Random = UnityEngine.Random;

[RequireComponent(typeof(MobStatus))]
public class MobItemDropper : MonoBehaviour
{
    [SerializeField] [Range(0, 1)] private float dropRate = 0.1f;  アイテム出現確率
    [SerializeField] private Item itemPrefab;
    [SerializeField] private int number = 1;  アイテム出現個数

    private MobStatus _status;
    private bool _isDropInvoked;
    private void Start()
    {
        _status = GetComponent<MobStatus>();
    }

    private void Update()
```

```
    {
        if (_status.Life <= 0)
        {
            // ライフが尽きたときに実行する
            DropIfNeeded();
        }
    }

    // 必要であればアイテムを出現させる
    private void DropIfNeeded()
    {
        if (_isDropInvoked) return;

        _isDropInvoked = true;

        if (Random.Range(0, 1f) >= dropRate) return;

        // 指定個数分のアイテムを出現させる
        for (var i = 0; i < number; i++)
        {
            var item = Instantiate(itemPrefab, transform.position,
Quaternion.identity);
            item.Initialize();
        }
    }
}
```

8-3-2 アイテムのPrefabを準備する

　Projectウインドウで MainScene を開き、アイテムの準備を進めていきます。2Dモードになっている場合は、Scene ビュー上部の「2D」をクリックして解除しておきましょう。

　木のアイテムは「Scenes」-「Low_Poly_Survival」-「Prefabs」の下にある Stump、石のアイテムは「Scenes」-「Low_Poly_Survival」-「Prefabs」-「Stone」の下にある Stone_3 を使用します。それぞれ Scene にドラッグして配置し、木の名前を「Item_Wood」、石の名前を「Item_Stone」に変更しておきます。

　そのままでは少しサイズが大きいため、Inspector ウインドウで Transform コンポーネントのItem_WoodのScaleのXを「0.5」、Yを「0.5」、Zを「0.5」に変更します。同様にItem_StoneのScaleのXを「0.1」、Yを「0.1」、Zを「0.1」に変更します。

　またデフォルトの Collider では、当たり判定が小さくてアイテムを拾いづらくなるため、Item_WoodとItem_Stone の Mesh Collider コンポーネントを削除し、代わりに「Sphere Collider」コンポーネントを追加します。

　Item_Wood を選択して Sphere Collider コンポーネントのIsTriggerにチェックを付け、

Radiusを「1」に設定します。同様にItem_WoodもIsTriggerにチェックを付け、Radiusを「5」に設定します。

その後、Item_WoodとItem_Stoneに先ほど作成したItem.cs（リスト8.4）をアタッチします。Item_WoodのItemコンポーネントではTypeを「Wood」、Item_StoneのItemコンポーネントではTypeを「Stone」に変更します。

図8.34 Item_Woodの設定

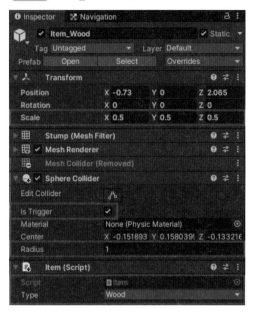

図8.35 Item_Stoneの設定

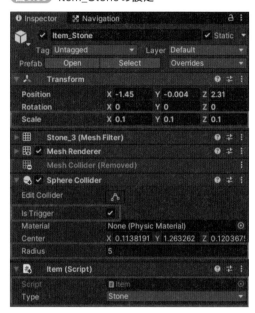

図8.36 設定変更後のSceneビュー

2つのアイテムをProjectウインドウの「IkinokoBattle」−「Prefabs」フォルダにドラッグ＆ドロップしてPrefab化を行います。

Create Prefabダイアログが出てきたら「Original prefab」ボタンをクリックしてPrefab化します。Prefab化できたら、アイテムをシーンから削除しておきます。

図8.37 アイテムをPrefab化

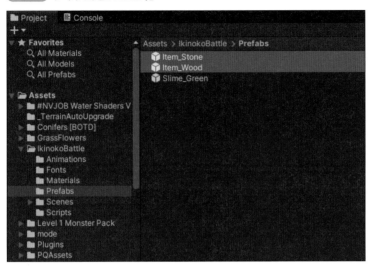

8-3-3 敵を倒したときにアイテムを出現させる

敵を倒したときにアイテムを出現させるためには、Projectウインドウの「IkinokoBattle」ー「Prefabs」フォルダにあるSlime_Greenの「Prefab」を選択し、先ほど作成したMobItemDropper.cs（リスト8.5）をアタッチします。

InspectorウインドウのMob Item DropperコンポーネントのDrop Rateを「0.5」（50％）、Item Prefabを「Item_Wood」に変更し、Numberを「10」に変更します。

ゲームを再生すると、敵が50％の確率で木を10本落とすようになります。

図8.38 Mob Item Dropperコンポーネントの設定

オブジェクトプールを使うべし

　今回のアイテム出現処理には、改善すべき点があります。それは、アイテムの出現時にInstantiate()を使っているという点です。Instantiate()でのゲームオブジェクトの生成は負荷が高くなるため、多くのアイテムを一度に生成しようとすると処理落ちしてしまいます。

　これを回避するために、たくさん出現するオブジェクトはシーン開始時に必要な数を生成かつ隠しておき、後で使い回す手法があります。これをオブジェクトプールと呼びます。

　オブジェクトプールのしくみはとてもかんたんです。まずはシーンの最初にゲームオブジェクトをInstantiate()し、SetActive(false)して非表示の状態にします。このとき、ゲームオブジェクトを配列やリストに保持しておきます。

　その後ゲームオブジェクトが必要になったときは、配列からactiveSelfがfalseのゲームオブジェクト(非表示状態のオブジェクト)を取り出し、SetActive(true)してから好きな座標に配置します。オブジェクトが不要になった際は、Destroy()で破棄するのではなく、再びSetActive(false)して非表示にします。

　オブジェクトプールはシンプルながらも効果は絶大で、若干のメモリを消費しますが、負荷を大幅に抑えることができます。

8-3-4 JSONを利用してデータを保存する

　アイテム欄を作成するためには「自分がどのアイテムを何個持っているか」の情報が必要です。所持アイテムのデータ(種類・個数)をどのように保存するかを考える必要があります。

◉ Unityでのデータ保存方法

　Unityにはさまざまなデータ保存方法があります。主な方法は以下の通りです。

- PlayerPrefs
  Unityには、PlayerPrefsというデータ保存用の機能があります。キーと値を指定して保存・読み込みするだけですので、とてもかんたんに利用できます。
- ファイル
  PlayerPrefを使わず、ファイルとしてデータを保存することも可能です。
- サーバー
  クラウドサービスなどを利用して、サーバー側にデータを保存することも可能です。便利で強力ですが、サービスに応じた実装が必要になることに加え、チートやハッキングなどが起こると、他のプレイヤーにも大きな影響を与えかねないため、注意が必要です。

　今回は、Unityで一番シンプルなデータ保存方法であるPlayerPrefsを利用します。

◉ 暗号化でチート対策

PlayerPrefsやファイルなどは、かんたんにデータを覗き見ることができます。ソロプレイ専用のゲームでも、スコアランキングなどで不正行為があると、他のプレイヤーのモチベーションを下げてしまいかねません。

セーブデータを暗号化して保存すれば、データ改ざんの難易度を大きく上げることができます。無料で使えるシンプルな暗号化Assetもありますので、試してみるのも良いでしょう。ちなみに筆者は「AesEncryptor」というAssetを使用しています。

◉ PlayerPrefsへのデータ保存方法

PlayerPrefsには、以下の3種類の型のデータが保存できます。

- int
- float
- string

使い方はとてもかんたんで、以下のようにPlayerPrefsクラスのSet○○()、Get○○()、Save()メソッドを呼び出すだけです。

```
using UnityEngine;

public class PlayerPrefsTest : MonoBehaviour
{
    PlayerPrefsのデータ読み書きに使うキーは、タイプミスを避けるために定数などで宣言しておいた方が良い
    private const string TestKey = "TEST";
    private void Start()
    {
        保存するデータ
        var testData = "This is Test!!";

        Stringをセット
        PlayerPrefs.SetString(TestKey, testData);
        保存
        PlayerPrefs.Save();

        保存したStringの読み込み。
        一度保存したあとは、保存処理をコメントアウトしても「This is Test!!」が読み込める
        var savedData = PlayerPrefs.GetString(TestKey);
        Debug.Log(savedData);
    }
}
```

　ただし、所持アイテムのデータは「どのような種類のアイテムを何個持っているか」などの情報を持つ必要があります。

　前述の3種類の型にそのまま入れようとすると、「アイテムの種類ごとにキーを定義し、int で個数を保存する」といったように、管理が面倒になります。所持アイテムは、可能であればまとめて管理したいところです。

　このような場合に役立つのが、オブジェクトをJSONにシリアライズする処理です。

　Unityでは、クラスにひと手間加えることで、インスタンスを丸ごとJSONに変換（シリアライズと呼びます）したり、JSONからオブジェクトを復元（デシリアライズと呼びます）したりできます。

◉ JSONとは

　JSON（JavaScript Object Notation）とは、ブラウザーやサーバー上で動くプログラム言語であるJavaScriptをベースにしたデータフォーマットです。

　JSONは以下のように文字列のみで構成されているためわかりやすく、かつ軽量で扱いやすいため、JavaScriptに限らずさまざまな言語で利用されています。

```
{
    "キーその1": "データ",
    "キーその2": "データその2"
}
```

◉ オブジェクトとJSONの相互変換

　所持アイテムの保存・復元ができるクラス（OwnedItemsData.cs）を作ってみましょう（リスト8.6）。サンプルゲームはセーブデータを1つしか持たないため、同じインスタンスをどこからでも呼び出せるシングルトンパターンで実装しています。ゲームオブジェクト用のスクリプトではないため、アタッチする必要はありません。

リスト8.6 所持アイテムの保存・復元クラス（OwnedItemsData.cs）

```
using System;
using System.Linq;
using System.Collections.Generic;
using UnityEngine;

[Serializable]
public class OwnedItemsData
{
    PlayerPrefs保存先キー
    private const string PlayerPrefsKey = "OWNED_ITEMS_DATA";
```

インスタンスを返す

```csharp
public static OwnedItemsData Instance
{
    get
    {
        if (null == _instance)
        {
            _instance = PlayerPrefs.HasKey(PlayerPrefsKey)
                ? JsonUtility.FromJson<OwnedItemsData>(PlayerPrefs.
                    GetString(PlayerPrefsKey))
                : new OwnedItemsData();
        }

        return _instance;
    }
}

private static OwnedItemsData _instance;
```

所持アイテム一覧を取得する

```csharp
public OwnedItem[] OwnedItems
{
    get { return ownedItems.ToArray(); }
}
```

どのアイテムを何個所持しているかのリスト

```csharp
[SerializeField] private List<OwnedItem> ownedItems = new List<OwnedItem>();
```

コンストラクタ
シングルトンでは外部からnewできないようコンストラクタをprivateにする

```csharp
private OwnedItemsData()
{
}
```

JSON化してPlayerPrefsに保存する

```csharp
public void Save()
{
    var jsonString = JsonUtility.ToJson(this);
    PlayerPrefs.SetString(PlayerPrefsKey, jsonString);
    PlayerPrefs.Save();
}
```

アイテムを追加する

```csharp
public void Add(Item.ItemType type, int number = 1)
{
    var item = GetItem(type);
    if (null == item)
    {
        item = new OwnedItem(type);
        ownedItems.Add(item);
    }
    item.Add(number);
```

```
    }

    // アイテムを消費する
    public void Use(Item.ItemType type, int number = 1)
    {
        var item = GetItem(type);
        if (null == item || item.Number < number)
        {
            throw new Exception("アイテムが足りません");
        }
        item.Use(number);
    }
    // 対象の種類のアイテムデータを取得する
    public OwnedItem GetItem(Item.ItemType type)
    {
        return ownedItems.FirstOrDefault(x => x.Type == type);
    }
}


// アイテムの所持数管理用モデル
[Serializable]
public class OwnedItem
{
    // アイテムの種類を返す
    public Item.ItemType Type
    {
        get { return type; }
    }
    public int Number
    {
        get { return number; }
    }
    // アイテムの種類
    [SerializeField] private Item.ItemType type;
    // 所持個数
    [SerializeField] private int number;
    // コンストラクタ
    public OwnedItem(Item.ItemType type)
    {
        this.type = type;
    }
    public void Add(int number = 1)
    {
        this.number += number;
    }
    public void Use(int number = 1)
    {
        this.number -= number;
    }
}
}
```

最後に、アイテム実装時に後回しにしていた「所持アイテムへの追加処理」を作りましょう。Item.cs（リスト8.4）を開いて、TODOコメントを書いていた個所を**リスト8.7**のように書き換えます。

リスト8.7 Item.csの書き換え

```
略
public class Item : MonoBehaviour
{
略

    private void OnTriggerEnter(Collider other)
    {
        if (!other.CompareTag("Player")) return;
        プレイヤーの所持品として追加する
        OwnedItemsData.Instance.Add(type);
        OwnedItemsData.Instance.Save();
        所持アイテムのログを出力する
        foreach (var item in OwnedItemsData.Instance.OwnedItems)
        {
            Debug.Log(item.Type + "を" + item.Number + "個所持");
        }
        オブジェクトを破棄する
        Destroy(gameObject);
    }
}
```

これで、アイテムを取得した際に所持アイテムの個数が増えるようになりました。

Tips **シリアライズできないものに注意！**

Dictionary型やDateTime型など、よく使う型でもJSONにシリアライズできないものがあります。また、フィールドをreadonlyにすると、シリアライズ対象からは外れますので、注意してください。

8-4 ゲーム画面のUIを作ろう

アイテムの準備が整ったところで、ゲーム画面のUIを作っていきましょう。

8-4-1 メニューを追加する

まずゲーム画面に常に表示するメニューボタンを追加します。Sceneビューで2Dモードを
ONにしておきましょう。

MainSceneを開いてHierarchyウインドウ
で右クリックし、「UI」→「Image」を選択し
ます。Canvasの名前を「Menu」、Imageの名
前を「Buttons」と指定します。

Hierarchyウインドウで「Menu」を選択し、
Inspectorウインドウの Canvas Scaler コン
ポーネントで、UI Scale Modeを「Scale with
Screen Size」、Reference Resolutionを「960
×540」に変更して、Screen Match Modeを
「Expand」にします。

図8.39 ボタンを入れるUIを準備する

図8.40 Canvas Scaler コンポーネント

◉ ボタンの設定

次はボタンの入れ物として使うButtonsの設定を行います。

HierarchyウインドウでMenuの下にある「Buttons」を選択し、Inspectorウインドウで「Add Component」ボタンをクリックして、Horizontal Layout GroupコンポーネントとContent Size Fitterコンポーネントを追加します。

Horizontal Layout Groupコンポーネントは、子UIを横に等間隔で並べるコンポーネントです（縦向きに並べる場合は、Vertical Layout Groupコンポーネントを使用します）。

Content Size Fitterコンポーネントは、子UIのサイズに応じて親UIのサイズを自動調整するコンポーネントです。

Horizontal Layout Groupコンポーネントの Spacing（子UI同士の間隔）を「20」、Child Alignment（子UIの配置位置）を「Lower Center」（下段中央寄せ）に変更します。

Content Size Fitterコンポーネントの Horizontal Fitでは、「Min Size」を選択します。これで子UIが最低限必要な幅に応じて、Buttonsの幅が自動的に変化するようになりました。

Buttonsはボタンを入れる枠として使うだけですので、Imageコンポーネントは削除しておきます。

図8.41 Buttonsの設定

ここまで完了したら、Buttonsの子要素としてボタンを3つ作成します。

Hierarchyウインドウで「Buttons」を選択して右クリックし、「UI」→「Button」を選択します。この手順を3回繰り返して3つのボタンを作成し、それぞれの名前を「PauseButton」「ItemsButton」「RecipeButton」に変更します。

各ボタンのInspectorウインドウのRect TransformコンポーネントでWidthは「100」、Heightは「40」に設定します。

図8.42 Buttonの設定

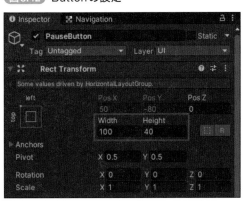

またHierarchyウインドウで各ボタンの下にある「Text」を選択し、Inspectorウインドウの
Textコンポーネントの Textをそれぞれ「ポーズ」「アイテム」「レシピ」に変更し、フォントは
「rounded-mplus-1c-heavy」を選択、Font Sizeは「20」に変更します。

図8.43 Textの設定

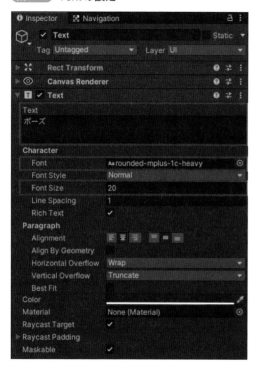

図8.44 3つのボタンを作成

◉ レイアウトの調整

続いてレイアウトを調整します。今回は
Buttonsを画面の左下に配置するようにしま
す。

Hierarchyウインドウで「Buttons」を選択
し、Inspectorウインドウの Rect Transform
コンポーネント左上にある■をクリックし
てAnchor Presetsを開き、■(buttom、left)
を選択します。

図8.45 Anchor Presets

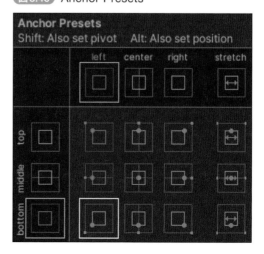

またPivotのXを「0」、Yを「0」に変更します。

Anchorを変更したことで、Buttonsは親要素の左下を基準として配置されます。かつPivotを変更したことで、Buttonsの基準点が左下になりました。

この状態でRectTransformコンポーネントのPos Xを「20」、Pos Yを「20」と指定すると、画面の左下から(20,20)の位置にButtonsが配置されます。

図8.46 ButtonsのRect Transform設定

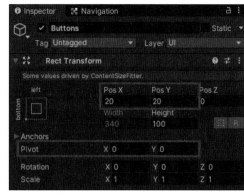

図8.47 ボタン配置後のGameビュー

このように、AnchorとPivotを使いこなすことで、自在にUIのレイアウトを設定できます。

UIは手動で調整するとどうしてもズレが出てきます。ボタン同士の間隔などは、ルールを決めてカッチリと組み立てた方がまとまりが出ます。

8-4-2 ポーズ機能の実装

ポーズボタンがクリックされたときに、ゲームが一時停止するように設定してみましょう。

まずポーズ中に表示されるUIを準備します。Hierarchyウインドウの「Menu」で右クリックし、「UI」→「Panel」を選択してButtonsと同じ階層にPanelを作成し、名前を「PausePanel」に変更します。

同じ階層にあるUIは、Hierarchyウインドウの下に位置しているものほど、前面に表示されます。今回はポーズボタンが押されたときにポーズメニューが開くようにしたいので、PausePanelはButtonsの下に位置するようにしてください。

Hierarchyウインドウで「PausePanel」を選
択して、InspectorウインドウのImageコン
ポーネントの「Color」をクリックして、設定
をRを「0」Gを「0」Bを「0」Aを「100」（半透
明の黒）に変更します。

図8.48 PausePanelの設定

Hierarchyウインドウの「PausePanel」を選
択して右クリックし、「UI」→「Button」を選
択して、PausePanelの中央にポーズ解除用
の ボ タン を 配 置 し ま す。 ボ タ ン 名 を
「ResumeButton」に 変 更 し、Inspectorウ イ
ン ド ウ の Rect Tranformコンポーネントで
Widthを「100」、Heightを「40」に設定します。

図8.49 ResumeButtonの設定

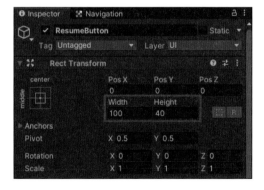

またHierarchyウインドウでResumeButtonの下にある「Text」を選択し、Inspectorウインド
ウのTextコンポーネントのTextをそれぞれ「再開」に変更し、フォントは「rounded-mplus-1c-
heavy」を選択、Font Sizeは「20」に変更します。

図8.50 Textの設定

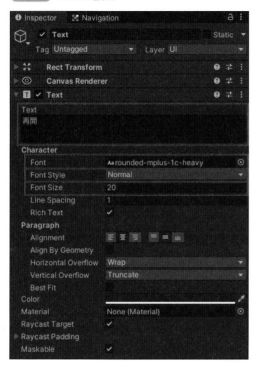

図8.51 設定後のHierarchyウインドウ

```
▼ ⬡ Menu
  ▶ ⬡ Buttons
  ▼ ⬡ PausePanel
    ▼ ⬡ ResumeButton
        ⬡ Text
```

続いてスクリプトを作成します。メニューにはポーズ以外にもいくつかの機能を持たせますので、今回はMenu.csを作成してまとめて実装します（リスト8.8）。

リスト8.8 メニュー制御スクリプト（Menu.cs）

```
using UnityEngine;
using UnityEngine.UI;

public class Menu : MonoBehaviour
{
    [SerializeField] private ItemsDialog itemsDialog;
    [SerializeField] private Button pauseButton;
    [SerializeField] private GameObject pausePanel;
    [SerializeField] private Button resumeButton;

    [SerializeField] private Button itemsButton;
    [SerializeField] private Button recipeButton;

    private void Start()
    {
        pausePanel.SetActive(false);    ポーズのパネルは初期状態では非表示にしておく

        pauseButton.onClick.AddListener(Pause);
```

```
        resumeButton.onClick.AddListener(Resume);
        itemsButton.onClick.AddListener(ToggleItemsDialog);
        recipeButton.onClick.AddListener(ToggleRecipeDialog);
    }

    ゲームを一時停止する
    private void Pause()
    {
        Time.timeScale = 0;      Time.timeScaleで時間の流れの速さを決める。0だと時間が停止する
        pausePanel.SetActive(true);
    }

    ゲームを再開する
    private void Resume()
    {
        Time.timeScale = 1;      また時間が流れるようにする
        pausePanel.SetActive(false);
    }

    アイテムウインドウを開閉する
    private void ToggleItemsDialog()
    {
        TODO後で実装する
    }

    レシピウインドウを開閉する
    private void ToggleRecipeDialog()
    {
        TODO後で実装する
    }
}
```

作成したMenu.csをMenuにアタッチします。InspectorウインドウのMenu(Script)コンポーネントで、Panel Button、Pause Panel、Resume Button、Items Button、Recipe Buttonに同じ名前のUIオブジェクトをセットします。

図8.52 Menuコンポーネント

これでポーズ機能が動くようになりました。ゲームを実行して試してみましょう。

8-4-3 アイテム欄の実装

所持アイテムを一覧表示できる、アイテム欄のUIを実装します。

◉ サンプルSpriteのインポート

本書サポートページ (https://gihyo.jp/book/2021/978-4-297-12433-5/support) を参考に、筆者のサポートページからIkinokoBattle8_Sprites.unitypackageをダウンロードします。

ダブルクリックした開いたImport Unity Packageダイアログで「Import」をクリックしてインポートします。

図8.53 画像データのインポート

◉ UIの作成

Hierarchyウインドウの「Menu」を選択して右クリックし、表示されるメニューで「UI」→「Panel」を選択してPanelを作成します。名前を「ItemsDialog」とします。

PausePanelを最前面に表示させるために、ItemsDialogをButtonsとPausePanelの間に移動しておきます。

図8.54 ItemsDialogの位置を変更

Hierarchyウインドウで「ItemsDialog」を選択し、Rect Tranformコンポーネントの Anchor Presets (8-4-1参照) を「middle、center」に設定し、Widthを「620」、Heightを「380」に変更します。

PausePanelが最前面に表示された状態ではItemsDialogが見えづらくなるため、Sceneビューでは、PausePanelが表示されないようにします。

Hierarchyウインドウで PausePanel の左側の空きスペースをクリックし、目アイコン  を斜線が入ったマークにすると、そのゲームオブジェクトは Scene ビューでは表示されなくなります。

図8.55 ItemsDialog の設定

図8.56 ゲームオブジェクトを Scene ビューで表示させないようにする

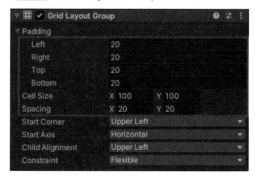

Hierarchyウインドウで「ItemsDialog」を選択し、ImageコンポーネントのColorを選択してR・G・B・Aの値をすべて「255」(不透明の白)に変更します。

Inspectorウインドウで下にある「Add Component」ボタンをクリックし、Grid Layout Groupコンポーネントをアタッチします。

Grid Layout Groupコンポーネントは、グリッドレイアウトを実現するもので、アイコンやボタンが規則正しく並ぶようなUIを作成する際に向いています。

Grid Layout GroupコンポーネントのPaddingを展開し、表8.5のように設定を変更します。

表8.5 Padding の設定

項目		設定値
Left		20
Right		20
Top		20
Bottom		20
Cell Size	X	100
	Y	100
Spacing	X	20
	Y	20

図8.57 Grid Layout Group コンポーネント

次にアイテムのアイコンと個数が表示されるアイテムボタンを準備します。

Hierarchyウインドウの ItemsDialog を選択して右クリックし、「UI」→「Button」を選択して Button を作成し、名前を「ItemButton」とします。ボタンのサイズは Grid Layout Group で自動調整を行うため、そのままでかまいません。

作成した「ItemButton」を選択して右クリックし、「UI」→「Image」を選択して Image を作成します。名前は「Image」のままでかまいません。

作成した「Image」を選択し、Inspector ウインドウの Rect Tranform コンポーネントで Width を「90」、Height を「90」に変更します。

図8.58 アイコンを表示する部分の設定

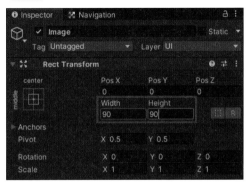

Hierarchy ウインドウの ItemButton を選択して、「UI」→「Text」を選択して Text を作成し、名前を「Number」に変更します。また並び順を Image の下に移動しておきます。

作成した Number を選択し、Inspector ウインドウの Text コンポーネントで表8.6のように設定を変更します。

図8.59 個数を表示する部分の設定

表8.6 Text コンポーネントの設定

項目1	項目2	設定値
Text	Text	99
Character	Font	rounded-mplus-1c-heavy
	Font Size	20
Paragraph	Alignment	☰（右寄せ）、☰（下付け）

　また文字がアイテム画像とかぶって見づらくなる可能性があるため、文字に白い枠を付けておきましょう。

　Hierarchyウインドウで「Number」を選択し、Inspectorウインドウの「Add Component」ボタンをクリックして「Outline」コンポーネントを追加します。Effect Colorを選択して、R・G・B・Aの値をすべて「255」に変更します。

図8.60 作成後のHierarchyウインドウのItemButton

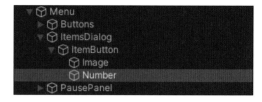

◉ スクリプトの作成

　続いてアイテム一覧を管理するスクリプトとしてItemsDialog.cs（**リスト8.9**）、アイテム情報を表示するスクリプトとしてItemButton.cs（**リスト8.10**）を作成します。

リスト8.9 アイテム一覧を管理するスクリプト（ItemsDialog.cs）

```csharp
using UnityEngine;

public class ItemsDialog : MonoBehaviour
{
    [SerializeField] private int buttonNumber = 15;
    [SerializeField] private ItemButton itemButton;

    private ItemButton[] _itemButtons;

    private void Start()
    {
        // 初期状態は非表示
        gameObject.SetActive(false);

        // アイテム欄を必要な分だけ複製する
        for (var i = 0; i < buttonNumber - 1; i++)
        {
            Instantiate(itemButton, transform);
        }

        // 子要素のItemButtonを一括取得、保持しておく
        _itemButtons = GetComponentsInChildren<ItemButton>();
    }

    // アイテム欄の表示/非表示を切り替える
    public void Toggle()
    {
        gameObject.SetActive(!gameObject.activeSelf);
```

```
            if (gameObject.activeSelf)
            {
                表示された場合はアイテム欄をリフレッシュする
                for (var i = 0; i < buttonNumber; i++)
                {
                    各アイテムボタンに所持アイテム情報をセットする
                    _itemButtons[i].OwnedItem = OwnedItemsData.Instance.OwnedItems.
Length > i
                        ? OwnedItemsData.Instance.OwnedItems[i]
                        : null;
                }
            }
        }
    }
```

リスト8.10 アイテム情報を表示するスクリプト (ItemButton.cs)

```
using System;
using System.Linq;
using UnityEngine;
using UnityEngine.UI;

[RequireComponent(typeof(Button))]
public class ItemButton : MonoBehaviour
{
    public OwnedItemsData.OwnedItem OwnedItem
    {
        get { return _ownedItem; }
        set
        {
            _ownedItem = value;

            アイテムが割り当てられたかどうかでアイテム画像や所持個数の表示を切り替える
            var isEmpty = null == _ownedItem;
            image.gameObject.SetActive(!isEmpty);
            number.gameObject.SetActive(!isEmpty);
            _button.interactable = !isEmpty;
            if (!isEmpty)
            {
                image.sprite = itemSprites.First(x => x.itemType == _ownedItem.
Type).sprite;
                number.text = "" + _ownedItem.Number;
            }
        }
    }
```

```
各アイテム用の画像を指定するフィールド
[SerializeField] private ItemTypeSpriteMap[] itemSprites;
[SerializeField] private Image image;
[SerializeField] private Text number;

private Button _button;
private OwnedItemsData.OwnedItem _ownedItem;

private void Awake()
{
    _button = GetComponent<Button>();
    _button.onClick.AddListener(OnClick);
}

private void OnClick()
{
    TODO ボタンを押したときの処理
}

アイテムの種類とSpriteをインスペクタで紐づけられるようにするためのクラス
[Serializable]
public class ItemTypeSpriteMap
{
    public Item.ItemType itemType;
    public Sprite sprite;
}
}
```

次にアイテム欄を呼び出すためのMenu.cs（リスト8.8）をリスト8.11のように書き換えます。

リスト8.11 Menu.csの書き換え

```
略
public class Menu : MonoBehaviour
{
    [SerializeField] private ItemsDialog itemsDialog;
略
    アイテムウインドウを開閉する
    private void ToggleItemsDialog()
    {
        itemsDialog.Toggle();
    }
略
}
```

作成したItemButton.cs（**リスト**8.11）をItemButtonにアタッチします。

Hierarchyウインドウで「ItemButton」を選択し、InspectorウインドウのItem Button(Script)コンポーネントで表8.7のように設定します。

表8.7 Item Button(Script) の設定

項目1	項目2	項目3	設定値
Item Sprites			3
Item Sprites	Element 0	Item Type	Wood
	Element 0	Sprite	item_wood
	Element 1	Item Type	Stone
	Element 1	Sprite	item_stone
	Element 2	Item Type	ThrowAxe
	Element 2	Sprite	item_throwaxe

Item Button(Script) コンポーネントのImageに、ItemButtonの子オブジェクトとして作成した「Image」、Numberには子オブジェクトの「Number」をセットします。

図8.61 Item Buttonの設定

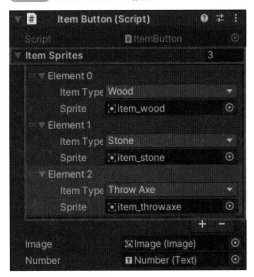

続いてHierarchyウインドウで「ItemsDialog」を選択し、Inspectorウインドウで先ほど作成したItemsDialog.cs（**リスト**8.9）をItemsDialogにアタッチします。

ItemsDialogは、ボタン15個分ピッタリのサイズで作成しています。Items Dialog(Script)コンポーネントのButton Numberは「15」、Item Buttonには先ほど設定した「ItemButton」を設定します。

最後にHierarchyウインドウで「Menu」を選択し、Menu(Script)コンポーネントのItems Dialogに「ItemDialog」を設定すれば完了です。

図8.62 Items Dialogの設定

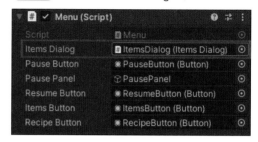

図8.63 MenuとItems Dialogを紐づける

これでアイテム欄が表示できるようになりました。ゲームを実行して試してみましょう。

図8.64 アイテム欄

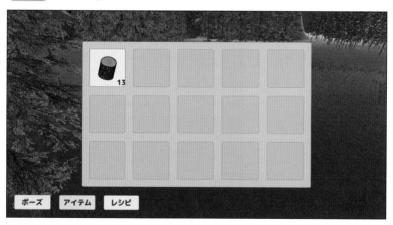

◉ 応用編：材料を組み合わせて、手投げオノを作成する

スクリプトとUIの設定に慣れてきたら、木と石を使って手投げオノを作れるようにしてみるとよいでしょう。

材料を組み合わせることは、複雑な処理のように思えるかもしれませんが、以下のように、アイテム欄のスクリプトとUIを応用することによって実装が可能になります。

- レシピボタンをクリックすると、レシピウインドウが開くようにする

- レシピウインドウに「手投げオノを作る」ボタンを配置する
- 「手投げオノを作る」ボタンを押したとき、OwnedItemsData.csを使って所持アイテムから木と石を1つずつ減らし、手投げオノを1つ増やすスクリプトを記述する
- 木または石を所持していないときは、「手投げオノを作る」ボタンをクリックしても、処理が実行されないようにする

手投げオノが作れるようになれば、手投げオノで遠距離攻撃できるようにするなど、ゲームをもっとおもしろくすることができます。

また、以下は7-5で説明した敵を倒せるようにする処理を応用した例です。

- Colliderを付けた手投げオノのPrefabを作成する
- 「手投げオノを投げる」ボタンを押したとき、手投げオノのPrefabをInstantiate()するスクリプトを記述する
- スクリプトから手投げオノのTransformまたはRigidbodyを操作し、手投げオノを任意の方向に移動させる
- キャラクターの攻撃を実装したときと同じように、Colliderによる衝突判定を行って敵にダメージを与える

このような処理が実装できるようになれば、アイデア次第でさまざまなアイテムを作れます。回復アイテムであれば、アイテムが使用された際にライフの値を増やすだけでOKですし、爆弾などの範囲攻撃アイテムであれば、使用された際に攻撃用のColliderを出現させるだけでOKです。

なお、上記の処理はサンプルプロジェクト(IkinokoBattle_complete.zip)完成版に組み込んでありますので、自分で作成するのが難しい方は、これを参照してみてください。

8-4-4 ライフゲージを追加する

次に、プレイヤーや敵キャラクターの残りライフを表示するライフゲージを作成していきます。

◉ UIの表示位置を3Dオブジェクトの位置と連携させる

UIを3Dのゲームオブジェクトの位置に合わせて表示させるには、以下の2種類の実装方法があります。

① CanvasコンポーネントのRender ModeをWorld Spaceに変更し、Canvas自体を3Dのゲームオブジェクトとして扱う

② 3Dのゲームオブジェクトの3D座標をUI用の2D座標に変換し、UIをその座標に移動させる

ライフゲージはキャラクターごとに配置が必要になるため、今回は②で実装していきます。この3D座標から2D座標への変換方法を覚えておけば、キャラクター名の表示やダメージ数値の表示にも応用することができます。

◉ UIの作成

まずはHierarchyウインドウで右クリックし、「UI」→「Canvas」を選択します。作成されたCanvasの名前は「LifeGaugeCanvas」に変更します。

ライフゲージがメニュー画面に重なると邪魔ですので、Canvasの表示順を調整しておきましょう。CanvasコンポーネントはSort Orderの数値が小さいほど奥に表示されます。

作成した「LifeGaugeCanvas」を選択し、InspectorウインドウのCanvasコンポーネントにあるSort Orderを「-1」に変更します。

表示順の設定についてはこれだけでOKですが、ライフゲージの作業中はメニューが最前面に表示されると邪魔ですので、HierarchyウインドウのMenuの左側をクリックして、■にして非表示にしておきます。

図8.65 LifeGaugeCanvasの設定

併せて、Canvas Scalerコンポーネントの設定を表8.8のように変更します。

表8.8 Canvas Scalerの設定

項目	設定値
UI Scale Mode	Scale with Screen Size
Reference Resolution X	960
Reference Resolution Y	540
Screen Match Mode	Expand

Hierarchyウインドウの「LifeGaugeCanvas」で右クリックし、「UI」→「Panel」を選択します。Panelの名前は「LifeGaugeContainer」に変更します。LifeGaugeContainerのImageコンポーネントは使用しません。

InspectorウインドウでImageコンポーネントの右上にあるをクリックし、「Remove Component」を選択して削除しておきます。

次にHierarchyウインドウの「LifeGaugeContainer」で右クリックし、「UI」→「Image」を選択します。Imageの名前は「LifeGauge」に変更します。

作成したLifeGaugeを選択し、RectTransformコンポーネントのWidthを「100」、Heightを「10」に変更し、ImageコンポーネントのSource Imageに「lifegauge_bg」を設定します。

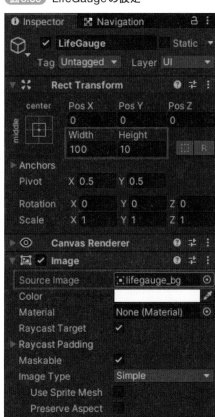

図8.66 LifeGaugeの設定

HierarchyウインドウでLifeGaugeを選択し、もう一度「UI」→「Image」を選択します。Imageの名前は「FillImage」に変更します。

作成したFillImageを選択し、InspectorウインドウのRect Transformコンポーネントで Anchor Presetsを「stretch、stretch」に、Left、Top、Right、Bottomの値をすべて「0」に設定し、 ImageコンポーネントでSource Imageを「lifegauge_fill」に、Image Typeを「Filled」に、Fill Methodを「Horizontal」に設定します。ちなみに、Fill Methodを変更すると円形のゲージもかんたんに作成できます。

図8.67 FillImageの設定

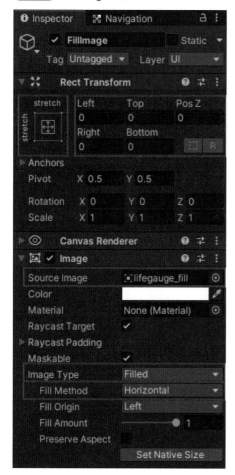

図8.68 LifeGauge配置後のHierarchyウインドウ

Imageコンポーネントの FillAmount のスライダーを操作すると、Scene ビューでゲージの赤い部分が変化する様子が確認できます。

図8.69 赤い部分が変化する

◎ スクリプトの作成

続いて LifeGaugeContainer と LifeGauge にアタッチするスクリプトを作成します（リスト8.12、リスト8.13）

リスト8.12 複数のライフゲージを管理するクラス (LifeGaugeContainer.cs)

```csharp
using System;
using System.Collections.Generic;
using UnityEngine;

[RequireComponent(typeof(RectTransform))]
public class LifeGaugeContainer : MonoBehaviour
{
    public static LifeGaugeContainer Instance
    {
        get { return _instance; }
    }

    private static LifeGaugeContainer _instance;

    [SerializeField] private Camera mainCamera;     // ライフゲージ表示対象のMobを映しているカメラ
    [SerializeField] private LifeGauge lifeGaugePrefab;     // ライフゲージのPrefab

    private RectTransform rectTransform;
    private readonly Dictionary<MobStatus, LifeGauge> _statusLifeBarMap = new
Dictionary<MobStatus, LifeGauge>();     // アクティブなライフゲージを保持するコンテナ

    private void Awake()
    {
        // シーン上に1つしか存在させないスクリプトのため、このような疑似シングルトンが成り立つ
        if (null != _instance) throw new Exception("LifeBarContainer instance
already exists.");
        _instance = this;
        rectTransform = GetComponent<RectTransform>();
    }

    // ライフゲージを追加する
    public void Add(MobStatus status)
    {
        var lifeGauge = Instantiate(lifeGaugePrefab, transform);
        lifeGauge.Initialize(rectTransform, mainCamera, status);
        _statusLifeBarMap.Add(status, lifeGauge);
    }

    // ライフゲージを破棄する
    public void Remove(MobStatus status)
    {
        Destroy(_statusLifeBarMap[status].gameObject);
        _statusLifeBarMap.Remove(status);
    }
}
```

リスト8.13 ライフゲージクラス（LifeGauge.cs）

```csharp
using UnityEngine;
using UnityEngine.UI;

public class LifeGauge : MonoBehaviour
{
    [SerializeField] private Image fillImage;

    private RectTransform _parentRectTransform;
    private Camera _camera;
    private MobStatus _status;

    private void Update()
    {
        Refresh();
    }

    // ゲージを初期化する
    public void Initialize(RectTransform parentRectTransform, Camera camera,
MobStatus status)
    {
        // 座標の計算に使うパラメータを受け取り、保持しておく
        _parentRectTransform = parentRectTransform;
        _camera = camera;
        _status = status;
        Refresh();
    }

    // ゲージを更新する
    private void Refresh()
    {
        // 残りライフを表示する
        fillImage.fillAmount = _status.Life / _status.LifeMax;

        // 対象Mobの場所にゲージを移動する。World座標やLocal座標を変換するときはRectTransformUtilityを使う
        var screenPoint = _camera.WorldToScreenPoint(_status.transform.
position);
        Vector2 localPoint;
        // 今回はCanvasのRender ModeがScreen Space - Overlayなので第3引数にnullを指定している。
        // Screen Space - Camera の場合は、対象のカメラを渡す必要がある
        RectTransformUtility.ScreenPointToLocalPointInRectangle(
_parentRectTransform, screenPoint, null,
            out localPoint);
        transform.localPosition = localPoint + new Vector2(0, 80);
        // ゲージがキャラに重なるので、少し上にずらしている
    }
}
```

プレイヤーや敵キャラクターごとにライフゲージを表示するため、リスト8.14のように MobStatus.cs（リスト7.6）を書き換えます。

リスト8.14 プレイヤーや敵キャラクターごとにライフゲージを表示する（MobStatus.cs）

```
略
public abstract class MobStatus : MonoBehaviour
{
    略

    protected virtual void Start()
    {
        _life = lifeMax;          初期状態はライフ満タン
        _animator = GetComponentInChildren<Animator>();
        ライフゲージの表示を開始する
        LifeGaugeContainer.Instance.Add(this);
    }
    キャラが倒れたときの処理を記述する
    protected virtual void OnDie()
    {
        ライフゲージの表示を終了する
        LifeGaugeContainer.Instance.Remove(this);
    }
    略
}
```

Hierarchyウインドウで「LifeGaugeを選択し、作成したLifeGauge.csをアタッチします。InspectorウインドウのLifeGaugeコンポーネントのFill Imageに、LifeGaugeの子オブジェクトである「FillImage」を設定します。

図8.70 LifeGaugeの設定

LifeGaugeをProjectウインドウの「IkinikoBattle」―「Prefabs」フォルダにドラッグ＆ドロップしてPrefab化し、シーンからは削除します。

Coffee Break よく使うUI

Unityには、本Chapterで使用した以外にもさまざまなUIが用意されています。

入力用に使うSlider・Dropdown・Input Fieldや、UIをスクロール可能にするためのScrollRectコンポーネントは特に使う機会が多いです。

使い方は公式マニュアル（https://docs.unity3d.com/ja/2021.1/Manual/comp-UIInteraction.html）に記載されていますので、試してみましょう。

図8.71 LifeGaugeをPrefab化

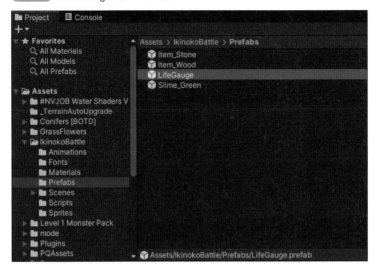

続いてHierarchyウインドウから「LifeGaugeContainer」を選択し、LifeGaugeContainerスクリプトをアタッチします。

Life Gauge Container(Script) コンポーネントのMain Cameraにはシーン上に配置されている「Main Camera (Camera)」を、Life Gauge Prefabには先ほど作成した「LifeGauge (Life Gauge)」のPrefabを設定します。

図8.72 LifeGaugeContainerの設定

ゲームを実行すると、すべてのキャラクターにライフゲージが表示されます。

図8.73 すべてのキャラクターにライフゲージが表示された

ゲームが楽しくなる
効果を付けよう

Chapter 8まででゲームが少し形になってきました。が、まだ演出が無いのでプレイしていると寂しい感じがします。音やエフェクトなどの演出を追加して、ゲームを賑やかにしていきましょう。

BGMやSEを追加しよう

BGMやSE(効果音)のアリ・ナシでゲームの印象が大きく変わります。ここでは音声ファイルの扱い方を解説します。

9-1-1 Unityで再生可能な音声ファイル

Unityでは、WAV(拡張子.wav)、MP3(拡張子.mp3)、Vorbis(拡張子.ogg)など、さまざまな音声ファイルを再生することが可能です。

音声ファイルをProjectウインドウにドラッグ&ドロップすると、Audio Clipとしてインポートされます。

9-1-2 Audio Clipのプロパティ

Audio Clipでよく使う設定がいくつかありますので、把握しておきましょう。

サンプル配布ページ(https://gihyo.jp/book/2021/978-4-297-12433-5/support)から、BGMとSEの音声ファイルを含むパッケージ「IkinokoBattle9_Audios.unitypackage」をダウンロードし、ダブルクリックした開いたImport Unity Packageダイアログで「Import」ボタンをクリックしてインポートします。

図9.1 BGMとSEのインポート

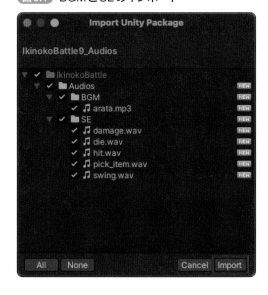

Unityにインポートした音声ファイルはAudio Clipとして扱われます。

Projectウインドウで「IkinokoBattle」-「Audios」-「BGM」-「arata」を選択し、Inspectorウインドウで「Audio Clip」のプロパティを確認してみましょう。

図9.2 Audio Clipのプロパティ

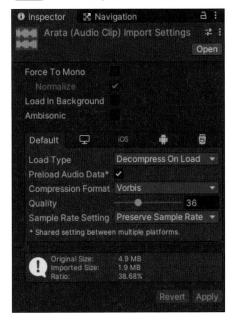

Load Type

Load Typeはゲーム実行時に音声ファイルをどう読み込むかを設定するプロパティです。ゲームのパフォーマンスに影響を与えます。

音声ファイルのサイズによって、どのLoad Typeを設定すればよいかは変わってきますので、適宜使い分けましょう（表9.1）。

表9.1 Load Typeの種類

Load Type	説明
Decompress On Load	音声ファイルを読み込む際にデコードしてメモリ上に保持する。パフォーマンスは良くなるが、デコードしたデータはサイズが大きくメモリ容量を圧迫するため、元々のサイズが小さいSEなどで使用する
Compressed In Memory	音楽データを圧縮されたままの状態でメモリに保持し、再生時にデコードする。メモリ消費は抑えられるが、再生開始時の負荷は大きくなる。Decompress On LoadとStreamingの中間にあたる設定
Streaming	音楽データをメモリに展開せず、随時デコードしながら再生する。再生時にメモリをほとんど消費しない代わりに、再生中に負荷がかかり続ける。BGMなどサイズが大きい音声を再生する場合に使用する

Quality

Qualityは音声ファイルの品質に影響するプロパティです。値が大きくすると音質が良くなり、小さくすると音質が悪くなります。この設定は音声ファイルのサイズに影響を及ぼします。

他のプロパティの詳細については、公式マニュアル(https://docs.unity3d.com/ja/2021.1/Manual/class-AudioClip.html)を参照してください。

9-1-3 Audio Sourceを使用する

Audio Clipを再生するには、Audio Sourceコンポーネントを使います。ここでは、Audio Sourceを使って武器を振る音を鳴らしてみましょう。

◉ Audio Sourceのアタッチ

まずクエリちゃんから音が出るようにしましょう。

ProjectウインドウでMainSceneを開いて、HierarchyウインドウのQuery-Chan-SDで右クリックし、「Audio」→「Audio Source」を選択すると、Audio Sourceコンポーネントがアタッチされたゲームオブジェクトが生成されます。名前は「SwingSound」とします。

なお、今回はゲームオブジェクトを作成する方法を採りましたが、Audio SourceコンポーネントをQuery-Chan-SDにアタッチする形でもかまいません。

図9.3 Audio Sourceを作成

Audio Clipに武器を振る音をセットします。

Hierarchyウインドウで「SwingSound」を選択し、InspectorウインドウのAudio SourceコンポーネントでAudioClipに「swing」を設定します。

その下にあるPlay On Awakeの設定を確認すると、デフォルトでチェックが付いています。これはゲームオブジェクトがAwakeされた際に音を自動的に鳴らす設定ですので、今回はチェックを外します。

これでAudio Sourceの準備は完了しました。

図9.4 Audio Sourceコンポーネントの設定

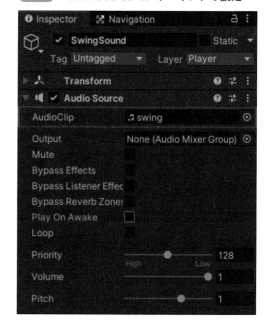

◉ Audio Sourceで音を鳴らす

Audio Sourceには音を再生・停止するためのメソッドが準備されています。MobAttack.cs（リスト7.8）を改変して、音を鳴らしてみましょう。

Projectウインドウの「IkinokoBattle」－「Scripts」にあるMobAttack.csを開き、リスト9.1のように変更します。

リスト9.1 音を鳴らすスクリプトの書き換え（MobAttack.cs）

```
（略）
public class MobAttack : MonoBehaviour
{
    [SerializeField] private float attackCooldown = 0.5f;    攻撃後のクールダウン（秒）
    [SerializeField] private Collider attackCollider;
    [SerializeField] private AudioSource swingSound;    武器を振る音
    （略）
    攻撃の開始時に呼ばれる
    public void OnAttackStart()
    {
        attackCollider.enabled = true;

        if (swingSound != null) {
            武器を振る音の再生。pitch（再生速度）をランダムに変化させ、毎回少し違った音が出るようにしている
            swingSound.pitch = Random.Range(0.7f, 1.3f);
            swingSound.Play();
        }
    }
}
（略）
```

スクリプト修正後は、Hierarchyウインドウで「Query-Chan-SD」を選択し、InspectorウインドウでMob Attack(Script)コンポーネントのSwing Soundに先ほど追加した「Swing Sound」をドラッグして準備完了です。

図9.5 Mob AttackにSwingSoundを設定

ゲームを再生してみると、武器を振ったときに音が鳴るようになりました。

9-1-4 Audio Mixerを使用する

UnityにはAudio Mixerという機能が搭載されています。Audio Mixerでは、複数の「グループ」を定義して、音量やサウンドエフェクトなどをグループごとに設定することが可能です。またAudio Sourceはこのグループを経由して音を出力させることができます。

　たとえば、Auduo Mixerで「SEグループ」を作成し、SEのAudio Sourceの出力先をSEグループに設定すると、SEの音量を一括で変更できるようになります。また、グループの中に子グループを追加して、一部のSEにはディストーションやディレイなどの音声エフェクトをかける、などの設定も可能です。

◉ Audio Mixerの作成

　Audio Mixerを作成するには、Projectウインドウの「IkinokoBattle」ー「Audios」フォルダで右クリックし、「Create」→「Audio Mixer」を選択します。ここでは名前を「MainAudioMixer」に変更します。

図9.6 Audio Mixerの作成

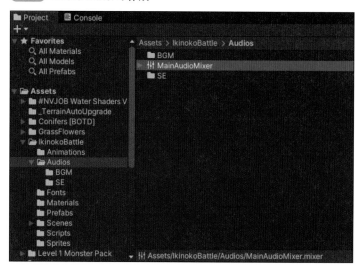

◉ グループの作成

　続いてMainAudioMixerにBGMとSEグループを作成しましょう。

　先ほど作成した「MainAudioMixer」を選択し、「Window」→「Audio」→「Audio Mixer」でAudio Mixerビューを開きます。ショートカットの場合は Command ＋ 8 を実行します。

　デフォルトでは、GroupsにMasterのグループだけが存在しています。「Master」で右クリックし、「Add Child Group」を選択すると、子グループが作成されますので、名前を「BGM」とします。

　同じ手順で「SE」グループも作成すれば、グループの作成は完了です。Audio Mixer右側に表示されているスライダーを動かすことで、各グループの音量を調整できます。

図9.7 グループの作成

Audio Sourceの出力先を変更する

試しにBGMのAudio Sourceを準備して、出力先をBGMグループに変更してみましょう。今回はMain CameraにBGM再生用のAudio Sourceをアタッチします。

Hierarchyウインドウで「Main Camera」を選択し、Inspectorウインドウで「Add Component」ボタンをクリックし、「Audio」→「Audio Source」を選択して「Audio Source」コンポーネントをアタッチします。

Audio SourceコンポーネントのAudio Clipに「arata」をセットし、Outputに「BGM」のグループを指定します。Play On Awakeはチェックのままで自動再生にして、「Loop」にもチェックを付けてループ再生されるようにします。

これでAudio ManagerのBGMグループでBGMが再生されるようになりました。

図9.8 BGMの設定

CHAPTER 9 ゲームが楽しくなる効果を付けよう

ゲーム再生中に音量を調整したい場合は、AudioMixerビュー上部にある「Edit in Playmode」をクリックすると、音量の変更ができるようになります。

図9.9 ゲーム再生中の音量の変更

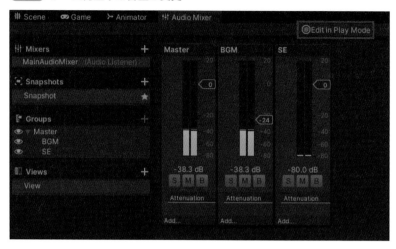

なお、今回使用したBGM「arata.mp3」は、SHWフリー音楽素材（http://shw.in/sozai/orc.php）で公開されている、再配布OKな音声ファイルです。

◉ スクリプトから音量を変更する

Audio Mixerの各値をスクリプトから変更するためには、少々わかりにくい設定が必要です。BGMグループの音量変更を例として記載します。

まずAudio MixerビューでBGMグループを選択します。Inspectorウインドウにグループの情報が表示されますので、AttenuationのVolumeで右クリックします。表示されるメニューから「Expose'Volume(of BGM)' to script」を選択します。

すると、Volumeの右に矢印が表示され、AudioMixerビューの右上にある表示が「Exposed Parameters (1)」に変わります。

図9.10 Audio Mixerの値をExpose

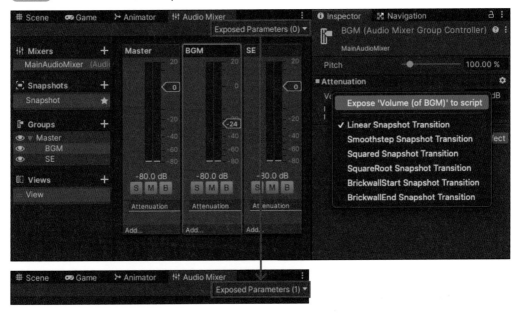

次にAudio Mixerビュー右上のExposed Parameters(1)をクリックし、表示される「MyExposed Param」をダブルクリックして「BGMVolume」に名前を変更します。

図9.11 Exposeしたパラメータのリネーム

これでスクリプトからBGMVolumeの値にアクセス可能になりました。あとは以下のような スクリプトを記述することで、音量を自由に変更できます。

```
[SerializeField] private AudioMixer audioMixer;
（略）
```

（BGMVolumeに値をセット。音量はデシベル値(dB)なので、-80〜0で指定することに注意）
```
audioMixer.SetFloat("BGMVolume", -20);
```
（音量を取得する場合は下記でOK）
```
var volume = audioMixer.GetFloat("BGMVolume");
```

◉ フィルタをかける

　Audio Mixerはグループの管理や音量の調整の他に、さまざまな音声フィルタをかけることも可能です。ここではBGMにHighpassフィルタをかけて高い音だけが鳴るようにしてみましょう。

　Audio Mixerビュー右側のBGMグループの下にある「Add...」をクリックし、「Highpass」を選択すると、Highpassフィルタが追加されます。

　BGMグループを選択し、InspectorウインドウからHighpassのスライダーを変更すると、フィルタのかかり具合を調整することが可能です。

図9.12　Highpassフィルタの追加

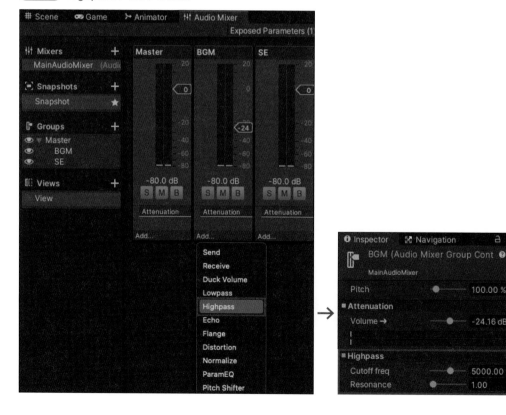

9-1-5 2Dサウンドを管理するクラスを作成する

◉ 3Dサウンドと2Dサウンドの違い

Unityのサウンドには、3Dオブジェクトの位置によって音の聞こえ方が変わる3Dサウンドと、どこで鳴らしても同じように音が聞こえる2Dサウンドがあります。3Dサウンドと2Dサウンドは、Audio SourceコンポーネントのSpacial Blendパラメータで切り替えることが可能です。

3Dサウンドは、Audio Sourceコンポーネントから発された音をAudio Listenerコンポーネントが聞き取り、音声を出力します。Audio Listenerコンポーネントは、初期状態ではMain Cameraにアタッチされています。これはビデオカメラにマイクが付いているのをイメージすればわかりやすいでしょう。

3Dサウンドは、Audio Sourceコンポーネントの3D Sound Settingsでさまざまな設定が行えます。距離による音の減衰や移動によるドップラー効果（救急車が近づいてくるときはサイレンが高く聞こえ、遠ざかるときは低く聞こえる現象）などの設定も可能です。

一方2Dサウンドは、オブジェクトの位置や速度に関わらず毎回同じように音を鳴らすことができ、2DゲームやUIの効果音、BGMなどに向いています。

図9.13 Audio Sourceコンポーネント

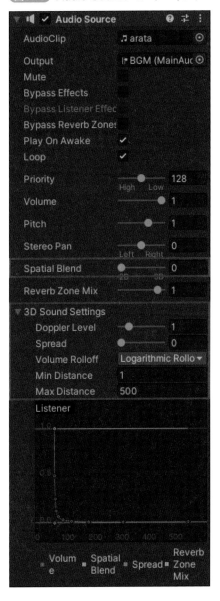

◉ 2Dサウンドを管理するクラスを作成する

2Dサウンドはどこで鳴らしても同じように聞こえるため、一元管理していつでも鳴らせるスクリプトを作っておくと便利です。

2Dサウンド用の音声ファイルを準備しましょう。ダウンロードページから「IkinokoBattle9_2D_SE.unitypackage」をダウンロード・インポートします。

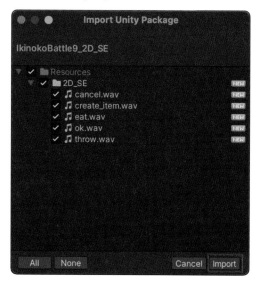

図9.14 2Dサウンド用の音声ファイルのインポート

Resourcesフォルダの下の2D_SEフォルダに音声ファイルがいくつか追加されます。これらのファイルをスクリプトで読み込み、音を鳴らせるようにしてみます。

2Dサウンドを管理するスクリプトとしてAudioManager.csを作成します（リスト9.2）。

リスト9.2 音を鳴らすスクリプト（AudioManager.cs）

```csharp
using System;
using System.Collections.Generic;
using UnityEngine;

// Audio管理クラス。シーンをまたいでも破棄されないシングルトンで実装する
public class AudioManager : MonoBehaviour
{
    private static AudioManager instance;

    [SerializeField] private AudioSource _audioSource;
    private readonly Dictionary<string, AudioClip> _clips = new
Dictionary<string, AudioClip>();

    public static AudioManager Instance
    {
        get { return instance; }
    }
```

```
    private void Awake()
    {
        if (null != instance)
        {
            // 既にインスタンスがある場合は自身を破棄する
            Destroy(gameObject);
            return;
        }

        // シーンを遷移しても破棄されなくする
        DontDestroyOnLoad(gameObject);
        // インスタンスとして保持する
        instance = this;

        // Resources/2D_SEディレクトリ下のAudio Clipをすべて取得する
        var audioClips = Resources.LoadAll<AudioClip>("2D_SE");
        foreach (var clip in audioClips)
        {
            // Audio ClipをDictionaryに保持しておく
            _clips.Add(clip.name, clip);
        }
    }

    // 指定した名前の音声ファイルを再生する
    public void Play(string clipName)
    {
        if (!_clips.ContainsKey(clipName))
        {
            // 存在しない名前を指定したらエラー
            throw new Exception("Sound " + clipName + " is not defined");
        }

        // 指定の名前のclipに差し替えて再生する
        _audioSource.clip = _clips[clipName];
        _audioSource.Play();
    }
}
```

Hierarchyウインドウで「MainScene」を選択して右クリックし、「Create Empty」を選択して、空のゲームオブジェクトを作成します。オブジェクト名は「AudioManager」に変更します。

次にAudioManager.cs(リスト9.2)と、AudioSourceコンポーネントをアタッチします。InspectorウインドウでAudioManagerコンポーネントのAudioSourceに、先ほどアタッチしたAudioSourceコンポーネントをドラッグ＆ドロップします。

AudioSourceコンポーネントのOutputで「SE」のグループを指定し、Play On Awakeのチェックを外しておきます。

図9.15 シーンにAudioManagerコンポーネントを追加

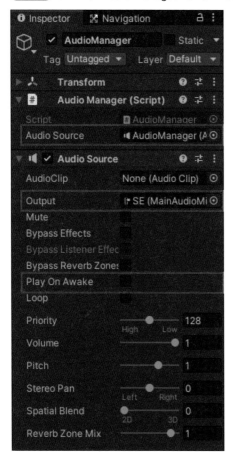

　Resourcesフォルダの下の2D_SEフォルダには、OKボタン音（ok.wav）とキャンセルボタン音（cancel.wav）が入っています。UIのボタンをクリックされたとき、これらの音をAudioManagerコンポーネントで呼び出すスクリプトがリスト9.3、リスト9.4です。

リスト9.3 OKがクリックされたときの音（OKButton.cs）

```
using UnityEngine;
using UnityEngine.UI;

[RequireComponent(typeof(Button))]
public class OKButton : MonoBehaviour
{
    private void Start()
    {
        ボタン押下時にOKの音が鳴るようにする
```

```
        GetComponent<Button>().onClick.AddListener(() =>
        {
            AudioManager.Instance.Play("ok");
        });
    }
}
```

リスト9.4 キャンセルがクリックされたときの音 (CancelButton.cs)

```
using UnityEngine;
using UnityEngine.UI;

[RequireComponent(typeof(Button))]
public class CancelButton : MonoBehaviour
{
    private void Start()
    {
        ボタン押下時にキャンセルの音が鳴るようにする
        GetComponent<Button>().onClick.AddListener(() =>
        {
            AudioManager.Instance.Play("cancel");
        });
    }
}
```

　あとは音を鳴らしたいボタンにOKButton.csまたはCancelButton.csをアタッチするだけで、それぞれの音が鳴るようになります。

　Hierarchyウインドウの「Menu」の下の「Buttons」にある各種メニューボタンにアタッチして、音を鳴らしてみましょう。

　ちなみに、今回作成したAudioManagerコンポーネントですべての音声ファイルを管理しようとすると、メモリを無駄に消費します。ゲーム全体で使う音声ファイルのみAudioManagerコンポーネントで管理し、特定のシーンやAssetだけで使用する音声ファイルは、それぞれのシーンやAssetで管理するのがおすすめです。

9-2 パーティクルエフェクトを作成しよう

ここでは、炎や雨などゲームの演出に使用するパーティクルエフェクトの作成方法について解説します。

9-2-1 パーティクルエフェクトとは

UnityにはParticle Systemという機能があります。Particleとは粒子のことで、Particle Systemは粒子を生成して規則的に動かすしくみです。

このParticle Systemを使うと、炎や爆発、雨や雷などの天候、キャラクターから発されるオーラなど、さまざまなエフェクト (パーティクルエフェクト) が作成可能になります。

9-2-2 攻撃がヒットしたときのエフェクトの作成

プレイヤーの攻撃が敵にヒットした際、エフェクトが発生するようにしてみましょう。

Particle Systemを作成するには、Hierarchyウインドウで右クリックし、「Effects」→「Particle System」を選択します。エフェクト名を「HitEffect」に変更します。

Hierarchyウインドウで「HitEffect」を選択すると、Sceneビューで白いモノが上に向かって放出されている様子が確認できます。この白いモノがParticleです。

図9.16 エフェクト作成後のSceneビュー

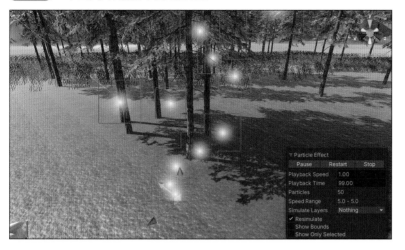

次にInspectorウインドウでプロパティを調整して、エフェクトの見た目を変えてみましょう。

● 基本設定

Particle Systemコンポーネントの最上部でParticleに関する基本設定を行います。今回は表9.2のように設定します。

表9.2 Particle Systemの設定

項目	設定値	説明
Duration	0.1	エフェクト1回あたりの再生時間
Looping	チェックを外す	ループ再生
Start Lifetime	0.3	粒子の生存時間
Start Speed	Random Between Two Constants	粒子の速度。2値間のランダム値（Random Between Two Constants）
	3（左）	最小値
	8（右）	最大値
Start Size	0.2	粒子の初期サイズ
Start Color	Random Between Two Colors	粒子の初期色。2色間のランダム色（Random Between Two Colors）
	1つ目の色	赤色（上）
	2つ目の色	オレンジ色（下）
Gravity Modifier	3	粒子が重力の影響をどの程度受けるかの設定
Simulation Space	World	粒子を配置する空間
Play on Awake	チェックを外す	エフェクトを自動再生するかどうか

図9.17 基本設定

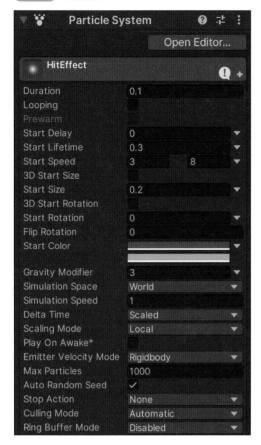

　続いて基本設定の下にある各項目で設定を進めていきます。チェックを付けると、設定をすることが可能になります。また各項目をクリックすると、詳細な設定が表示されます。

◉ Emission

Emissionでは、パーティクルの生成数に関する設定を行います（表9.3）。

表9.3 Emissionの設定

項目	設定値	説明
Rate over Time	1000	1秒あたりに放出されるパーティクル数

図9.18 Emissionの設定

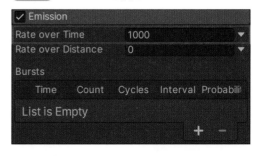

◉ Shape

Shapeでは、パーティクル放出元の形に関する設定を行います(表9.4)。

表9.4 Shapeの設定

項目	設定値	説明
Shape	Sphere	パーティクル放出元の形
Radius	0.0001	放出元の半径。なお0を指定した場合は、自動的に0.0001になる

図9.19 Shapeの設定

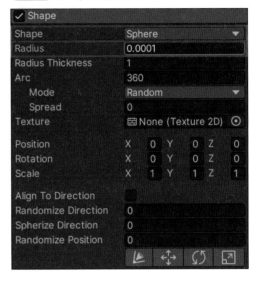

◉ Size over Lifetime

Size over Lifetimeでは、パーティクルが生成された後のサイズ変化の制御に関する設定を行います(表9.5)。

表9.5 Size over Lifetimeの設定

項目	設定値	説明
Size	右肩下がり	時間経過によるパーティクルのサイズ変化。「Particle System Curves」が表示されるので、そこで指定が可能

図9.20 Size over Lifetimeの設定

◉ パーティクルの再生

設定が完了したので、パーティクルを再生してみましょう。

Hierarchyウインドウで「HitEffect」を選択すると、Sceneビューの右下にPatricle Effectのウインドウが表示されます。このウインドウの「Play」ボタンをクリックすると、赤色のパーティクルが飛び散るエフェクトが再生されます。

図9.21 エフェクトの再生

Particle Systemには他にも多くのプロパティがありますので、詳細は公式ドキュメント（https://docs.unity3d.com/ja/current/Manual/class-ParticleSystem.html）を参照してください。

9-2-3 エフェクトの実装

作成したエフェクトを攻撃のヒット時に再生してみましょう。

作成したHitEffectを、HierarchyウインドウのQuery-Chan-SDの下の「AttackHitDetector」の中にドラッグして移動します。

移動した「HitEffect」を選択して、InspectorウインドウでTransformコンポーネントのPositionのX・Y・Zをすべて「0」に変更して、親要素の中央に配置します。

図9.22 Hit Effectの配置

HierarchyウインドウでQuery-Chan-SDの下にある「AttackHitDetector」を選択し、InspectorウインドウでCollision DetectorコンポーネントのOn Trigger Enter(Collider)で「＋」ボタンをクリックし、攻撃ヒット時の処理を新規追加します。

None (Object)の部分にHitEffectをドラッグ＆ドロップし、プルダウンで「Particle System.Play()メソッド」を選択します。

図9.23 攻撃ヒット時の処理の追加

ゲームを再生すると、攻撃がヒットした際にエフェクトが再生されるようになります。　ちなみに、サンプルプロジェクト完成版では武器の軌跡を表示するTrail Particleも使用していますので、参考にしてみてください。

9-2-4 Assetを活用する

Particle Systemによるエフェクトの作成はとても楽しい作業ですが、自分の思い描いた通りのエフェクトを作成するまでにかなりの慣れと時間が必要で、それに加えてセンスも不可欠です。

Asset Storeでは、多くのエフェクトをセットにしたパックが販売されています。クオリティが高いAssetや、自分好みのエフェクトをかんたんに生成できるAssetなどもあります。

またUnity公式のUnity Particle Packをはじめ、無料のエフェクトパックも配布されていますので、これらを試してみると良いでしょう。

図9.24 Unity Particle Pack

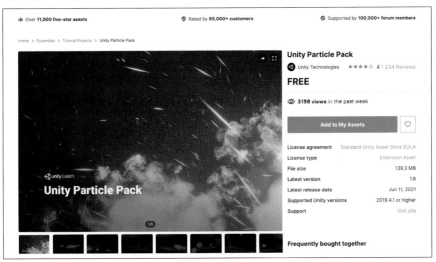

Visual Effect Graphはスゴイ！

Unityには、Visual Effect Graph（VFX Graph）という機能があります。これはParticle Systemと同様にパーティクルエフェクトを作成するための機能ですが、Particle Systemよりも機能が豊富で、パフォーマンスも大幅に向上しています。

使用方法はやや複雑ですが、リッチなエフェクトを作りたい場合は、ぜひチャレンジしてみましょう。公式ページ（https://unity.com/ja/visual-effect-graph）のデモ動画を見るとその表現力の凄さがわかるかと思います。

また、VFX Graphを手軽に体験するのであれば、プロジェクトの新規作成で「High Definition RP」のテンプレートを選択してみましょう。SampleSceneを実行すると、「こんなUnityは知らない！」と思ってしまうような世界が広がります。

図9.a 光あふれる庭には蝶が舞っている

このシーンでは、舞っている蝶や舞い落ちる葉っぱなどのさまざまなエフェクトがVFX Graphで作られています。パラメータを変更してエフェクトがどのように変化するか試してみるのもよいでしょう。

図9.b エフェクトはVFXオブジェクトにまとまっている

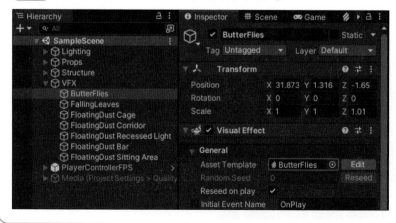

9-3 ゲーム画面にエフェクトをかけてみよう

Unityでは、カメラで映した映像にPost Processingを使って、さまざまなエフェクトをかけることが可能です。エフェクトによってゲームの印象が大きく変わってきます。

9-3-1 Post Processingのインストール

Post Processingは、ゲーム画面にエフェクトをかけるための機能です。Package Managerからインストールが可能です。

「Window」→「Package Manager」を選択し、左上のプルダウンで「Packages: Unity Registry」を選択します。パッケージ一覧から「Post Processing」を選択して「Install」ボタンをクリックすると、インストールが開始します。

図9.25 Post Processingのインストール

9-3-2 カメラの準備

Post Processingを使ってカメラにエフェクトをかける準備を行います。

Projectビューで「MainScene」を選択して、Hierarchyウインドウの「Main Camera」を選択し、Inspectorウインドウで「Post-process Layer」コンポーネントを追加します。

図9.26 Post Process Layerコンポーネントを追加

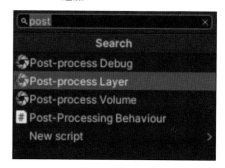

◎ エフェクトの設定

Post-process LayerコンポーネントのVolume Layerのプロパティで指定したレイヤーに対してエフェクトがかかります。

エフェクトをかける処理は負荷が高いため、EverythingやDefaultを選択すると「処理が重くなるのでやめた方が良いよ」というニュアンスの警告が出ます。

今回は「Default」を選択して進めますが、パフォーマンスを考慮する場合はレイヤーを絞って適用するようにしましょう。

図9.27 「処理が重くなる」というメッセージ

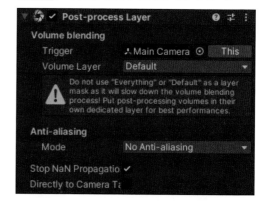

◎ アンチエイリアスの設定

Post-process LayerコンポーネントのAnti-aliasingでは、アンチエイリアスの設定が可能です。アンチエイリアスとは、描画物のフチのギザギザ（ジャギーと呼ばれます）を滑らかにする処理です。

これだけでもかなり見た目が変わりますので、InspctorウインドウのAnti-aliasingのModeで「Fast ApproximateAnti-aliasing (FXAA)」を選択し、見た目の変化を比べて見ましょう。

図9.28 アンチエイリアスの設定

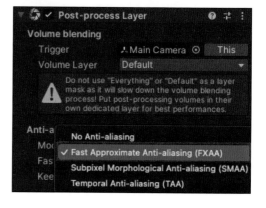

図9.29 アンチエイリアス設定前と設定後

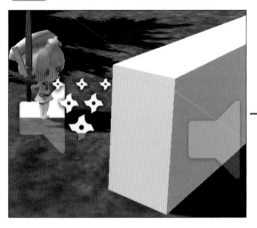 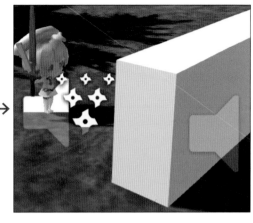

◉ 新規カメラプロファイルの作成

続いて、カメラに対してどのようなエフェクトをどの程度かけるかを設定するプロファイルを作成します。

Hierarchyウインドウで「Main Camera」を選択し、Inspectorウインドウで「Post-process Volume」コンポーネントをアタッチします。

初期状態ではPost-process VolumeコンポーネントのIs GlobalがOFFになっています。この状態だと、Post-process Volumeがアタッチされているゲームオブジェクトが持つColliderの範囲内にカメラが入ったときのみエフェクトが適用されます。

たとえば、「水中に入ったときに視界が青くぼやける」といった演出をする場合などにはIs GlobalをOFFにしておくと良いでしょう。今回は常にエフェクトを適用したいので、Is Globalを「ON」にしておきましょう。

続いてProfileの横にある「New」ボタンをクリックすると、新規にMain Camera Profileが作成されます。

図9.30 Post-process Volumeコンポーネントの設定

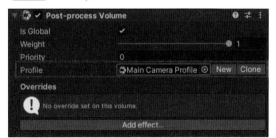

エフェクトを付ける

作成したMain Camera Profileを開いて、エフェクトを設定してみましょう。

Hierarchyウインドウで「IkinokoBattle」―「Scenes」―「MainScene_Profiles」の中にある「Main Camera Profile」を選択します。

Inspectorウインドウの Post-process Volumeの「Add effect...」ボタンをクリックします。エフェクトの一覧から任意のエフェクトを選択すると、Inspectorウインドウにエフェクトが追加され、設定値を調整できるようになります。複数のエフェクトを組み合わせることもできますので、好みのエフェクトを探してみましょう。

図9.31 エフェクトの追加

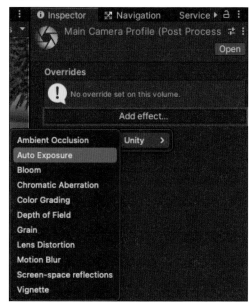

なお、設定項目は各エフェクトで異なります。詳しくは公式マニュアル (https://docs.unity3d.com/ja/2021.1/Manual/PostProcessingOverview.html) を参照してください。

参考として、3種類のエフェクトをかけた画面を並べてみました。

- Ambient Occlusion (3Dモデルの折り目や穴などを暗く表示して、リアル感を出す)
- Color Grading (画面の色合いを変更)
- Grain (画面にノイズを乗せる)

図9.32 Ambient Occlusion

図9.33 Color Grading

図9.34 Grain

◉ サンプルプロジェクト完成版についてAttention!

　ここまでで作成したサンプルプロジェクトは、ある程度ゲームとして動かすことができます。使用した機能はUnity全体からするとほんの一部ですが、学習した内容を使って引き続き手を動かせば、ゲームをしっかり遊べる作品に仕上げることが可能です。

　参考として、もう少しゲームらしく調整したものをサンプルプロジェクト完成版（IkinokoBattle_complete.zip）としてダウンロードできるようにしました。Asset StoreのAssetはChapter 5〜9で使用したものだけを使用し、実装のテクニックもここまでの内容の応用となっています。

　なお、Chapter 9までの内容からサンプルプロジェクト完成版への主な変更点は以下の通りです。本書で解説していないミニマップや飛び道具などは、スクリプト内になるべく詳しいコメントを入れていますので、参考にしてください。

- 投げオノなどのアイテムを追加
- ミニマップを追加
- 逃げ回る敵キャラクターを追加
- ゲームのルール変更
- スコアを追加
- 敵の攻撃範囲表示を追加
- 夜のライティング処理調整
- エフェクトの調整
- Assetの整理

ゲームのチューニングを行おう

Chapter 9まででゲームを制作してきましたが、本Chapterでは、ゲームをより良くするためのチューニングのノウハウと、ゲームを一般に公開するための手順について解説していきます。

パフォーマンスを改善しよう

ゲームの機能を実装したあとは、動作チェックが必要不可欠です。きちんと動かない部分はその都度直していくとして、ゲームの負荷が高すぎて画面がカクカクしてしまう場合は、パフォーマンスの調整が必要です。

10-1-1 フレームレートを設定する

フレームレート（FPS、Frames Per Second）とは画面が1秒間に更新される回数のことです。アクションゲームなどの動きが多いゲームで、動きを滑らかに見せたい場合は、フレームレートを高く設定しておく必要があります。

フレームレートの設定を行うには、「Edit」→「Project Settings...」を選択し、ProjectSettingsウインドウで「Quality」を選択します。

◉ 画質品質の設定

Qualityでは、AndroidやiOSなど任意のプラットフォーム画質設定を行います。チェックボックスが緑色になっているのがDefaultの設定です。

Texture Quality（テクスチャの品質）やAnti Aliasing（アンチエイリアスのかけ方）など、パフォーマンスに大きく影響する設定がたくさん用意されています。必要に応じて調整しましょう。

各パラメータの詳細は公式マニュアル（https://docs.unity3d.com/ja/2021.1/Manual/class-QualitySettings.html）を参照してください。

Default右側にある▼でゲームに適用される設定を切り替えることが可能で、それだけでもパフォーマンスが大きく変わります。

図10.1 画質品質の設定

◉ 垂直同期の設定

Qualityを下にスクロールすると、VSync Countの項目があります。ここでは、垂直同期を設定します。垂直同期とは、ディスプレイのリフレッシュレートとフレームレートを同期することで、この設定によって画面の描画が安定させることができます。

VSync Countに設定できる値は、表10.1の3種類です。

表10.1 垂直同期の設定（VSync Count）

設定	説明
Don't Sync	垂直同期を行わず、フレームレートは可能な限り高くなる。スクリプトで任意のフレームレートを指定する場合はこれに設定する（詳細は後述）
Every V Blank	垂直同期を行う。ディスプレイのリフレッシュレートが60Hzである場合は、フレームレートも60になる。ちなみに、一般的なディスプレイはリフレッシュレートが60Hzのものが多い
Every Second V Blank	垂直同期を半分の周期で行う。ディスプレイのリフレッシュレートが60Hzである場合は、フレームレートは30になる。動きの滑らかさは落ちるが、負荷を抑えたい場合に設定する

図10.2 垂直同期の設定

◉ 垂直同期をスクリプトで設定

Qualityでは、表10.1にある3種類しか設定することができません。

デバイスの負荷に応じてフレームレートを調整するなど、フレームレートの値を細かく指定する場合は、以下のようなスクリプトを記述します。

```
QualitySettings.vSyncCount = 0;      Vsync Count（表10.1）の設定。0は「Don'tSync」、
                                     1は「Every V Blank」、2は「Every Second V Blank」
Application.targetFrameRate = 45;    フレームレートの値。60以上も指定可能
```

vSyncCountはtargetFrameRateよりも優先されるため、値を0に設定しないと、targetFrameRateの値を指定しても反映されません。targetFrameRateを指定する場合は、「vSyncCount = 0」と設定するようにしましょう。

なお、フレームレートを上げると描画処理の回数が増えるのに加え、MonoBehaviourのUpdate()が呼ばれる回数も同じだけ増加します。Update()には負荷の高い処理を書かないようにしてください。

10-1-2 Profilerでパフォーマンスを計測する

ゲームを公開する前に必ず行う重要な作業の1つに、パフォーマンスチューニングがあります。たとえば手元のデバイスでは普通にプレイできるのに、性能が低いデバイスでは動作がカクカクしてプレイできないのはよくあることです。

それに気づかずリリースしてしまうと、プレイヤーから「動作が重くてまともに遊べない！」と酷評されてしまいます（筆者も何度か経験があります……）。リリース前にはパフォーマンスチューニングを必ず行って、ゲームの負荷をできるだけ下げておきましょう。

パフォーマンスチューニングは、Profilerウインドウを確認しながら行います。「Window」→「Analysis」→「Profiler」でProfilerウインドウを開きます。ショートカットキーの場合は Command + 7 を実行します。

図10.3 Profiler

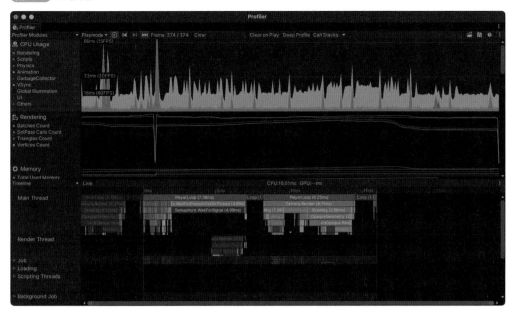

Profilerウインドウを開いた状態でゲームを再生すると、CPUやメモリに対するゲームの負荷がProfilerに表示されます。FPSも表示されますので、エディタ上で安定して60FPS以上をキープできるように調整しましょう。

エディタ上での動作が問題無くなったら、スペックが低めのデバイスでデバッグ実行してProfilerを確認しましょう。恐らく絶望が待っています（そして不死鳥のごとく立ち上がりましょう）。

なお、AndroidやiOSデバイスとProfilerの接続方法については、公式マニュアル（https://docs.unity3d.com/ja/2021.1/Manual/ProfilerWindow.html）を参照してください。

また、何らかの処理で瞬間的に負荷が高まる場合があります。これをスパイクと呼びます。大きなスパイクが発生するとその瞬間にゲームの動作がカクカクします。後述のチューニングを行い、できるだけ原因を潰しておきましょう。

図10.4 スパイクの発生時

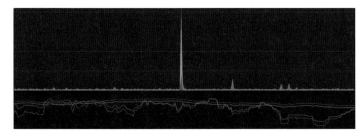

10-1-3 Scriptのチューニング

ProfilerウインドウでCPU Usageのグラフ表示をクリックすると、グラフの下にその時点で実行されている処理が表示されます。

Profilerウインドウ左側の中ほどにあるプルダウンで「Hierarchy」ウインドウを選択すると、どのような処理にどれほど時間がかかったかが一覧で表示されます。高負荷の原因となっているスクリプトを見つけて対処しましょう。

図10.5 その時点の処理を確認

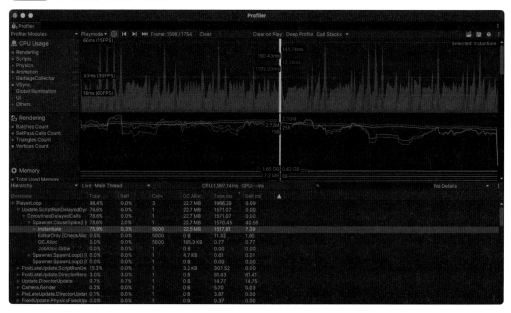

よくありがちな高負荷の原因として、以下のようなことがあります。

- Update() の中で大量のInstantiate()を実行している
- Update() の中でコンポーネントを使うとき、毎回GetComponent()している

これらの処理は意外と負荷が高く、ゲームのパフォーマンスに影響を及ぼします。対策としては、オブジェクトプールでオブジェクトを再利用して、Instantiate()の回数を減らしたり、Update()で使うコンポーネントはStart()の中で先にGetComponent()し、キャッシュしておくなどの対策が有効です。

また、サイズの大きいListや配列を扱う処理も負荷の原因になりやすいので、気を付けましょう。

Update()や常に実行され続けているコルーチンなど、実行される頻度が高い処理を中心にチューニングしていくと効果的です。

10-1-4 Renderingのチューニング

Profilerウインドウで「Rendering」のグラフを選択すると、SetPass Callsという値が下部に表示されます。SetPass CallsはGPUに描画のための情報を伝える処理で、これをできるだけ低く抑えることで負荷を抑えることができます。

図10.6 Renderingのグラフ

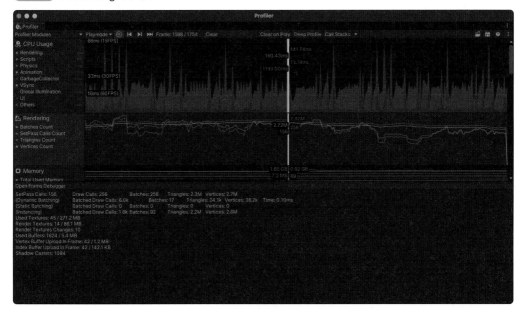

SetPass Callsを抑える主な方法には、以下のものがあります。

- 光と影を調整する
- 画像AssetをAtlas化する
- 描画処理をさらに詳しくチェックする

図10.7 SetPass Callsを減らす

◉ 光と影を調整する

光（ライティング）と影（シャドウ）の設定は、SetPass Callsに大きな影響を及ぼします。

少しでも負荷を下げるために、建物などの動かない

オブジェクトは、Inspectorウインドウの右上にある「Static」にチェックを付けておきましょう。これによって、Static Batchingという複数オブジェクトを一気に描画する処理の対象となり、SetPass Callsを減らすことができます。

　厳密には、マテリアルが同一でないとStatic Batchingの対象になりません。岩や木など、画面内に同じマテリアルを使ったオブジェクトを複数配置することはよくありますので、Staticにする習慣を付けておきましょう。

　またStaticなオブジェクトはライトマップのベイク対象となります。ライトマップをベイクすることで光と影が事前に計算されるため、ゲーム実行時のSetPass Callsを下げることが可能です。

　ライトマップを自動的にベイクするには、「Window」→「Rendering」→「Lighting」を選択してLightingウインドウを開きます。

　Lightingウインドウで「Scene」タブを選択し、Lightmapping Settingsで「New Lighting Settings」ボタンをクリックして設定を新規作成するか、既存の設定を選択したのち、ウインドウ下部にある「Auto Generate」にチェックを付けておきましょう。

図10.8 ライトマップを自動的にベイク

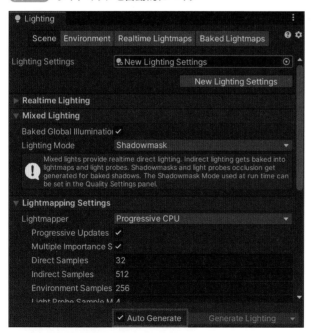

　続いて、シャドウの設定を調整します。シャドウの設定は「Edit」→「Project Settings...」→「Quality」で行うことができます。

Shadow Resolutionで影の解像度を下げたり、Shadow Distanceで影の描画距離を縮めたりしてみましょう。それでも重いようであれば、Shadowsを「Disable Shadow」にして影を非表示にする方法もあります。

図10.9 シャドウの設定

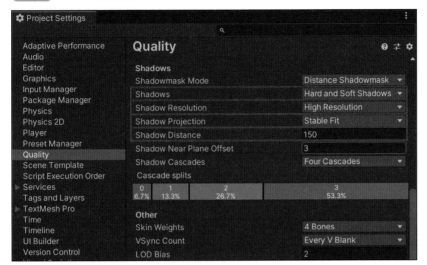

⦿ 画像AssetをAtlas化する

Unityには、複数の画像AssetをAtlasという1つのファイルにまとめる機能があります。

Atlasは2DのSpriteやUI用の機能で、使用するには 2D Sprite パッケージのインストールが必要です（Package Managerからインストール可能です）。

SetPass Callsは画像Assetを読み込むたびに増えますので、複数の画像をまとめて1つのAtlasにすることでSetPass Callsを抑えられます。

Sprite Atlasを作成するには、2D Sprite パッケージがインストールされた状態でProjectウインドウで右クリックし、「Create」→「2D」→「Sprite Atlas」を選択します。

図10.10 Atlasの作成

作成したAtlasを選択し、Inspectorウインドウ
のObject for Packingに「任意の画像ファイルや
ディレクトリを設定」すると、Atlasにまとめる対
象となります。

Tight Packingにチェックが入っていると、画
像ファイルの隙間をギュッと詰めてAtlas化する
ためファイルサイズの削減につながります。ただ
し、画像の透明部分に他の画像が映り込む場合が
ありますので注意が必要です。映り込んでしまっ
た場合は、Tight Packingのチェックを外してく
ださい。

ちなみに、設定でAtlasが無効になっていると、
Inspectorウインドウに「Sprite Atlas packing is
disabled.」のメッセージが表示されます。これが
表示されている場合は、「Edit」→「Project
Settings...」→「Editor」を選択し、Sprite Packer
のModeを「Sprite Atlas V1 - Always Enabled」に
変更しましょう。

図10.11 Atlasの設定

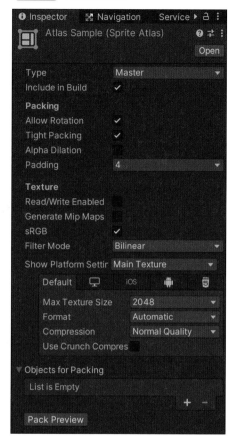

図10.12 Always Enabledに変更

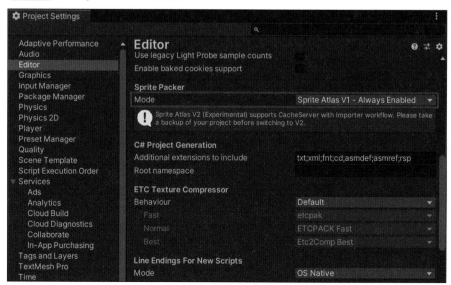

Atlasを有効にすると、Inspectorウインドウに「Pack Preview」ボタンが表示され、Atlasのプレビューが可能になります。

注意点として、ゲームのすべての画像を1つのAtlasに詰め込むと、Atlasのファイルサイズが肥大化します。Atlasは使用する際メモリ上に展開されるため、巨大なAtlasはメモリを大幅に消費してしまいます。Atlasは複数あってもかまいませんので、同じ場面で描画される画像ごとにAtlas化しましょう。

図10.13 Pack Preview

◉ 描画処理をさらに詳しくチェックする

負荷の高い描画処理が無いかさらに詳しく確認する場合は、Profilerウインドウで「Rendering」をクリックし、ウインドウ左側の上下中ほどに表示される「Open Frame Debug」ボタンをクリックして、Frame Debugウインドウを開きます。

Frame Debugウインドウでは、Unityがゲーム画面をどのような順番で描画しているかを確認できます。

また、表示された描画ツリーの各項目を選択することで、該当する描画部分をGameビューに表示することが可能です。不要なものが描画されていないか、描画の負荷が高すぎるオブジェクトが無いかなどチェックしてみましょう。

CHAPTER 10 ゲームのチューニングを行おう

図10.14 Frame Debug

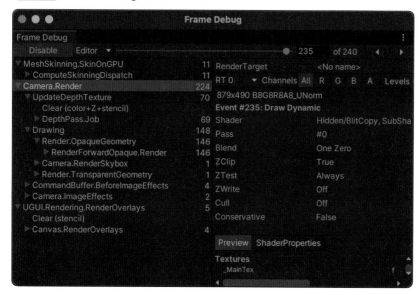

⊙ Unity Remote

Unityエディタ上でゲームを実行し、スマホデバイス上でかんたんな画面表示と操作ができるツールとしてUnity Remoteがあります。このツールを利用すると、ビルドせずにデバイスでチェックをすることが可能です。使い方は以下の通りです。

① スマホにUnity Remoteアプリをインストールして起動する
② スマホとPCをUSBで接続する
③「Edit」→「Project Settings」→「Editor」を選択し、Unity Remote対象のデバイスを選択する
④ エディタ側でゲームを再生する

なお、Unity Remoteのしくみは以下のようになっており、画質は粗く多少のラグも発生します。

- Unityエディタで再生中のゲーム画面をリアルタイムでスマホに転送する
- スマホ側のタッチ入力をエディタ側に伝える

また、デバイス側でゲームを実行しているわけではないため、デバイス特有の不具合などは確認できません。あくまでタッチ操作のチェックや、レイアウトの確認などに使用してください。

10-2 ゲームの容量を節約しよう

ゲームの容量が大きすぎると、プレイヤーがゲームをインストールするのをためらったり、アンインストールされやすくなる傾向があります。ここではゲームアプリ容量の節約方法を学んで、プレイヤーに遊んでもらえる確率を上げていきましょう。

10-2-1 ゲームのファイルサイズに注意

最近では、スマホでも数十～数百GBのストレージを搭載していますが、それでも制作するゲームのファイルサイズは気にした方が良いでしょう。特にスマホ向けのゲームでは、プレイヤー獲得への影響が顕著に出ます。

というのも、iOSアプリの場合、デフォルトで200MB以上のアプリをダウンロードする際に注意画面が表示されます。またAndroidアプリの場合は、150MBを超えるサイズのアプリをGoogle Playで公開するには、ファイルを分割する必要があります。

さらにアプリのサイズが大きいと、インストールを躊躇されることにつながりますし、スマホが容量不足になったときは、まず最初にアンインストールされてしまいます。

ゲームのファイルサイズはできるだけ抑えて、プレイヤーにゲームを遊んでもらうためのハードルを少しでも下げておきましょう。

10-2-2 肥大化の原因と基本的な対策

ゲームのファイルサイズ肥大化の原因の多くは、画像ファイル・音声ファイル・3Dモデルなどによるものです。まずはこれらの状況を確認するところからはじめましょう。

Unityでビルドを実行すると、どのような種類のリソースがどの程度の容量を占めているかが記載されたBuild Reportが生成されます。

Build Reportを確認する手順として、Consoleウインドウ右上のボタンから「Open Editor Log」を選択すると、Editor.logが開きます。

図10.15 ConsoleウインドウからEditor.logを開く

このEditor.logの中にBuild Reportが含まれていますので、「Build Report」でファイル内を検索してみましょう。

図10.16 Editor.logの内容

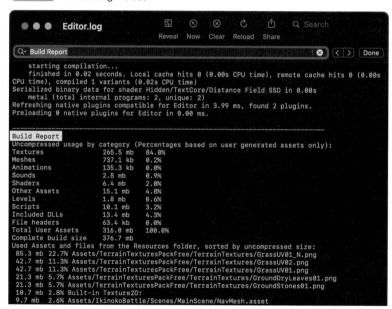

10-2-3 画像のサイズを減らす

SpriteやTextureなどの画像ファイルは、Inspectorウインドウで設定を行うことで、サイズを減らすことが可能です。

Inspectorウインドウ下部には画像のサイズが表示されています。各種パラメータを調整し、できるだけサイズを減らしておきましょう。当然ですが、画像の設定を変えることでゲームの見た目に影響しますので、見た目とサイズのバランスが良い設定を探してみましょう。

画像のサイズは表10.2の設定項目で調整します。

図10.17 画像サイズの変更

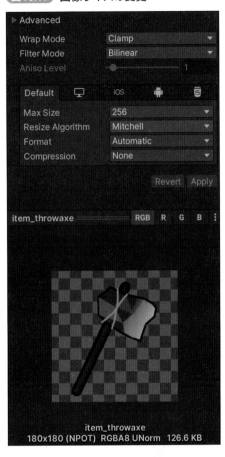

表10.2 画像のサイズに関する設定項目

項目	説明
Generate Mip Maps	Advancedの中に入っている。テクスチャが画面上で小さく表示されるときに使われる、縮小版テクスチャを生成するかどうかを設定する。チェックを付けると、小さく表示されるときの見た目がきれいになるが、サイズは増加する。画像が無圧縮の状態でチェックを付けると、サイズが多少増える程度だが、後述のパラメータで画像を圧縮している状態の場合は、サイズが大きく増えるため注意
Max Size	画像の縦横サイズの最大値。たとえば、横180pxの画像を小さくする場合は、Max Sizeで128以下の値を指定して、Applyボタンをクリックすると、画像がそのサイズに縮小される
Compression	画像の圧縮設定。「None」は圧縮無しでサイズは最大になる。「Low Quality」の場合はサイズは最小になるが、画質はかなり劣化する
Use Crunch Compression	Compressionを「None」以外にすると表示される、Crunch圧縮を使うかどうかの設定。チェックを付けるとCompression Qualityのスライダーが表示される。この値が小さいほど画像が劣化する代わりに、圧縮率が上がる

◉ Atlas化した場合の圧縮設定

圧縮して低画質にした画像AssetをAtlas化すると、低画質の画像がAtlasに反映されてしまいます。また、Atlas側でも圧縮の設定が可能ですが、画像Asset側とAtlas側で二重に圧縮しても画像が余計に劣化してしまうだけでサイズは小さくなりません。

Atlasを使用する場合、画像AssetではMax Texture Sizeのみ設定し、圧縮はAtlas側で行うのが良いでしょう。

(10-2-4) 音声ファイルのサイズを減らす

BGMなどの長めの音声ファイルはサイズが大きく、ゲームの容量に影響を与えます。

Unityでは、AudioClipのQualityを下げることによって、音声ファイルの圧縮率を上げてファイルサイズを抑えることが可能です(Inspectorウインドウに表示されるImported Sizeが、ゲームの容量に影響するファイルサイズになります)。

ただし、Qualityを下げると音質が劣化しますので、違和感のない程度に調整しましょう。

参考までに、筆者は元々サイズが小さい効果音はQualityを100%のままにしておき、BGMなどサイズの大きなものはQualityを36%ほどに設定して使用しています。

(10-2-5) Resourcesの中身を減らす

9-1-5で触れた通り、Assetsフォルダ直下のResourcesフォルダは特殊な扱いとなっており、この中にAssetを配置すると、スクリプトから以下のように読み込むことができます。

`Resources/icon.pngファイルをSpriteとして取得する例`
```
var icon = Resources.Load<Sprite>("icon");
```
`Resources/bgm.mp3ファイルをAudioClipとして取得する例`
```
var bgm = Resources.Load<AudioClip>("bgm");
```

しかし、Resoucesフォルダは便利な反面、使いすぎるとアプリサイズの肥大化を招きます。これはビルドの際のAssetの取捨選択がうまく働かなくなることが原因です。

Unityのビルド対象となるAssetは、基本的にゲーム内で使用するものだけです。もし使っていないAssetがたくさんあっても、Unityが自動的に必要なものだけに絞ってビルドしてくれるため、ゲーム容量を最小限に抑えられます。ただし、Resourcesフォルダの中にあるAssetは、使っているかどうかに関わらずすべてビルドの対象となります。

また、ResourcesにPrefabを配置した場合は、そのPrefabで使用しているAssetもすべてビルドの対象となります。

Resourcesフォルダにはスクリプトから読み込まなければならないAssetだけを配置し、そ

れ以外のものは含めないようにしましょう。

　ちなみに、Resourcesに代わるしくみとして、Addressables (https://docs.unity3d.com/ja/current/Manual/com.unity.addressables.html) という機能があります。Resourcesと比べると少しだけ使い方が複雑ですが、その分機能も多く、Unity公式ではResourcesではなくAddressableを使うことを推奨しています。開発に慣れてきたらAddressablesに切り替えてみましょう。

10-2-6 不要なシーンをビルド対象から外す

　デバッグ用のシーンや使わなくなったシーンはビルド対象から外しましょう。ビルド対象のシーンで使われているAssetはすべてビルドの対象となるため、ゲームの容量に影響を及ぼします。

10-2-7 AssetBundle

　ゲームの容量を減らす方法として、AssetBundle (https://docs.unity3d.com/ja/current/ScriptReference/AssetBundle.html) を活用する方法があります。Unityエディタ上で設定を行うことで、任意のAssetをAssetBundleというファイルに分離することが可能です。

　これは主にコンテンツを追加配信するようなゲームで活躍しますが、インストール時のゲーム容量の削減にも役立ちます。

　AssetBundleをサーバーに配置し、ゲーム中にダウンロードして使用することで、ゲーム本体の容量を削減できます。なお、スクリプトはAssetBundleに含めることができないため、注意が必要です。

10-3 ゲームをビルドしよう

パフォーマンスと容量の調整が終わったら、ゲームのビルドを行ってみましょう。

10-3-1 ビルドの共通操作と設定

　ビルドの設定を行うBuild Settingsウインドウを開くには、「File」→「Build Settings」を選択します。この設定はよく使用しますので、$\boxed{\text{Shift}}$ + $\boxed{\text{Command}}$（Windowsは$\boxed{\text{Ctrl}}$）+ $\boxed{\text{B}}$を覚えておくと便利です。

　ウインドウ左側のリストからプラットフォームを選択して「Switch Platform」ボタンをクリックすると、プラットフォームが切り替わります。

　切り替えが終わったら、「Build」または「Build And Run」ボタンをクリックすると、ビルドが開始します（Build And Runは、ビルド後にゲームが起動します）。

図10.18 Build Settingsウインドウ

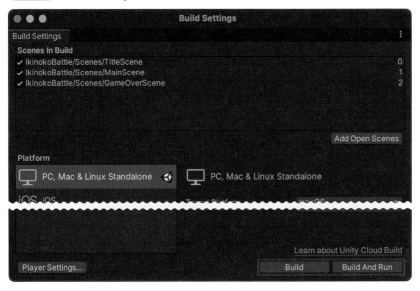

◉ ビルド対象のシーンについて

Chapter 8でも解説しましたが、Build SettingsウインドウのScenes In Buildで指定されているシーンがビルド対象となります。また、この中で一番上に配置されたシーンがゲーム起動時に最初に読み込まれるシーンとなります。

◉ Development Buildの設定

「Development Build」にチェックを付けると、開発版のゲームがビルドできます。開発版はデバッグのためのさまざまな機能（詳しくは後述）が使用可能になるのに加え、以下のようなスクリプトで、開発版でのみ実行される処理も記述できます。

```
if (Debug.isDebugBuild) {
   この中の処理は開発版のときしか実行されない
}
```

◉ Autoconnect Profilerの設定

Autoconnect Profilerは、「Development Build」にチェックを付けると、選択可能になります。

AndroidやiOSデバイスで開発版のゲームを起動した際、Unityエディタのプロファイラーに接続を試みます。AndroidやiOSは機種によって性能（または動作）が異なりますので、プロファイラーでパフォーマンスをチェックしましょう。

◉ Script Debuggingの設定

Script Debuggingは、「Development Build」にチェックを付けると、選択可能になります。

Visual Studioなどでスクリプトの中にブレークポイントを仕込み、ビルドしたゲームの実行中に処理がそこに差し掛かったら、プログラムを一時停止することができます。

一時停止した際の各種変数にどのような値が入っているかを確認したり、続きの処理を1行ずつ実行したりと、デバッグにとても役立ちます。

10-3-2 Windows・macOS向けのビルド

WindowsもしくはmacOS用向けにビルドしたい場合は、「PC, Mac & Linux Standalone」を選択し、Target Platformで「Windows」もしくは「macOS」を選択します。

10-3-3 Android向けのビルド

Android向けにビルドしたい場合は、初期設定でAndroidのアプリである.apkファイルがビルドされます。

なお本書では、Unityインストールの際にAndroid用モジュールをインストールしていないため、Andriod向けにビルドする場合は、**10-3-6**の追加インストールの手順を実行してください。

ここでは、「Export Project」にチェックを付けると、Androidのアプリ開発ツール「Android Studio」でビルド可能なプロジェクトをエクスポートしてくれます。

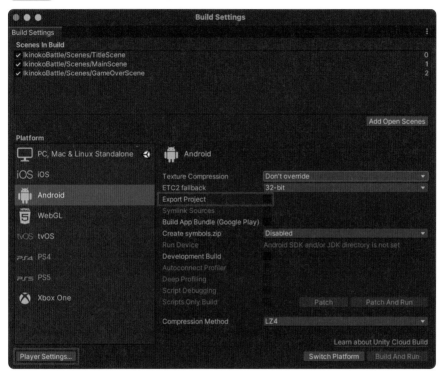

Android端末をPCに接続している状態で「Build And Run」ボタンをクリックすると、ゲームがその端末に直接インストールされます。

Android向けにビルドする場合は、「Player Settings...」ボタンをクリックし、Package Nameを設定する必要があります。

Package Nameはアプリに割り当てるユニークなIDで、AndroidアプリのアプリケーションIDにあたります。ドットで1個以上区切られている、半角英数と一部の記号のみ使えるなどのルールに沿っていれば何でもOKですが、アプリリリース後には変更できません。

また、他のアプリとの重複がNGであるため、「自分の持っているドメイン名を逆順にしたもの.アプリの名前」の命名規則にしたがったアプリが多いです。Unity 2021ではデフォルトで「com.{Company Name}.{Product Name}」の値がセットされていますので、この命名規則に沿ってIDを準備すると良いでしょう。

Google Playにアップロードするときはaabファイルを使おう

Google Playにアプリをアップロードする際はaab（Android App Bundle）ファイルが必要です。

aabファイルはapkファイルにする前の状態のデータで、これをアップロードするとGoogle Play側でアプリサイズを抑えたapkファイルをビルドしてくれます。Unityでもaabファイルはビルド可能ですので、こちらを使うようにしましょう。

Build Settingsウインドウで「Build App Bundle(Google Play)」にチェックを付けると、aabファイルがビルドされます。

10-3-4　iOS向けのビルド

iOS向けのアプリ（ipaファイル）をビルドしたい場合は、Xcodeが必要です（Xcodeはコ macOS専用であるため、iOS向けゲームのビルドにはmacOSが必要です）。

なお本書では、Unityインストールの際にiOS用モジュールをインストールしていないため、iOS向けにビルドする場合は、**10-3-6**の追加インストールの手順を実行してください。

また、デバッグの際はDevelopment Build（**10-3-3**参照）の設定に加え、Run in Xcode asで「Debug」を選択しておきましょう。

ちなみに、iOSは実機用とシミュレータ用で異なる設定が必要です。シミュレータでゲームを動かしたい場合は、「Player Settings...」ボタンをクリックし、Target SDKの値を「Simulator SDK」に変更してからビルドしましょう。

図10.20 シミュレータ向けの設定

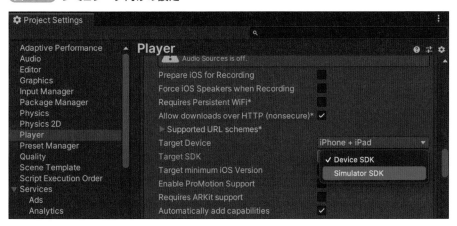

またAndroidの場合と同様に、iOSの場合はアプリごとのユニークなIDであるBundle

Identifier の設定が必要です。

図10.21 Bundle Identifier の設定

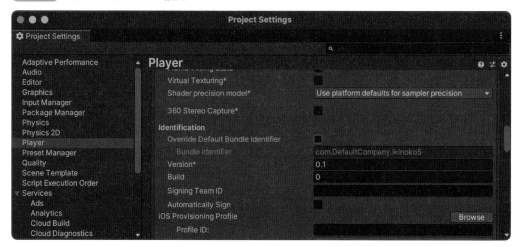

10-3-5 WebGL向けのビルド

ブラウザー上で遊べるゲームとしてビルドしたい場合は、WebGLを選択します。

なお本書では、Unityインストールの際にWebGL用モジュールをインストールしていないため、WebGL向けにビルドする場合は、**10-3-6**の追加インストールの手順を実行してください。

出力されたフォルダの中にあるindex.htmlをChromeなどのブラウザーで開くと、ゲームを遊ぶことができます。もちろん、ファイル一式をサーバー上にアップロードしても動作します。

ちなみに、WebGLはスレッドやグラフィックス、オーディオなどに制限があり、Unityのすべての機能は使用できません(PlayerPrefに保存できるデータサイズも5MB以内となっています)。「WebGLに出力したら音が出なくなった」などのトラブルが起こる場合もありますので注意しましょう。

インストール不要というお手軽さは魅力ですが、ブラウザーの種類やバージョンによってはゲームが動作しない場合もあり、スマホのブラウザーはサポート外となっています。詳しくは公式ページ(https://docs.unity3d.com/ja/current/Manual/webgl-browsercompatibility.html)を参照してください。

10-3-6 ビルドしたいプラットフォームが選べない場合

ビルドしたいプラットフォームを選択してもビルドできない場合は、対応したUnityコンポーネントの追加インストールが必要です。

図10.22 対応コンポーネントがインストールされていない場合

Build Settings
Build Settings
Scenes In Build
IkinokoBattle/Scenes/TitleScene 0
IkinokoBattle/Scenes/MainScene 1
IkinokoBattle/Scenes/GameOverScene 2
Add Open Scenes
Platform
PC, Mac & Linux Standalone
iOS
Android
WebGL
tvOS
PS4
PS5
Xbox One
tvOS
No tvOS module loaded.
Install with Unity Hub

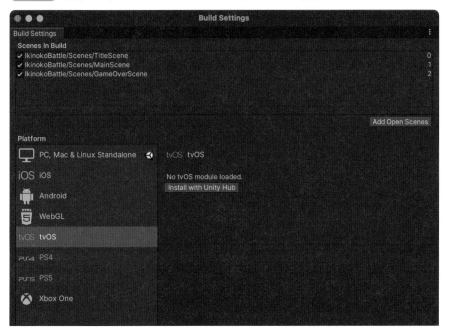

追加インストールを行うには、Build Settingsウインドウで「Install with Unity Hub」をクリックします。Unity Hubが起動しますので、モジュールを加えるウインドウで該当のプラットフォームにチェックを付けて「実行」を選択すると、インストールが開始します。

図10.23 モジュールを加えるウインドウ

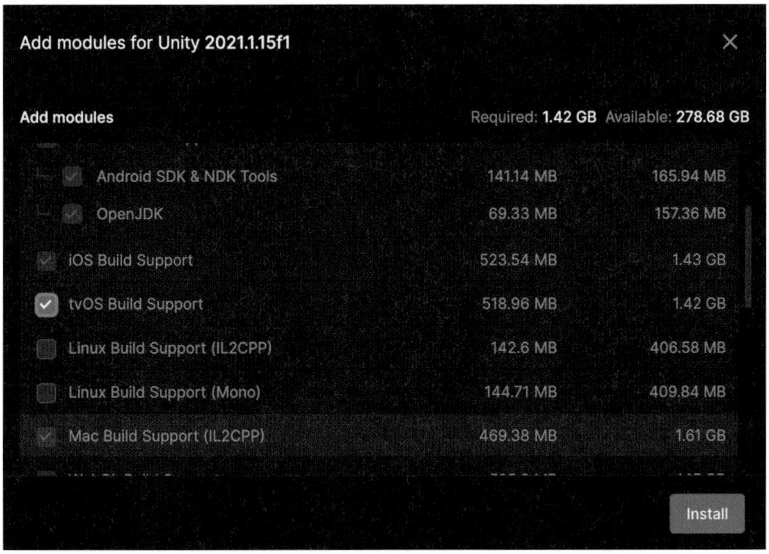

Add modules for Unity 2021.1.15f1
Add modules
Required: 1.42 GB Available: 278.68 GB
Android SDK & NDK Tools 141.14 MB 165.94 MB
OpenJDK 69.33 MB 157.36 MB
iOS Build Support 523.54 MB 1.43 GB
tvOS Build Support 518.96 MB 1.42 GB
Linux Build Support (IL2CPP) 142.6 MB 406.58 MB
Linux Build Support (Mono) 144.71 MB 409.84 MB
Mac Build Support (IL2CPP) 469.38 MB 1.61 GB
Install

10-4 ゲームを公開しよう

ゲームが完成したら、いろんな人に遊んでもらいたいものです。ここでは、主要なゲーム公開プラットフォームをいくつか紹介します。

ゲームの公開手順はプラットフォームごとに異なります。誌面の都合上、本書では詳細は割愛します。公式ドキュメントやWebの情報や「プラットフォーム名 公開手順」などで検索すると、手順を示したサイトが見つかります。これらの情報を元にチャレンジしてみてください。

10-4-1 Google Play

Google Playは、Androidアプリの公式ストアです。GooglePlayでゲームを公開するにはデベロッパーアカウントの登録（https://play.google.com/console/u/0/signup）が必要です。

デベロッパーアカウントを登録する際に25ドルの費用がかかりますが、それ以外はかかりませんので、参入のハードルは低いプラットフォームといえるでしょう。

また以前は特に審査も無くアプリをリリースできましたが、2019年の夏ごろから審査を受けて通過しないと、リリースできなくなりました。

図10.24 Google デベロッパーアカウント

Google Play Console

新しいデベロッパー アカウントを作成

選択した Google アカウントがこの新しいデベロッパー アカウントの所有者になります。既存のデベロッパーを加えたい場合は、管理者に招待状をリクエストしてください。

組織に属している場合は、デベロッパー アカウントの設定に個人アカウントを使用しないことをおすすめします。Google アカウントは既存のメールアドレスを使って設定できます。詳細

ⓘ アカウントを作成するには、1 回限りの登録料として 25 ドルをお支払いいただく必要があります。アカウントの登録を完了するには、有効な身分証明書による本人確認が求められることがあります。ご本人であることを確認できなかった場合、登録料の払い戻しは行われません。

一般公開されるデベロッパー名 *

Google Play でユーザーに公開されます   0 / 50

予備の連絡先メールアドレス *

Google アカウントに関連付けられているメールアドレスに加え、このメールアドレスもこちらからの連絡に使用させていただくことがあります。Google Play のユーザーに公開されることはありません。

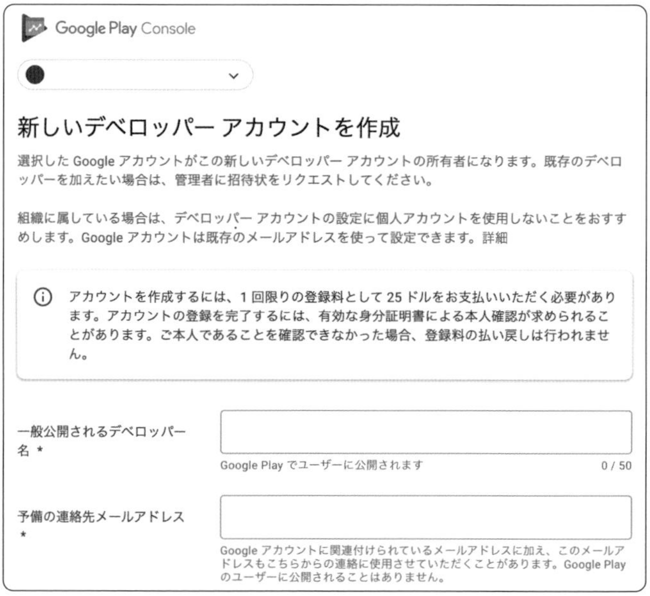

10-4-2 App Store

App Storeは、iOS向けにゲームアプリを公開するための唯一のプラットフォームです。App Storeでゲームを公開するには、Apple Developer Programの登録（https://developer.apple.com/jp/programs/）が必要です。

Apple Developer Programには年間12,980円（2021年10月現在）が必要になるのに加え、iOSアプリのビルドにはmacOSが必要となりますので、ゲーム公開のハードルという意味ではAndroidよりも高めです。また、Androidに比べて申請が面倒で、かつ審査も厳しめです。

ただし、全体のクオリティが厳密に保たれているためか、日本国内ではGoogle PlayよりもApp Storeの方が課金利用されやすいという特徴があります。質の良いゲームを作ってより多くの収益を得たいのであれば、App Storeを外すことはできません。

図10.25 Apple Developer Program

10-4-3 Steam

Steam（https://store.steampowered.com/）は、Valveが提供するサービスで、PCやmacOS向けのゲーム配信で大きなシェアを握っています。PSなどでも発売されているメジャーなゲームの他に、インディーズゲームもたくさん配信されています。

Steamでゲームを配信する場合は、Steamアカウントを登録したあとにSteamworksに参加する必要があります。

アカウント登録の費用はかかりませんが、ゲームを公開する際に1本100ドルのお金が必要になります。ただしこの100ドルは、公開したゲームの売り上げが1,000ドル以上になれば返金されます。

図10.26 Steam

10-4-4) UDP (Unity Distribution Portal)

UDP (Unity Distribution Portal、https://unity.com/ja/products/unity-distribution-portal) は
Unity公式のサービスで、Android向けゲームを非公式アプリストア (Google Play以外のアプ
リストア) に一括配布してくれるサービスです。

海外の非公式アプリストアの中には、数千万人〜数億人のプレイヤーを抱えているところも
あります。海外展開も視野に入れている場合はこれを使わない手は無いでしょう。利用料金は
無料で、対応ストアは順次増やしていくとのことです。

図10.27 UDP (Unity Distribution Portal)

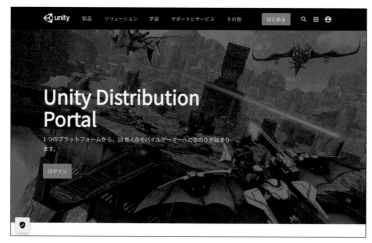

CHAPTER 11

プレイされる
ゲームにしていこう

本Chapterでは、Unityゲーム開発に役立つ
さまざまな情報を紹介します。全体的に応用的
なものが多く、おおまかな解説に留めています
が、ゲーム開発を深掘りするためのカギとなる
情報を盛り込んでいます。

11-1 ゲームをもっとおもしろくしよう

「作ったゲームを自分で遊んでみたが、あんまりおもしろくないな……」
その先に待ち受けているのは出口の見えないアイデア出し＋開発、そしてお蔵入りの
恐怖です。ここではゲームをおもしろくするためのちょっとした情報をまとめています。

11-1-1 レベルデザイン

ゲームをおもしろくする上で、非常に重要なのがレベルデザインです。レベルデザインとは、マップの設計・敵の配置・難易度調整などを含めたゲーム空間の設計を指します。

たとえば、プレイヤーからよく見える位置に目立つオブジェクトを配置すると、プレイヤーはそのオブジェクトが気になり、そちらに向かおうとします。このように、プレイヤーがどのようにキャラクターを操作するかを考えながらオブジェクトを配置していくと、ストレスを与えない自然な動線が可能になります。

また、難易度の調整もレベルデザインの重要な要素の1つです。ゲームの進行に応じて一直線に難易度を上げるのではなく、難関ステージのあとはちょっと簡単なステージにするなど、難易度に緩急を付けた方がプレイにドラマが生まれます。

このように、プレイヤーの体験を常に考えながら要素を調整して開発することで、よりおもしろいゲームに近づけることができます。

● ProBuilder

ProBuilderはUnityのレベルデザイン用機能です。シンプルな3DモデルをUnityエディタ上で作成でき、レベルデザイン用のステージのプロトタイプを簡単に制作することができます。

このプロトタイプで「ここを高くして見通しを良くしよう」「ここは強敵が出現するようにしよう」といった方針を立てて、最後に3Dモデルを差し替えれば、レベルデザインの効率がアップします。

もちろん、ProBuilderで作った3Dモデルをそのままゲームで使用しても問題ありません。

- ProBuilder
  https://unity3d.com/jp/unity/features/worldbuilding/probuilder

図11.1 ProBuilder

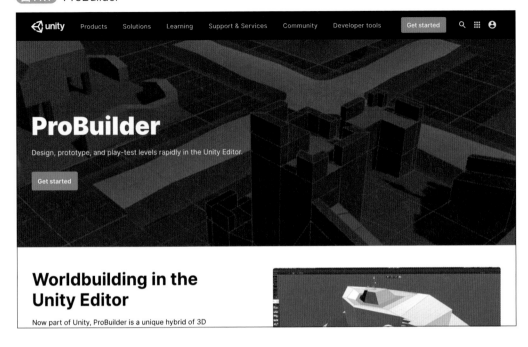

11-1-2 遊びの4要素

　フランスの哲学者であるロジェ・カイヨワ（RogerCaillois）は、人間の遊びを「競争」「偶然」「模倣」「めまい」という4つの要素に分類しました。これはゲームを含めた「遊び」に関する普遍的な理論として、現在も通用するものとされています。

- 競争
  レースやランキングなど、他の人と競う要素
- 偶然
  クリティカルヒット、レアアイテムのドロップ、カードゲームで次に引くカードなど、運に左右される要素
- 模倣
  プレイヤーがファンタジー世界の勇者になったり、野球チームを運営する監督になったり、レーサーになってレースしたりなど、何かのマネ（○○ごっこ）をする要素
- めまい
  爽快感、スピード感、没入感など、感覚に訴える要素

これらの要素はゲームだけに限らず、鬼ごっこやままごとなどの子供たちの遊びでもいずれ

かに当てはまっていることが多いです。4要素をすべて盛り込む必要はありませんが、指標として使うとゲームをおもしろくするための具体的な方法が見えやすくなります。

たとえば、自分のゲームに対して以下のように問いかけてみると新たな発見があるはずです。

- 4つの要素が自分のゲームに含まれているか
- 含まれている場合は、その要素をさらに伸ばすことは可能か
- 含まれていない要素があるならば、その要素を含めるために、どのような機能を追加すれば良いか

11-1-3 プレイの動機を提供する

ゲームのおもしろさに気づいてもらうためには、ある程度の時間をかけてプレイヤーに遊んでもらう必要があります。そこで重要になるのが、ゲームプレイの動機となる目的や目標です。

これまでに少し触れましたが、プレイの動機が明確であれば、プレイヤーはゲームから離れづらくなります。

たとえば、以下のような仕掛けを組み合わせることで、プレイの動機を与えることができます。

- 「魔王を倒して姫を救う」といったゲームの最終目的をプレイヤーに意識させる
- ステージクリアのようなプレイヤーの目の前にある目標を常に与える
- ミッションのようなプレイヤーが好きなときに達成できる数値目標を与える
- ゲームを進めることで新機能が使えるようになるしくみを入れる（あらかじめ新機能の枠だけでも見えているとより効果的）

特にストーリーは非常に強力です。良質なストーリーとゲーム的な表現を組み合わせれば、仮にゲーム性がほとんど無かったとしてもノベルゲームとして成り立ちます（ストーリーは強力ではあるものの必須ではありませんので、自分の得意な形でプレイへの動機付けをしてみましょう）。

余談ですが、ゲーム専用機などの買い切り型のゲームに関しては、「ゲームを買う」という行為自体がプレイの動機付けとなっています。プレイヤーは「買ったからにはしっかり遊ばないともったいない」と思うわけです。

ただし、スマホの無料ゲームではこのような動機付けは成り立たないため、利用開始時からゲームにグイグイ引き込むような動機付けが重要になります。

おもしろくなくても、とりあえずリリースしてみる

　自分の作ったゲームをどうしてもおもしろくできない場合は、思い切ってその状態でリリースしてしまうのもひとつの手です。

　開発者が「プレイヤーがどのようなゲームを欲しているか」を100%把握することは不可能です。開発者自身がプレイして「今ひとつだなぁ……」と感じても、プレイヤーは「おもしろい！」と感じることもしばしばあるのです。

　あまりにも迷走した場合は、お蔵入りという最悪の自体を避けて、最低限ゲームとして遊べる状態に仕上げてからリリースし、プレイヤーの反応を見てみるのもよいでしょう。　リリースすると、少なからずプレイヤーからのフィードバックを得ることができます。それらが必ずしも正しいわけではありませんが、ゲームに足りない部分を指摘してもらったり、フィードバックが得られることで開発への意欲も高まることも多いです（手厳しすぎて泣きそうになることもあります……）。

　自分の制作するゲームにこだわりを持つことはとても大切です。しかし、常に100%の完成度を求めるのが正解とは限りません。特に経験の少ないうちは、トライ＆エラーを繰り返して経験を積んだ方が良いでしょう。

　ちなみに、筆者は勢いでリリースした個人開発スマホゲームが広告会社の方の目に留まり、IPもの（キャラクターもの）に作り替えてリリースした経験があります。ブロック崩しとシューティングをくっつけたようなゲームで、独自要素がウケたようです。残念ながら数千ダウンロードほどで配信終了となってしまいましたが、「自分なりのこだわりを入れた作品を出し続ければ、チャンスは訪れる」という良い経験になりました。

11-2 ゲームを収益化しよう

ここでは、ゲーム（主にスマホゲーム）リリース後にゲームで収益を上げるための基本について説明します。

11-2-1 ゲーム収益化は開発者の悩みのタネ

自分の作ったゲームで収益を上げることは、多くの個人ゲーム開発者にとって大きな悩みのタネです。筆者は執筆時点ではゲーム開発による収益はあまり多くはなく、主にゲーム以外の受託開発で生計を立てています。一方で、「自分が作ったゲームやサービスで生きていけるようになりたい」と日々考えています。ゲーム開発者を志す方には同じような考えの方も多いのではないでしょうか。

自分のやりたいことで生きていけるようにするためにも、ゲームをマネタイズ（収益化）する方法を知っておきましょう。

11-2-2 広告について知っておく

ゲーム中に広告が表示されるのをよく見かけたことがあるかと思います。無料でプレイできるゲームでも、広告を組み込むことによって収益化が可能です。

近年、個人情報保護の観点でトラッキング広告（ユーザの行動を分析して、興味ありそうな広告を出すしくみ）が制限され、その影響で広告収益が下がってしまったりもしていますが、広告が無料ゲームの収益の柱という状況は当面は変わらないでしょう。

◉ Unity Ads

Unity Ads（https://unityads.jp/）は、Unity公式の動画広告サービスです。Unityエディタ上で設定をONにしてプラグインをインポートし、サンプルコードをコピー＆ペーストするだけで手軽さに組み込むことができるため、手間をかけずに広告を導入したい場合は最適なサービスです。また広告動画がゲームに特化していることもメリットの1つです。

図11.2 Unity Ads

◉ 他の広告配信サービス

広告配信サービスはUnity Ads以外にもたくさんあります。筆者はGoogle AdMob（https://admob.google.com/intl/ja_ALL/home/）やfluct（https://corp.fluct.jp/service/ssp-fluct/）を利用しています。

サービスごとに広告の単価や出稿できる広告も異なります。SSP（Supply Side Platform）という複数の広告サービスをまとめてくれるサービスもあります。いくつか試してみて自分に合ったサービスを探してみると良いでしょう。

Unityに対応した広告配信サービスはその他にも多数あり、通常はSDKが用意されていますので、組み込む難易度はそれほど高くありません。

◉ SDK組み込み時の注意点

広告SDKを導入する際、他のSDKやAssetが使用しているAndroidのプラグインと干渉してビルドできなくなることがあります。その場合は、干渉するプラグインを探し出して削除してください。このトラブルで苦しむ開発者はたくさんいますので、エラーメッセージでGoogle検索を行うと、たいていは解決方法が見つかります。

また、UnityやSDKのバージョンが古いことでエラーが発生することもあります。SDKは特別な理由が無ければ最新版を利用し、Unityのバージョンが古すぎる場合はバージョンアップを検討しましょう。

⊙ 広告の種類

広告にはいくつかの種類があります。表11.1では、基本的な広告の種類とそれぞれの特徴をまとめています。

表11.1 主な広告の種類

種類	説明
バナー広告	画面の上下に表示される静止画やテキストの広告。クリックすると収益につながるため誤クリックを狙った配置にしているアプリもあるが、広告サービスの利用規約に違反する可能性があるのに加え、やりすぎるとゲームの楽しさを損うため注意が必要
インタースティシャル広告	静止画または動画広告が全画面でポップアップする広告。ポップアップの頻度が多いと日本のプレイヤーに嫌わる傾向にあるが、アメリカなどではマネタイズに関してプレイヤーの理解が深く、日本ほどは嫌われないと言われている（逆に広告が出なさすぎると「どうやって収益上げてるんだ??」と不審がられる）
リワード広告	インタースティシャル広告と似ているが、15〜30秒程度の動画を最後まで見るとプレイヤーに報酬（リワード）が付与される広告。再生単価が高く、報酬があるのでプレイヤー側もよろこんで視聴してくれるため、収益の要となることが多い。高得点を叩き出したプレイの後で報酬が2倍になるリワード広告を表示したり、ハイスコア直前でゲームオーバーになったときに、コンティニュー用リワード広告を表示したりと、プレイヤーが喜ぶタイミングで表示するとより効果が高まる

11-2-3 アプリ内課金について知っておく

11-2-2では、広告による収益化を説明しましたが、ここではもう1つの強力な収益源であるアプリ内課金について説明します。

⊙ 課金の準備

作ったゲームでアプリ内課金を行うには、Android・iOS共に、デベロッパーアカウントで設定を行う必要があります。本書では詳細は説明しませんので、「アプリ内課金 導入」などで検索し、手順を確認してみてください。

ちなみに、アプリ内課金を導入する場合は、開発者情報としてストアで住所を公開する必要があります。個人開発の場合は、自宅の住所を公開することも多いかと思います。課金でトラブルが起こらないよう気を付けて開発・運用しましょう。

⊙ 課金の種類

アプリ内課金は大きく分けて、表11.2の3種類に分類できます。

表11.2 主な課金の種類

種類	説明
消費型	アプリ内通貨など、一度使用すると無くなる商品。通貨残高などのデータは独自に管理する必要がある。データ管理の手間や、チート (バグなどを悪用したインチキ) への対策を考慮しなければならないため、ほとんどはサーバー側でデータを管理することになる。またプレイヤーが機種変更をした際のデータ移行方法なども用意する必要がある
非消費型	広告の非表示化や買い切り型のキャラクターなど、使っても無くならない商品。Android・iOS共にストアでの購入情報を元に復元が可能なため、一番簡単に実装できる
定期購読型	雑誌の定期購読のような課金方法で、購入すると指定された期間、ユーザーに対して任意の対価を提供する

◉ 課金の実装方法

Unity にはIn App Purchase (直訳するとアプリ内課金、https://docs.unity3d.com/ja/current/Manual/UnityIAPSettingUp.html) というアプリ内課金用の機能があります。導入はそれほど難しくなく、Codeless IAP機能 (https://docs.unity3d.com/ja/current/Manual/UnityIAPCodelessIAP.html) を使うとスクリプトをほとんど書かずにアプリ内課金を実装することも可能です。

11-3 ゲームをもっと広めよう

苦労して作り上げたゲームは、できるだけ多くの人に遊んでもらいたいものです。ただ、ゲームがいくらおもしろくても、誰も知らなければプレイしてもらえません。プロモーションに励んでゲーム自体を知ってもらう必要があります。

11-3-1 プレスリリースを送る

プレスリリースを作成してPROメディアに送ることで、個人開発のゲームでも掲載してもらえることがあります。筆者も新作をリリースする際は20〜30ヵ所ほどプレスリリースを送って、数ヵ所で掲載していただいています。

ゲームのプレスリリースを受け付けているメディアの一覧をまとめてくれているサイトもありますので、活用しましょう。

また、新規性やクオリティなど、何らかの面で強みがあれば掲載してもらえる確率は上がります。自分のゲームの強みを把握して、プレスリリースに盛り込みましょう。

11-3-2 SNSを使う

TwitterやFacebookなどのSNSで情報を発信して、プロモーションに活用することもできます。

ただし、やみくもにSNSでプロモーションを行っても、閲覧してくれるフォロワーが存在しないと意味がありません。以下のようなことを心がけて活動の幅を広げると、フォロワーも増えていきます。

- 開発者コミュニティなどに参加する
- 頑張っている人を精一杯応援する
- 自分の頑張っている姿をシェアする
- 誰かの役に立とうとする

ちなみに、Twitterで活躍しているクリエイターはたくさん存在していますが、多くの方がいつの間にかフェードアウトしていきます。長く作品を作り続けるだけでも、かなりレアな存在

になれることでしょう（余談ですが、筆者もここのところ案件開発のバタバタで低浮上気味です）。

11-3-3 シェア機能を実装する

ゲームのスクリーンショットなどをSNSにシェアできる機能を実装することで、プレイヤーがゲームを広めてくれることがあります。

「ハイスコア更新」や「レアアイテム出現」など、ついシェアしたくなるタイミングでシェアボタンを配置しておくとプロモーションの効果が高まります。

11-3-4 プロモーションに使えるサービスを活用する

たとえば予約TOP10（https://yoyaku-top10.jp/）というサービスでは、開発中のゲームを告知して事前予約をとることができます。他にもアプリを紹介できるサービスはいろいろありますので、探してみてください。

図11.3 予約TOP10

11-3-5 広告を出す

アプリのダウンロード単価（1ダウンロードあたりの収益）がおおよそわかっている場合は、広告を出してみるのも手です。

筆者がAppleのSearch Ads（https://searchads.apple.com/jp/）と、GoogleのGoogle広告（https://ads.google.com/intl/ja_jp/home/）で広告を出したところ、1ダウンロードあたりの出稿予算が30円程度でも毎日数件のダウンロードが発生しました。月々の予算も事前に設定

できますので、個人でも気軽に試すことができます。

　ただし、広告からのユーザはゲームの継続率が低くなりがちで、かつ本格的にユーザ数を増やしたい場合は、多額の資金が必要になります。

　個人で開発している場合は、広告を出す前に他の施策を一通り試してみることをオススメします。

(11-3-6) リピート率を向上させる

　無料のゲームがあふれる今日では、自分のゲームで長く遊んでもらうことはかなり大変です。プレイヤーが「またあのゲームをプレイしたい」と思える要素を盛り込んでリピート率を上げましょう。

　たとえば、リピート率を増やすために「コンテンツが徐々に開放されていく」ことは、とても効果的な仕掛けです。そのゲームを遊んでいくうちにゲームの幅が広がっていきますので、その先の展開が気になるというわけです。

　また、1日1回ゲームを起動すると、アイテムなどのリワードがもらえるしくみも非常に有効です。新しい体験とちょっとした楽しみをプレイヤーに提供し続ければ、必然的にリピート率は上がっていくはずです。

Tips **PUSH通知の利用**

　スマホゲームの多くは、任意のタイミングでプレイヤーにメッセージを送信できる「PUSH通知」を実装しています。たとえば、以下のようなメッセージを送ると、リピート率を向上させる効果が見込めます。

- しばらくゲームを起動していないプレイヤーに対して「久しぶりに起動してくれたら経験値2倍ボーナスを付けます」といったメッセージを送信する
- 「新機能が実装されました」や「イベント開催中です」など、何らかのイベントごとにメッセージを送信する

　PUSH通知の一風変わった使い方としては、「長いこと起動していませんね。いっそのことアンインストールしてください……」という自虐的なメッセージを送るものもあるそうです。

11-3-7 あえて短いゲームにする

　前項の「リピート率を上げる」と矛盾するようにも思えますが、あえて短いゲームにするのもひとつの手です。

　というのも、最近のメーカー製ゲームはやり込み要素が多く、長く遊べるものがほとんどかと思います。一方で、時間の無い社会人など、短い時間で満足感を得たい人もたくさん居るかと思います。（少なくとも筆者はその一人です。）

　短いゲームは大手メーカーの競合が少なく（短いゲームは収益化が難しく、あまり作ろうとしないため）、短いため個人でも作りやすく、細部までこだわることも可能というメリットがあります。また、ユーザ目線で考えると、途中で飽きる可能性が低いのに加えて「おもしろいのに短くて物足りない」となる可能性が高く、クリアしたあと続編を期待したり、同じ作者の他のゲームに流れるという行動が予想できます。

　デメリットとしては、前述の通り収益化が難しいことです。ただ、サクッと遊べるゲームは人にも紹介しやすいので、たくさんの人に遊んでもらうことに重きを置くのであれば試してみる価値はあるかと思います。

11-3-8 ゲーム内で自分の作品を紹介する

　ゲームを複数リリースしている場合は、ゲーム内に自分の作品の紹介やリンクを配置するのも有効です。ゲームを気に入ってくれたユーザは同じ作者の他のゲームを遊んでくれることが多く、複数のゲームを遊んでもらうことでファン獲得にもつながります。

　こだわって作り上げた作品には開発者の個性が出ます。積極的に作品を紹介して、自分のブランドを作り上げましょう。

11-4 開発の効率を上げよう

ゲーム開発では、開発効率の向上を図ることはたいへん重要です。こだわりの機能や演出にかける時間を少しでも増やせるよう、開発の時短テクニックを把握しておきましょう。

11-4-1 バージョン管理を利用する

「スクリプトを変更していたら、ゲームが動かなくなってしまった……」

ゲームを開発していると、このようなトラブルにしばしば出くわします。トラブルが発生してしまうと元の状態に戻すのにも一苦労です。

最も原始的な対策は、定期的にプロジェクトのすべてのファイルをコピーして保存することです。保存した時点からやり直せるようになりますが、その都度ファイルをコピーするのはとても面倒で、管理もしづらいためオススメできません。

そんなときに役立つのがバージョン管理システムです。バージョン管理システムとは、ゲームのプロジェクトに含まれる各ファイルの変更履歴を管理するしくみのことです。

バージョン管理システムの代表的なものとしてGitがあります。ファイルの変更を任意のタイミングで保存でき、いつでもファイルを前の状態に戻すことが可能になります。

複数人数での開発をサポートしてくれる機能が多く、チームで開発する場合などは特に有効です。個人でもメリットは非常に大きいため、開発人数に関わらず必ず導入することをオススメします。

Gitはコマンドラインから利用しますが、SourceTree (https://ja.atlassian.com/software/sourcetree) などのツールを使えばGUIで操作することも可能です。

また、Gitを使うべき理由は他にもあります。それは、Gitと連携できるオンラインのバージョン管理サービスの存在です。Github (https://github.co.jp/)、GitLab (https://about.gitlab.com/)、Bitbucket (https://bitbucket.org/) などのバージョン管理サービスにプロジェクトを丸ごと保存しておけば、もしパソコンが壊れてもいつでもデータを復元できます。

これらのバージョン管理サービスは、無料で使えるプランも用意されています。苦労して作ったゲームが消えてしまったら、悔やんでも悔やみきれません。悲劇が起こる前に対策しておきましょう。

図11.4 SourceTree

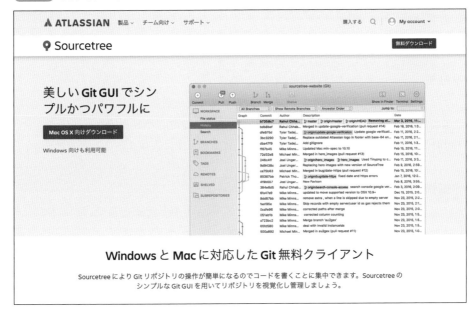

11-4-2 自動ビルドを実行する

Unityでゲームを開発していると、ビルドにかかる時間が悩みのタネになります。ちょっとしたゲームでもビルドにかかる時間は結構長く、ビルド中はエディタ操作もできないため、何度もビルドしているとかなりの時間を無駄にしてしまうわけです。

そんなとき活用できるのが、Cloud Build（https://unity.com/ja/features/cloud-build）というサービスです。

Cloud Buildは、前述のバージョン管理サービスとの連携が可能で、ファイルをバージョン管理サービスにPUSH（アップロード）したとき、Cloud Buildが勝手にビルドをしてくれます。そして、ビルドしたゲームはスマホで直接ダウンロード・インストールできます。もちろん、各種ストアにアップロードすることも可能です。

利用するためには、Unity Team Advancedのライセンス（執筆時点で月9ドル）が必要になりますが、手元でビルドしなくて良くなるのは非常に効果的です。

ちなみに、Cloud BuildはiOSのビルドでトラブルが起こりがちです。iOSビルドはmacOSとXcodeのバージョンの縛りが強いのに加えてアップデートもひんぱんなため、Cloud Build側での対応が間に合わないためです。

もしmacOSやXcodeのバージョンに依存するトラブルが起きた場合は、手元でビルドするしか手がありません。Cloud Buildを利用する際は、心の片隅に置いておいてください。

11-4-3 その他の開発効率化

開発効率の向上に役立つものは、他にもいろいろとあります。

⦿ エディタ拡張

Unityのエディタ上で開発していると、「こんな機能があったら便利なのに」と思うことがあります。そのようなときエディタ拡張 (https://docs.unity3d.com/jp/current/Manual/Extending TheEditor.html) を行うことで、自分好みの機能をUnityエディタに追加することができます。

⦿ エディタ拡張のAsset

Asset Storeには、強力な機能を備えたエディタ拡張Assetが多数存在します (表11.3)。

表11.3 主なエディタ拡張Asset

Asset名	説明
Odin	Dictionary型のフィールドをInspectorウインドウ上で編集可能にしたり、好きな処理を実行できるボタン (主にデバッグ用) をInspectorウインドウ上に簡単に配置できたりなど、Inspectorウインドウ周りを大幅に強化する
DoozyUI : Complete UI Management System	UIに特化したAssetで、画面遷移やアニメーションをプログラムを書かずに実装することが可能。最初から準備されているアニメーションを使うだけで、UIの演出がかなりリッチになる
UTAGE3 Unity Text Adventure Game Engine Version3	ビジュアルノベルを開発するための機能が詰まったAsset。Excelファイルを使ってシナリオを管理するのが特徴

⦿ UniRxやUniTask

スクリプトを書くのに慣れてきたら、UniRx (https://github.com/neuecc/UniRx) やUniTask (https://github.com/Cysharp/UniTask) を使ってみるのもオススメです。どちらもGitHubからダウンロード可能です。

UniRxを使うと、値の変更を検知する処理を簡単に実装することができます。たとえば、所持コイン数が変わったらコインのUIをアップデートする、などの処理が非常にシンプルに記述できます。

UniTaskは、ハイパフォーマンスな非同期処理ライブラリです。Unityでの非同期処理はCoroutineでも実装できますが、UniTaskの方が高機能です。

たとえば、メインスレッド以外で処理を実行したり、非同期処理を実行したあとレスポンスを返したりすることが可能です (他にもいろいろな機能がありますが、ここでは割愛します)。

Tips サーバーでデータを管理してみよう

プレイヤー同士でコミュニケーションを行うゲームの場合は、サーバー側にデータを保存する必要が出てきます。プレイヤー名や使用キャラクターなどのさまざまな情報をサーバー側に保存し、他のプレイヤーがそれを読み取ることでプレイヤー同士がつながります。

サーバーは自分で構築することも可能ですが、手っ取り早く準備する場合は、既存のBaaS（Backend as a service）を利用することをオススメします。

以下のBaaSではBaaSはUnity用のSDKが提供されていて、比較的簡単にゲームに組み込むことができます。

- Playfab
  https://azure.microsoft.com/ja-jp/services/playfab/
- GameSparks
  https://www.gamesparks.com/
- Firebase
  https://firebase.google.com/?hl=ja
- NCMB
  https://mbaas.nifcloud.com/
- GS2
  https://gs2.io/

これらのBaaSはそれぞれ特徴があり、利用料金もさまざまで機能制限はありますが、無料プランも用意されています。

なお、これらのBaaSを使うとオンラインゲームを制作することはできますが、協力・対戦型のFPSやアクションなどのリアルタイム性が求められるゲームには向いていません（構造的にどうしても遅延が発生してしまいます）。

Unityでリアルタイムのオンラインゲームを開発する場合は、Unity公式のマルチプレイ向けサービス（https://unity.com/ja/products/multiplay）があります。

また、公式以外にもマルチプレイ向けサービスはさまざまなものが存在しています。たとえばPhoton（https://www.photonengine.com/ja-JP/Photon）は2013年からサービスを提供しており、情報も豊富です。

11-5 Unityの魅力的な機能をさらに知っておこう

本書で説明したゲーム開発以外にも、Unityにはたくさんの機能があります。ここでは、その一部を紹介しますので、興味を持ったものがあれば試してみてください。

11-5-1 XR

XRとは、VR（Virtual Reality、仮想現実）・AR（Augmented Reality、拡張現実）などを包括した用語です。UnityはXRにも対応しており、この分野でも大いに活用されています。

UnityでXRの開発を行う場合は、Package ManagerからXR Plugin Managementと各デバイスに対応したXR用プラグインをインストールします。

あとはVRに対応したWindows PCとVRヘッドセットがあれば、Unityで開発したVRゲームをボタン1つでデバッグ実行することが可能です（2021年10月時点ではmacOSでのVR開発は難しいため、注意が必要です）。

VRコンテンツはアトラクションや映像として楽しめる他、空間を気軽に作成・体験できることを活かし、さまざまな業務用途に利用されています。活用の幅はこれからもさらに広がっていくことでしょう。

ちなみに、ARゲームのポケモンGOはUnityで開発されています。仮想の世界に入って楽しむVRに比べ、現実の世界にプラスアルファの要素を加えるARの方が日常生活に組み込みやすいため、先に大きく成長するのはARだろうともいわれています。

11-5-2 Shader

Shaderは金属や木など、オブジェクトの質感を変えたり、オブジェクトを歪ませたりする際に使用します。普段はデフォルトのShaderやAssetに含まれるShaderを使うことが多いかと思いますが、自分で作成することも可能です。

⦿ Shader Graph

Shader Graph（https://unity.com/ja/shader-graph）を利用すると、Shaderをグラフィカルに組み立てることができます。処理結果をリアルタイムで確認できるため、これからShaderを学ぶ場合はこれを活用することをオススメします。

⦿ Shaderを手書きする

Shader Graphを利用せず、Shaderを手書きすることも可能です。ShaderはHLSL言語の派生言語であるCgで書かれており、スクリプトで使うC#とは大きく異なるため、新たに学習が必要です（https://docs.unity3d.com/ja/current/Manual/SL-Reference.html）。

ちなみに筆者はごく簡単なShaderしか書いたことがありませんが、画像をスクロールさせるShaderを作って背景スクロールを楽に実装できたり、画像アニメーション用Shaderを作って負荷を抑えつつ、大量のSpriteをアニメーションさせたりと、結構役に立っています。

11-5-3 タイムライン

本書で作ったゲームは、ゲームオーバー画面で自動でタイトル画面に遷移させる処理など、時間の流れに沿った処理をスクリプトで実現しています。

これを同様のことが行えるのがUnityのタイムライン機能（https://docs.unity3d.com/Packages/com.unity.timeline@1.6/manual/index.html）です。この機能を使用すれば、時間の流れに沿った処理をタイムライン上で組み立てることができます。

ゲーム中のイベントシーンや映像コンテンツを作成する場合は、タイムラインを使うと意図通りの処理を組みやすくなるでしょう。また、シューティングゲームの敵キャラクターのように、時間経過に応じて一定の動きをするオブジェクトにも利用可能です。

11-5-4 ECS

ECS（Entity Component System）とは簡単にいうと、できるだけ負荷を抑えて、大量のオブジェクトを同時に扱えるようにするしくみです。

Unityで万単位のオブジェクトを動かす場合、通常のゲームオブジェクトでは負荷が高すぎてゲームとして用をなしませんが、このECSを利用するとゲームを滑らかに動作させることが可能になります。

これだけを聞くと「それならば常にECSを使えばよいのでは？」と思うでしょうが、導入には以下のようなハードルがあります。

- 通常のゲームオブジェクト（Mono Behaviour）とは別のしくみで動くため、設計変更やスクリプトの書き換えが必要になる
- 現時点では実装がややこしくなる（2021年10月現在プレビュー版で、気の利いたメソッドが少ない）

　ただし、ゲームオブジェクトを一括でEntityに変換してくれる機能など、Unityエディタ側でのECSサポートも徐々に充実してきていますので、今後に期待しましょう。

　ECSを使って大量のオブジェクトが動いている様は圧巻で、かつ大量のオブジェクトが扱えるとなるとゲームのアイデアも広がります。興味のある方は、公式サンプルプロジェクト（https://github.com/Unity-Technologies/UniteAustinTechnicalPresentation）を参考してください。

　なお、ECSはDOTS（Data-Oriented Technology Stack、https://unity.com/ja/dots）の機能の1つです。ゲームをDOTSに対応すれば、パフォーマンスの大幅な向上が見込めることに加え、Unity Physicsという新しい物理エンジンも使用できるようになります。

　Unity Physics（https://unity.com/ja/unity/physics）は、高速でゲームが動作することに加え、物理演算を何回実行しても同じ結果が得られる（つまり物理挙動の事前予測ができる）ことが大きな特徴です。

Coffee Break　Unityでゲーム以外を制作することはできるのか

　筆者は以前からAndroidやiOSのネイティブアプリを開発していましたが、Unityでゲーム開発を行うようになってから、「Unityを使えばゲーム以外のアプリも簡単にマルチプラットフォーム対応できるのでは」と思いはじめました。

　AndroidやiOSネイティブで開発する場合、プログラムやUIをそれぞれ作らないといけないため、実装の手間が二重にかかります。この手間をUnityで減らせないかと考えたわけです。

　結論からいうと、Unityで普通のアプリを制作することは「可能」です。ただし、以下のようなメリットとデメリットが存在します。

メリット
- **マルチプラットフォーム対応**
　Unityはマルチプラットフォームに対応しているため、Android・iOSに向けたアプリを一気に制作することが可能です。
- **リッチな表現がしやすい**
　ゲームエンジンという特性上、アニメーションや多種多様なエフェクトなど、リッチな表現や演出が実装しやすいです。

- **UI作成ツールの使い勝手が良い**

　Android StudioやXcodeと比較すると、UnityのUI作成機能はシンプルで使いやすいです。細かな部分で多少苦慮しますが、UIの開発コストはいくぶん抑えられるはずです。

デメリット

- **バッテリー消費の問題**

　ネイティブアプリは各OSに最適化されていますが、Unityはゲーム以外のアプリには不要な処理が含まれており、どうしても無駄が出てしまいます。

　特に顕著なのがフレームレートです。たとえばUnityでは、毎フレームUpdate()や描画系の処理が呼ばれますが、ネイティブアプリでは動きが少ないので、ほとんどの場合は無駄な処理となります。

　そのため、ツール系アプリを常に高FPSで動かし続けていると、多くのバッテリーを消費してしまいます。バッテリーを少しでも節約したい場合は、アニメーションさせるときのみFPSを高くするなどの工夫が必要になってきます。

- **Unityに無い機能を使うときに少し面倒**

　Unityはゲームのための機能が充実していますが、Android・iOSデバイスのカメラやBluetoothなど、各デバイスが持つすべての機能に対応しているわけではありません。そのような機能を使うためには、Android・iOSそれぞれのネイティブプラグインを準備する必要があります。

　また、ネイティブプラグインは各OSでしか動作しないため、エディタ上でデバッグ実行する場合は、ダミーの処理も実装しないといけません。これらのことから、ゲームではないアプリをUnityで開発するかどうかは、作ろうとしているアプリの特徴を考慮しつつ検討した方が良いでしょう。

　マルチプラットフォーム対応の開発フレームワークは他にもFlutter (https://flutter.dev/) やReact Native (https://reactnative.dev/) などがありますので、それらを検討しても良いでしょう。

　上記ではアプリに関してのメリット・デメリットを記載しましたが、Unityはゲームやアプリをリリースする以外の使い道もあります。

　たとえば、筆者は以前Unityで動画生成ツールを作成したことがあります。(そのツールは、現在も某YouTubeチャンネルで活躍しています。)

　他にも、Unityは想像力を形にするツールとしても使えますので、アイデア次第で用途は無限大にあります。

11-6 イベントに参加してみよう

1人で行う開発も楽しいですが、ゲーム開発の仲間がいるとお互いに刺激が得られ、モチベーションも保ちやすくなります。ここでは、Unity関連のイベントについてまとめています。

11-6-1 Unityに関連したイベント

Unityに関連したイベントは、勉強会・もくもく会・オンラインイベントなどさまざまな種類があり、毎日のように開催されています。

イベントの多くは誰でも参加できるようになっており、Unityを学びはじめたばかりの人から本格的なゲームを開発している人まで、学生・社会人問わずさまざまな人たちがいます。

これらのイベントでは他の開発者と意見を交換できたり、最新技術にも触れることができるので参加しない手はありません。

11-6-2 Unity Meetup

Unity Meetup (https://meetup.unity3d.jp/jp/) は、Unityの公式イベントサイトです。

定員10人以下の小規模なイベントから、公式の大規模なものまで、Unityに関するさまざまなイベントが紹介されています。

図11.5 Unity Meetup

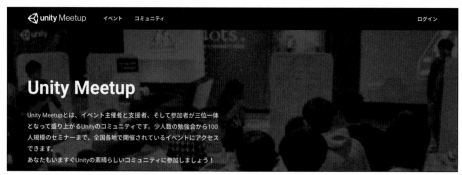

11-6-3 Unite

Unite（https://unity.com/ja/events/unite）は、毎年世界各国で開催される最大級のUnity公式イベントで、日本でも東京で「Unite Tokyo」が開催されていました。

コロナ禍の影響で残念ながら2020年と2021年は開催が見送られましたが、Uniteでは数日間に渡ってUnityやゲーム開発に関する数多くの講演が行われます。さらに、さまざまな最新技術やデバイスの体験ブースなども設置され、ゲーム開発者にとってはまさに夢のようなイベントです。

2019年のUniteには筆者も参加し、とても楽しく有意義な時間を過ごすことができました。イベントが再開された際には、ぜひみなさんも参加してみてください。

図11.6 Unite Tokyo 2019公式サイト

図11.7 XRデバイスの体験ブース

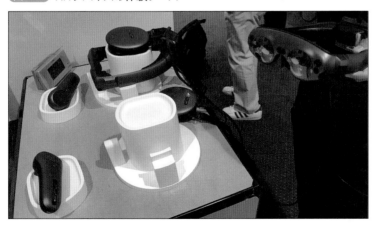

11-6-4 Unity1週間ゲームジャム

Unity1週間ゲームジャム (https://unityroom.com/unity1weeks) は、お題が出てから1週間でゲームを作り上げる、不定期開催のオンラインゲームジャムイベントです。

参加は自由で敷居は低く、初心者の作品から非常にクオリティの高いものまで出揃う、とても間口の広いイベントです。

図11.8 Unity1週間ゲームジャム

11-6-5 その他の勉強会・イベント

Unity Meetup以外にも、企業主催のものから個人主催のもくもく会まで、多種多様な勉強会が開催されています。勉強会の告知・運営管理プラットフォームのconnpass (https://connpass.com/) などで募集されていますので、チェックしてみましょう。

図11.9 connpass

ビジュアルスクリプティング
を体験しよう

Unity 2021から、Unityエディタで「Bolt」というビジュアルスクリプティングツールがデフォルトで搭載されるようになりました。これまで制作してきた3Dゲームには利用しませんが、本ChapterではこのBoltの概要や基本的な使い方について解説していきます。

 Boltについて知ろう

ここでは、ビジュアルスクリプティングとは何かについて解説し、Boltの導入手順や基本知識についてまとめています。

12-1-1 ビジュアルスクリプティングとは

これまでUnityでスクリプトを記述するには、C#でプログラミングするのが基本でした。これはプログラミングが苦手な方からすると高いハードルを感じてしまうものでした。

ビジュアルスクリプティングでは、プログラムを書く代わりに画面上で部品を配置していき、それを繋ぎ合わせてスクリプトを作成します。目に見える形で組み立てていくため、プログラミングの知識が浅くても、処理の流れが把握しやすいという特徴があります。

図12.1 Boltでのビジュアルスクリプティングの例

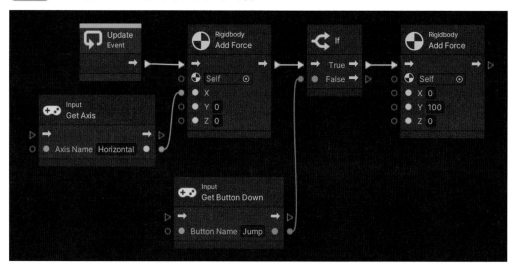

Bolt（https://unity.com/ja/products/unity-visual-scripting）は、元々Asset Storeで販売されていた有料のビジュアルスクリプティングアセットでした。2020年5月にUnityによって買収

され、現在は誰でも無料で利用可能になっています。

　なお、Boltでビジュアルスクリプティングをする場合でも、プログラムの基礎知識（変数や
if文など）およびUnityの基礎知識（ライフサイクルやコンポーネントなど）は必要です。本書で
もChapter 3で一通り解説していますので、プログラミング未経験者の方は、あらかじめ目を
通しておくようにしてください。

12-1-2　Boltの導入方法

　Boltは、Unity 2021ではデフォルトで組み込まれているため、特別な設定を行わなくても利
用可能です。

　それ以前のバージョンを利用している方は、Asset Store（https://assetstore.unity.com/
packages/tools/visual-scripting/bolt-163802?locale=ja-JP）からダウンロード・インストール
を行ってください（5-1-3参照）。

図12.2　Asset StoreのBoltページ

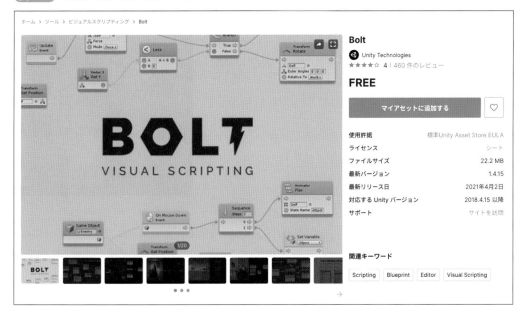

12-1-3 Boltの基礎

実際にBoltを触りはじめる前に、基本的なルールについてざっくりと把握しておきましょう。

◉ グラフ

Boltでは、Script GraphとState Graphという2種類のプログラムを作成できます。

Script Graphは、C#のスクリプトと同等のしくみです。

State Graphは、ゲームやキャラクターの状態に応じて処理を切り替えるしくみです。たとえば「ゲームプレイ中はこのScript Graphを実行」「ゲームオーバーの時はこのScript Graphを実行」といったように、状況に応じてScript Graphを切り替えることで、ゲームの制御が行いやすくなります。

本Chapterでは、Boltの基本となるScript Graph（以下、グラフと呼びます）の使い方について解説します。

◉ ユニット

グラフに配置する部品をユニット（Unit）と呼びます。

ユニットにはさまざまな種類があり、これを組み合わせてスクリプトを組み立てていきます。たとえば、変数を読み書きするもの、コンポーネントのメソッドを実行するもの、ifやwhileなどの構文に対応したものなどがあります。

図12.3 ユニット

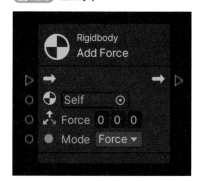

各ユニットは左側に入力（Inputs）、右側に出力（Outputs）を持っています。ユニットの入出力は、処理（緑の矢印アイコン）と値（型に応じたさまざまなアイコン）の2種類があります。

処理の入出力をつなぐと、つないだ順番にユニットが実行されます。また、値の入出力をつなぐと値の受け渡しが行われます。

12-2 Boltを使ってみよう

ここからは実際にグラフを作りながら、基本的な使い方を説明していきます。

12-2-1 作るものを決める

今回は「プレイヤーが一定範囲まで近づくと、プレイヤーの方を向く」という、NPCキャラクター用のスクリプトを作成してみます。NPCはNon Player Characgerの略で、プレイヤーの操作がなくても動きまわるキャラクターのことです。NPCキャラクターの動きとしては不十分ですが、練習ということでできるだけシンプルなものにしました。

処理の流れは以下の通りです。

① Colliderを使って、何らかのオブジェクトが範囲内に入ったことを検知する
② 範囲内に入ったオブジェクトがプレイヤーかどうかを判定する
③ もしプレイヤーだったら、NPCキャラクターにプレイヤーの方向を向かせる

12-2-2 Boltでグラフを作ってみる

では、グラフを作成していきましょう。

◉ NPCキャラクターのゲームオブジェクトを準備する

まずはSceneの準備を行いましょう。

新規作成したSceneに足場となるPlaneを配置し、その上にNPCキャラクターのゲームオブジェクトを配置します。今回はCubeを配置し、名前を「Npc」としました（Cubeでなくても、向きがわかるものであればOKです）。

図12.4 NPCのゲームオブジェクトを作成

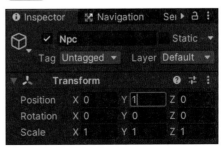

次に、NPCキャラクターがプレイヤーを検知する範囲を準備します。

Hierarchyウインドウで Npc にカーソルを合わせて右クリックし、子オブジェクトとして空のゲームオブジェクトを作成します。名前は「DetectArea」とし、DetectAreaのScaleでXを「10」、Yを「10」、Zを「10」に変更します。

衝突判定を発生させるために「Sphere Collider」をアタッチし、「IsTrigger」にチェックを付けます。

図12.5 検知範囲となるDetectAreaを作成

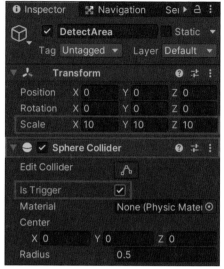

◉ Script Machine コンポーネントをアタッチする

続いて、プレイヤーが範囲内に存在することを検知する処理を作成します。

Boltのグラフをゲームオブジェクトにアタッチするには、Script Machineコンポーネントを使用します。

DetectAreaにScript Machineコンポーネントをアタッチしてみましょう。

図12.6 Script Machine コンポーネント

次にScript Machineコンポーネントの「New」ボタンをクリックして、グラフを新規作成します。グラフの名前は「NpcDetectArea」としました。

図12.7 グラフを新規作成

グラフを設定すると、Script Machineコンポーネントの「Edit Graph」ボタンがクリックできるようになります。クリックすると、グラフを編集するためのScript Graphウインドウが開きます。

Script Graphウインドウを開いたら、いよいよグラフを作成を進めていきます。

◉ ユニットを配置する

まずは処理の起点となるイベントユニットを準備します。

Boltには、Unityの各イベントに対応するユニットが準備されています。今回はOn Trigger Stay Eventユニットを利用しましょう。これは、衝突判定のイベントOnTriggerStay()をユニット化したものです。

ユニットを配置するには、Script Graphウインドウの空きスペースで右クリックします。ユニットの検索ウインドウが表示されますので、「ontriggerstay」と入力します。

検索結果にOn Trigger Stay (in Events/Physics) の項目が表示されます。選択するとグラフにユニットが配置されます。

図12.8 ユニットの検索ウインドウ

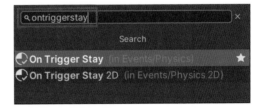

図12.9 On Trigger Stay Event ユニット

CHAPTER 12 ビジュアルスクリプティングを体験しよう

　ちなみに、この検索機能はかなり柔軟で気が利いています。たとえば「riad」と入力すると、「ri」と「ad」を含んだ Rigidbody AddForce コンポーネントがヒットします。

　同じ手順で、以下の3つのユニットを配置しましょう。**12-2-1** で書いた処理の流れを元に、必要なユニットを選定しました。

- Ifユニット
  条件分岐に使用します。
- Collider: Compare Tag ユニット
  Collider の CompareTag メソッドを実行し、Tag が任意の値とマッチするかどうかを判定します。範囲内に入ったゲームオブジェクトがプレイヤーかそれ以外かを判定するために使用します。
- Trigger Custom Event ユニット
  カスタムイベントを呼び出すユニットです(カスタムイベントの詳細は後述)。Collider でプレイヤーを検知したあと、「NPC キャラクターがプレイヤーの方を向く処理」を呼び出すために使用します。

　これらのユニットを以下のように配置します。

図12.10 各ユニットを配置

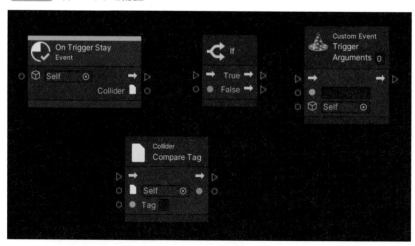

　もしユニットに関して詳しい情報を知りたい場合は、ユニットを選択して Script Graph ウインドウの Graph Inspector を確認してみましょう。Graph Inspector には、選択中のユニットや各入出力パラメータの説明が表示されます。

図12.11 Graph Inspector

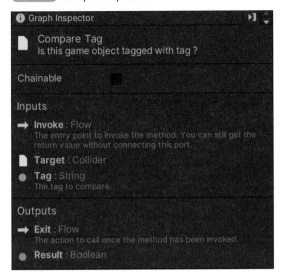

◉ ユニットを接続する

次にユニットを接続してみましょう。

ユニットを接続するには、ユニットの外側にある ▷ または ◉ をクリックし、別ユニットの同じマークをクリックします。間違えたときは、マーク上で右クリックすると接続を解除できます。

▷ を接続すると、接続した順番でユニットの処理が実行されるようになります。◉ を接続すると、ユニット間で値の受け渡しが行われます。

今回は、**12-2-1**で書いた処理の流れに沿って以下のように接続します。

図12.12 ユニットを接続

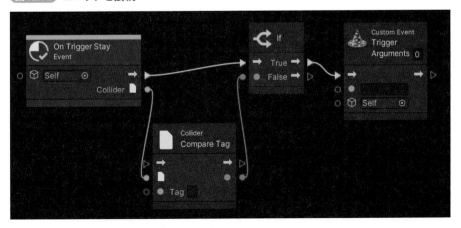

ユニットを接続したら、Collider: Compare TagユニットのTagに「Player」と入力します。これでOnTriggerStay()イベントのColliderがPlayerタグを持っている場合のみ、Trigger Custom Eventユニットが実行されるようになりました。

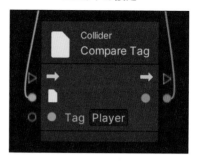

図12.13 Collider：Compare Tag
ユニットの設定

⦿ Trigger Custom Event ユニットで任意の処理を呼び出す

Custom Eventユニットを使用すると、独自のイベントを定義することが可能です。また、定義したイベントは、Trigger Custom Eventユニットで呼び出すことができます。このしくみを使えば、好きなタイミングで任意の処理を呼び出せるようになります。

今回は「Npc」グラフを新規作成して「プレイヤーの方を向く処理」を実装し、これを「DetectArea」グラフから呼び出してみることにします。

まずは、DetectAreaグラフを仕上げていきましょう。

Trigger Custom EventユニットのArgumentsに「1」を入力し、その下の入力欄に「OnDetect Player」と入力します。

これでユニットが実行されたときにカスタムイベント「OnDetectPlayer」を呼び出し、1つの引数（Arg. 0）を渡すようになりました。

今回は引数としてColliderオブジェクトを渡したいので、On Trigger Stay EventユニットのColliderをArg. 0に接続します。

図12.14 Custom Event Trigger ユニットの設定

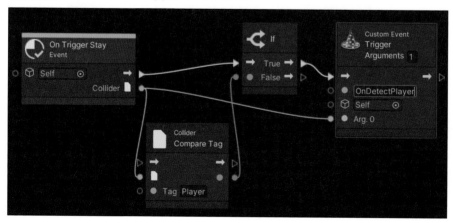

次にカスタムイベント名の下の入力欄を使って、どのゲームオブジェクトのカスタムイベント呼び出すかを指定します。

初期値は「Self」となっているので、このままだと「DetectArea」オブジェクト自身の「OnDetectPlayer」イベントが呼ばれる状態になっています。NPCキャラクターにプレイヤーの方向を向かせたいので、「Npc」オブジェクトのイベントが呼ばれるよう変更してみましょう。

⊙ Variablesを利用する

グラフから任意のゲームオブジェクトを参照するにはVariablesを使います。

Variablesは、C#の変数やフィールドと同等のしくみです。Variablesを使う方法はいくつかありますが、今回はコンポーネント経由で利用します。

まずはHierarchyウインドウで「Detect Area」を選択します。Inspectorウインドウを確認すると、いつの間にかVariablesコンポーネントがアタッチされています。Variablesコンポーネントは、Script Machineをアタッチすると自動的にアタッチされます。

このコンポーネントに値をセットすると、グラフから値を参照可能になります。

図12.15 Variablesコンポーネント

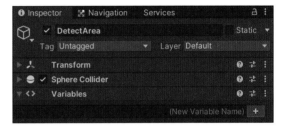

では、Variablesコンポーネントの設定を進めていきましょう。

まずコンポーネント右側にある「+」ボタンを押して、Variableを作成します。今回はNpcオブジェクトを参照したいので、Nameは「Npc」、Typeは「Game Object」とし、ValueにNPCキャラクターのゲームオブジェクトNpcをドラッグ＆ドロップします。

図12.16 VariablesにNpcを追加

続いて、グラフに戻ってユニットを追加します。ユニットの検索ウインドウを開いて「npc」と入力すると、Get Npc (Object) ユニットが表示されるようになっていますので、これを配置します。

図12.17 Get Npc (Object) ユニットが配置できるようになった

このようにVariablesに値を追加すると、ユニットとして配置できるようになります。

配置した Get Npc (Object)ユニットをTrigger Custom Eventユニットの入力につなげば、DetectAreaのグラフは完成です。

これでプレイヤーがDetectAreaの範囲内に存在する場合に「Npc」オブジェクトのカスタムイベント「OnDetectPlayer」が呼ばれるようになりました。

図12.18 DetectAreaグラフ完成

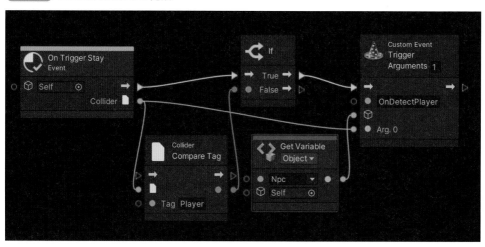

なお今回は使用しませんでしたが、Set XXXユニットを使えば、Variablesの内容を書き換えることが可能です。

⊙ Variablesの種類

Variablesはいくつかの種類があり、今回は「Object Variables」という種類を使用しました。
各Variablesはそれぞれ異なる特徴を持っていますので、状況に応じて使い分けましょう（表12.1）。

表12.1 Variablesの種類

種類	説明
Flow Variables	処理の中でSet Flow Valiableユニットを使って定義し、定義した処理の中でのみ使えるVariables。C#における関数のローカル変数に該当する
Graph Variables	グラフごとに定義するVariables。該当のグラフの中であれば、どこからでも使用可能。C#におけるクラス変数に該当する
Object Variables	ゲームオブジェクトに紐づいたVariables。該当のゲームオブジェクトが持つすべてのグラフから使用可能
Scene Variables	シーンごとに定義するVariables。定義したシーン内であれば、どのグラフからでも使用可能
Application Variables	シーンを問わずどこからでも使用可能。ゲームを終了すると、リセットされる。C#におけるグローバル変数に該当する
Saved Variables	シーンを問わずどこからでも使用でき、値が自動的にPlayerPrefsに保存される。ゲームを終了しても値が保持されるため、セーブデータなどはここに入れておくと良い

Flow Variablesを除く各種Variablesは、Script Graphウインドウの左下にあるBlack Boardで閲覧・編集することが可能です。

図12.19 Black Board

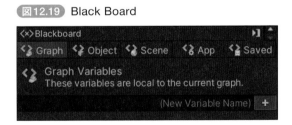

⊙ Custom Event ユニットを使って、呼び出される側の処理を作成する

続いて、Npcオブジェクトに「OndetectPlayer」イベントで呼び出される処理を作成します。
「Npc」オブジェクトを選択し、Script Graphコンポーネントをアタッチし、グラフを新規作成します。グラフの名前は「Npc」にしました。

作成したNpcグラフを開いて、Custom Eventユニットを配置します。
Custom EventユニットのArgumentsを「1」、イベント名は「OnDetectPlayer」と設定します。これで「OnDetectPlayer」イベントが呼び出された際に、「Arg. 0」で引数を1つ受け取れるようになりました。

図12.20 Npc グラフの作成

図12.21 Custom Event ユニット

　最後に、ゲームオブジェクトの向きを変える Transform: Look At (Target) ユニットを配置します。

　「OnDetectPlayer」イベントが呼ばれたタイミングで NPC キャラクターの向きを変えたいので、Custom Event ユニットから接続しましょう。

　併せて、Custom Event ユニットの「Arg. 0」を Transform: Look At(Target) ユニットの「Target」に接続します。

　これで「OnDetectPlayer」に渡されてきた引数(Colloder) を Transform: Look At (Target) ユニットが受け取り、Colloder の方向を向くようになりました。

図12.22 Npc グラフ完成

　これでグラフが完成したので、動作を確認してみましょう。

　プレイヤーとして適当なゲームオブジェクトを配置し、Rigidbody コンポーネントと Collider をアタッチします。タグは必ず「Player」にしておきましょう。

図12.23 プレイヤーのゲームオブジェクトを準備

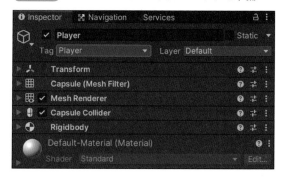

では、ゲームを実行してプレイヤーをNPCキャラクターに近づけてみましょう（プレイヤーをスクリプトで操作してもかまいませんし、Sceneビューで直接動かしてもかまいません。）

プレイヤーがNPCキャラクターに近づくと、NPCキャラクターがプレイヤーの方向を向くことが確認できます。

なお、ゲーム実行中にグラフを開くと、処理の流れや変数の値がリアルタイムで表示されます。デバッグの際に非常に役立ちますので、ぜひチェックしてみてください。

図12.24 実行中は処理の流れや変数の値が表示される

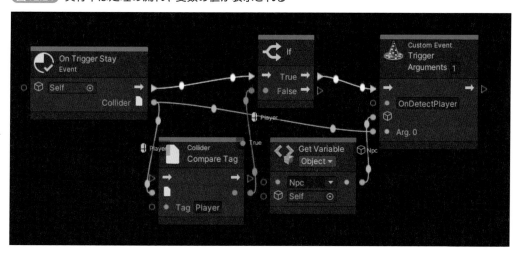

ちなみに、衝突判定が発生せずNPCキャラクターがプレイヤーの方向を向かない場合は、7-4-3の衝突するレイヤーの設定を参考に、プレイヤーとNPCキャラクターのレイヤーが衝突する設定になっているか確認してみてください。

12-3 Boltのさまざまな機能を知っておこう

Boltには多くの機能があり、本Chapterで使用したのはごく一部のみです。本書ですべてを紹介することはできませんが、よく使われている機能をピックアップして紹介します。

12-3-1 スーパーユニット

スーパーユニット (https://docs.unity3d.com/Packages/com.unity.visualscripting@1.7/manual/vs-super-units.html) は、よく使う処理をまとめて1つのユニットにする機能です。

同じ処理を複数のグラフで使う場合、処理をコピペすると後で管理が大変になります。このような場合は、スーパーユニットを活用することで管理のコストが減らすことが可能です。

12-3-2 自作ユニット

ユニット (https://docs.unity3d.com/Packages/com.unity.visualscripting@1.7/manual/vs-creating-visual-script-graph-unit.html) は、C#で自作することも可能で、うまく活用すればBoltの苦手な部分をC#に任せることが可能です。

公式ドキュメントにユニットの作り方とサンプルコードが記載されていますので、興味がある方はチェックしてみてください。

12-3-3 State Graph

本Chapterで主に説明したのはScript Graphですが、BoltにはState Graph (https://docs.unity3d.com/Packages/com.unity.visualscripting@1.7/manual/vs-state.html) という機能もあることは先ほど述べました。

State Graph機能を使用すると、ステートマシン (状態に応じて処理を切り替えるしくみ) を作ることが可能です (**Chapter 6**で解説している、Animator Controllerと同じようなしくみです)。

Script Graphだけでもゲームは制作できますが、State Graphを使うとさらに処理をシンプルにすることができます。

Coffee Break 公式チュートリアルを活用しよう

　Boltを本格的に利用する際は、公式チュートリアルにも目を通しておくことをおすすめします。

　Unity Japanでは、Boltのチュートリアルに関する情報 (https://note.com/unityjapan/n/n8620126b2d39) をまとめてくれています。

　ただ2021年10月現在、この記事で紹介されている日本語版の公式チュートリアルは、極めてシンプルなものに留まっているため、物足りないと感じる方が多いかもしれません。

　英語版の公式チュートリアル (https://learn.unity.com/project/bolt-platformer-tutorial) は本格的で、Boltを使って2Dプラットフォーマーゲームを開発する内容になっています。こちらにチャレンジすれば、より深い理解が得られるはずです。

図12.a 英語版の公式チュートリアル

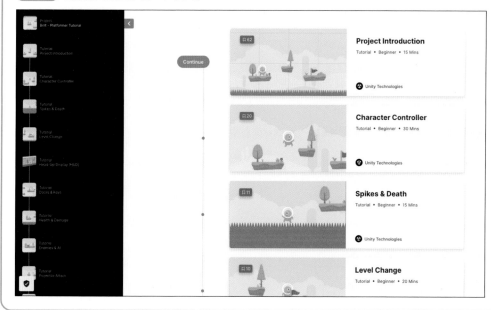

12-4 Boltの強みと弱みを知っておこう

基本的な使い方を学んだところで、Boltを最大限に活かせるケースについて考えてみましょう。たとえば、たいていのスクリプトはBoltだけで作成できますが、C#でプログラミングした方が楽になる場合もあります。

12-4-1 Boltの強み

プログラミングの経験が無い場合や、プログラミングに苦手意識があるのであれば、それだけでBoltを導入する価値があります。一方で、もしプログラミングが得意だったとしても、以下のような強みを活かせるのであれば導入を検討しても良いでしょう。

◉ 情報がリアルタイムで表示され、デバッグしやすい

ゲームの実行中は、グラフにリアルタイムで情報が表示されます。

実行されている処理や値の中身が見えるため間違いに気づきやすく、デバッグがとてもやりやすくなります。

◉ ライブエディットが可能

Boltにはライブエディット機能が備わっており、実行中にグラフを変更するとゲームに即時反映されます。

リアルタイムの情報表示で間違いに気づきやすい上に、間違いをその場で直せるのは非常に強力です。

◉ チーム開発に役立つ

開発チームを組んでで役割分担する場合も、ビジュアルスクリプティングが役に立ちます。

たとえば、自身がプログラミングが得意であっても、デザイナーやプランナーの方にスクリプトを見てもらったり、一部調整をお願いしたいといったケースも考えられます。そのような場合は、該当部分だけBoltで作るというのもアリでしょう。

⊙ イケてる

ゲーム開発において、開発機能がイケてることはモチベーションにつながります。つまり、イケてることは正義なのです。そして、Boltはイケてます。

12-4-2 Boltの弱み

Boltにはさまざまな強みがある一方、C#と比べると開発効率が落ちてしまう場合もあります。Boltの苦手とする部分を把握し、悲劇が起こる可能性を減らしましょう。

⊙ グラフが巨大になりがち

以下の図は、本書サンプルプロジェクト完全版のEnemyMove.csにあるRandomMove()メソッドをグラフに移植したものです。

図12.25 RandomMove()を移植したグラフ

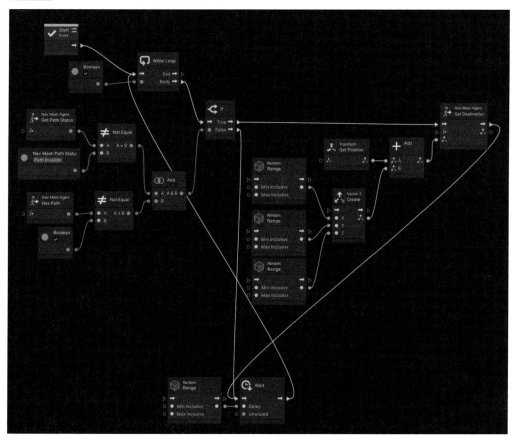

これは敵キャラクターをランダムに歩き回らせるだけの処理で、C#では20行足らずでしたが、グラフにするとかなりの大きさになりました。

グラフがあまりに巨大になってくると、ビジュアルスクリプティングのメリットである「理解のしやすさ」が打ち消されてしまいます。ユニットを見やすく配置したり、適切に処理を分けたりして、グラフを見やすい状態に保ちましょう。

◉ 計算式を組み立てるのが面倒

Boltでは、足し算や掛け算などもユニットを組み合わせて行うため、複雑な計算式を組もうするとかなり理解しづらくなります。

複雑な計算式を組む場合は、C#に任せてしまった方が良いでしょう。

◉ バージョン管理や複数人での開発に難がある

Boltで作成したグラフのデータは、1行のJSON文字列として保存されます。そのため、Gitなどのバージョン管理システムでスクリプトの変更点を確認するのが困難です。
「スクリプトに、いつ・誰が・どのような変更を加えたか」が追いづらくなるのは、プログラマにとってはかなり恐ろしいことです。

また、同じ理由で、Boltのグラフを複数の人が同時に書き換えた場合、マージ（各メンバーが変更した内容をくっつけること）で地獄を見ることになります。

複数人でBoltを使う場合は、プログラミングをする時以上にメンバー同士の情報共有が重要になります。

12-4-3 まとめ

前述の通りBoltにも強みと弱みがあり、必ず導入すべきというものではありません。

ただ、ビジュアルスクリプティングは開発シーンにおいて大きな役割を担うようになってきており、同分野にはUnityもかなり力を入れているようです。

実際、Boltは便利で興味深いものですので、もし読者の方がプログラミングが得意だったとしても、一度触ってみる価値はあるかと思います。

Unityでの
トラブルシューティング

ゲーム開発を進めていくとさまざまなトラブル
が発生します。

トラブルに遭遇したとき、対処方法を知らない
と何をどうすれば良いのかわからず途方に暮れ
てしまいます。本Chapterでは、そのような
ケースに少しでも助けになる対処方法を紹介し
ます。

本書で作成するサンプルゲームの開発時のトラ
ブルにも有用ですので、参考にしてみてくださ
い。

13-1 エラーを確認しよう

ゲームが実行できなくなったり、キャラクターが動かなくなるなどのトラブルが発生
したときは、まずどのようなエラーが発生しているかを確認してみましょう。

13-1-1 エラーの内容をチェックしよう

エラーが発生した場合、エラーの内容がConsoleウインドウ（ Command ＋ Shift ＋ C ）に表
示されます。まずConsoleウインドウを開いて、どのようなエラーが発生しているのかを確認
しましょう。

基本的にエラーログは表13.1に挙げた構造になっています。

表13.1 エラーログの構造

項目	説明
日時	エラーの発生日時。エラーログを含め、各ログに必ず表示される
エラーの種類	スクリプトの構文エラーなどの場合は、エラーの種類だけで対処方法がわかる場合がよくある
エラーメッセージ	エラーの詳しい内容が表示される。エラーの種類だけでは対処が難しい場合、これを元に対処方法を探すことになる（たいていは英語で表示される。英語が苦手な人はDeepLやGoogle翻訳を活用するとよい）
エラーの発生個所	エラーの発生個所と、その処理を呼び出しているスクリプトが順に表示される。青文字の部分をクリックすると、スクリプトの該当個所にジャンプする

図13.1 Consoleに表示されたエラー

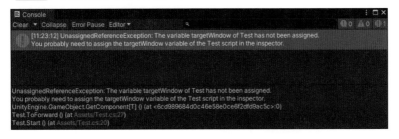

　自分の書いたスクリプトでエラーが発生している場合は、該当個所を開いて修正を試みましょう。スクリプト以外でエラーが発生していて、かつ対処方法が不明な場合は、13-1-3に進んでください。

13-1-2　よくあるスクリプトエラー

　Unityで発生するエラーは多種多様ですが、中でも特によく発生するエラーと対処方法をいくつか紹介します。開発しているとほぼ確実に遭遇するものばかりですので、心の片隅に留めておきましょう。

◉ UnassignedReferenceException・NullReferenceException

　このエラーは、スクリプトで値がセットされていないフィールドにアクセスしようとすると発生します。

　Inspectorウィンドウで「None」や「Missing」になっているフィールドは値がセットされていませんので、チェックしてみましょう。

図13.2　値をセットし忘れたときの表示

◉ MissingReferenceException

　このエラーは、Destroy()を使ってゲームオブジェクトやコンポーネントを破棄したあと、その破棄したものにアクセスを試みる際に発生します。

　破棄するかもしれないゲームオブジェクトやコンポーネントにアクセスする際は、値がnullかどうかをチェックすると良いでしょう。

```
以下のobjはDestroy()で破棄する場合があるとする
[SerializeField] private GameObject obj;
略
objは破棄されてnullになっているかもしれないので、チェックしてから処理を行う
if (obj != null) {
    obj.SomeAction();
}
```

◉ MissingComponentException

　このエラーは、GetComponent()を使って取得しようとしたコンポーネントが、対象のゲームオブジェクトにアタッチされていない場合に発生します。

　取得対象のゲームオブジェクトが間違っていないかをチェックし、もし間違っていなければ、コンポーネントがアタッチされているかどうかをチェックしましょう。

◉ InvalidOperationException

このエラーは、Listを使ったforループ内で要素を削除を試みた際などに発生します。具体例は、以下の通りです。

```
所持アイテムのリスト
var items = new List<string> {
    "ポーション",
    "薬草",
    "毒消し草"
};

foreach (var item in items)
{
    薬草を使ったので、所持アイテムから消したい
    if (item == "薬草")
    {
        items.Remove(item);    エラーが発生
    }
}
```

「Listでアイテムなどを管理して不要になったら消す」といった処理を行う場合、このエラーに遭遇する可能性があります（筆者は何度もやりました……）。

LINQのRemoveAll()を使ったり、元のListを直接操作しないようにして処理結果を新しいListに格納することでエラーを回避することが可能です。

LINQ（https://docs.microsoft.com/ja-jp/dotnet/csharp/tutorials/working-with-linq）はC#の機能の1つで、配列やListを扱うためのとても便利なメソッドが揃っています。for文よりもシンプルに書けますので、ぜひ使ってみてください。

13-1-3 よくわからないエラーが出た場合

エラーログを確認しても対処方法がわからない場合は、エラーの内容をGoogle検索してみましょう。たいていのエラーはあなたよりも世界中の誰かが先に経験しているはずです。

情報を見つけやすくするため、検索キーワードから余計なワードは除外しておきましょう。たとえば、エラーメッセージに自作スクリプトのパスなどが含まれている場合は、除外してから検索してください。

また、検索結果に必ず含めたいキーワードを「""」で囲むなど、Google検索のルールを活用することで更に検索の精度が向上します。これらについては、「Google検索 テクニック」などで検索してみてください。

13-1-4 調べてもエラーが解決できない場合

まれにどれだけ調べても、情報が見つからないときがあります。

◉ まずは再起動

不可解な現象が発生したときは、UnityエディタやPCを再起動してみると、症状が改善する場合があります。

◉ 人に助けを求める

解決まで至らずにハマりそうなときは、誰かに助けを求めてみるのも1つの手です。

たとえば、Unity関連のフォーラムや質問掲示板などに投稿すると、解決策を教えてくれることがあります。また周りにUnity開発が得意な知人がいれば、相談してみるのも良いでしょう。

◉ 自力で何とかする

謎のエラーを自力で解決しようとする場合は、「何がきっかけでこのエラーが発生したのか」を特定するところからはじめましょう。具体的には、以下のような手段で該当個所を絞り込んでいきます。

- 影響していそうな処理をコメントアウトする
- 影響していそうなAssetを除去する
- バージョン管理システム（11-4-1参照）を使って、問題の発生時期などを切り分ける
- エラーが発生したスクリプトやゲームオブジェクトを新規プロジェクトに移し、最低限の環境だけ整えて問題が再現するかを試す

「ここはトラブルの原因ではない」を積み重ねていけば、時間はかかりますが必ず原因が特定できます。原因が特定できれば、たいていは解決の糸口が見えてくるはずです。

また、まれに原因が判明しても修正が不可能なことがあります。たとえば筆者は「OSの不具合が原因で、Bluetooth接続が切断される」という問題に遭遇したことがありました。

どうしても解決の糸口が掴めない場合は、代替案や回り道を探してみましょう。機能を実装し直すのは面倒ですが、急がば回れが有効なケースもあります。

そして、問題を解決できたときや、解決できなくても原因を特定できたときは、ぜひブログや技術記事投稿サイトに情報をまとめてみてください。皆さんの情報で世界中の誰かが救われるかもしれません。

13-2 情報を「見える化」しておこう

エラーログが表示されていれば対処しやすいのですが、「エラーが無いのになぜか動かない」といったこともあります。このような場合は、処理の流れや変数など、手がかりとなる情報を見えるようにしましょう。

13-2-1 ログを出力する

情報の見える化で一番簡単な方法はログ出力です。

ログを出力するには、スクリプトの任意の場所に Debug.Log (ログの内容) を記述するだけOKです。敵が出現したとき、敵を倒したとき、アイテムを手に入れたときなど、要所要所でログを仕込んでおくと処理の流れを把握しやすくなります。

ログ出力にはいくつかの種類があります。

Debug.LogWarning() や Debug.LogError() などを使えば、より目立ちやすい Warning (黄色い警告メッセージ) や Error (赤いエラーメッセージ) にすることも可能です。

ゲーム進行に影響の無い問題は Warning、起こってはいけない問題は Error というように、適宜使い分けていきましょう。

13-2-2 ステップ実行

ステップ実行機能を使うことで、ログ出力よりも詳細に処理の流れを確認できます。

ステップ実行では、処理を一時停止したい場所に「ブレークポイント」を仕込みます。ゲームを実行すると、ブレークポイントを仕込んだところでプログラムが一時停止します。そこから1行だけ処理を進めたり、呼び出し元や呼び出し先のメソッドに移動したりすることが可能です。

ステップ実行の設定は、Unityエディタではなく Visual Studio 側で行います (Visual Studio 以外のIDEでも、ステップ実行のやり方はほとんど同じです)。

Visual Studio でスクリプトを開いて、ブレークポイントを仕込みたい行の左側をクリックします。ブレークポイントを仕込むと、赤丸が表示されます。

　ブレークポイントを有効にするには、Visual Studio 上部の「Unity にアタッチ」をクリックします。

図13.3 ブレークポイントを仕込む

　このとき、Unity 側にデバッガを有効化するかどうかを尋ねるダイアログが表示される場合があります。表示された場合は、「Enable debugging for this session」ボタンをクリックします。

図13.4 デバッガ有効化の確認ダイアログ

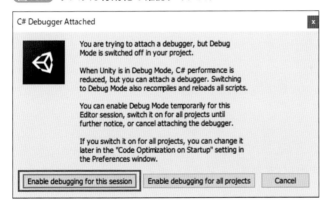

　Unity でゲームを再生すると、ブレークポイントを付けた個所でゲームが一時停止します。Visual Studio では一時停止している行が黄色で表示されます。

図13.5 ブレークポイントでの自動停止

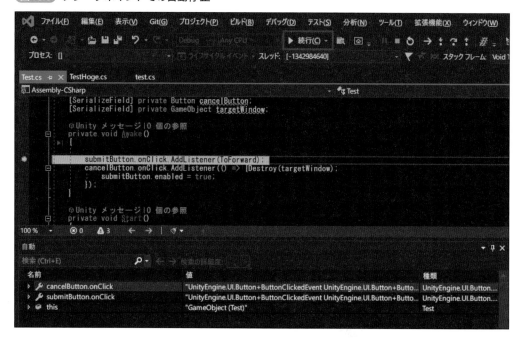

　ゲームが一時停止したら、以下で紹介するVisual Studio上部にある3つのボタンを使ってみましょう。

◉ ステップイン

　ステップイン（▮）では、処理を1つだけ進めます。関数を呼び出す処理の場合は、呼び出した関数に移動します。

◉ ステップオーバー

　ステップオーバー（▮）では、処理を1行進めます。ステップインとは違って、呼び出した関数には移動しません。

◉ ステップアウト

　ステップアウト（▮）では、現在の関数が終わるまで処理を進め、関数の呼び出し元に移動します。

　これらの確認を終えてゲームを再開する際は、Visual Studio上部の「続行」ボタンをクリックします。

13-2-3 UnityのDebugモードを使う

スクリプトの状態を詳しく確認したい場合は、UnityのDebugモードを使ってみましょう。Debugモードにすると、スクリプトのprivateフィールドをInspectorウインドウ上で確認することが可能です。

Debugモードを実行するには、Inspectorウインドウ右上の（■）をクリックし、「Debug」を選択します。

Inspectorウインドウの表示内容が変わり、privateなフィールドが見られるようになりました。

図13.6 Debugモードの設定

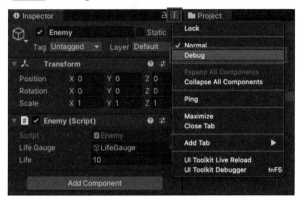

図13.7 Debugモードでの表示

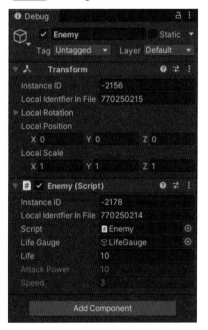

13-2-4 デバッグ機能を実装する

独自のデバッグ機能を準備しておくことも有効な手段の1つです。

プレイ中に任意の情報を表示するのに加え、テスト用のチート機能（たとえば、キャラをLv.99にするボタンなど）を準備しておくと、調査の効率がアップします。

ただし、テスト用のチート機能の扱いには注意が必要です。

「リリース版で機能をOFFするのを忘れて、チートし放題だった……」といった悲劇を回避するには、Unityのプラットフォーム依存コンパイル（https://docs.unity3d.com/ja/2021.1/Manual/PlatformDependentCompilation.html）が有効です。この機能を利用すると、「Unityエディタでのみデバッグ機能を有効にし、リリース版には含めない」といった制御が可能です。

CHAPTER 13 Unityでのトラブルシューティング

13-3 処理が実行されない原因を探ろう

ログ出力やステップ実行を仕込んで情報を見える化を実現しても、処理が実行されなければ何もわかりません。このような場合は、処理の呼び出し元をたどったり、Unityのイベント関数や設定が正しいかどうかを確認してみましょう。

13-3-1 関数の呼び出し元をたどっていく

処理が実行されないということは、その関数の呼び出し元に原因があります。

呼び出し元を特定するには、Visual Studioで関数の上で右クリックし、「すべての参照を検索」を選択します。

関数を使っている個所が一覧で表示されますので、これを繰り返して関数の呼び出し元をたどっていき、呼び出し元にブレークポイントを仕込んでみましょう。

もしブレークポイントで一時停止した場合は、問題はほぼ解決したようなものです。あとはステップ実行を進めていけば、何が原因で処理が呼ばれないのかを特定できます。

13-3-2 イベント関数の記述ミスを疑う

関数の呼び出し元をたどってもダメだった場合は、別の原因を疑ってみましょう。

たとえば、Unityのイベント関数は、大文字小文字が間違っているだけで呼ばれなくなります。イベント関数の記述間違いではエラーが発生しないため、気付きづらく厄介なトラブルです。

イベント関数を記述する際は、関数名を手打ちせずにIDEの補完機能を使うなどして、間違える可能性を減らしておきましょう。

また、各IDEではUnityのイベント関数に目印が付きます。たとえば、Visual Studioでは、関数の上部に「Unity メッセージ」と表示されます。イベント関数が呼ばれない場合はチェックしてみましょう。

図13.8 Visual Studioでイベント関数に表示されるメッセージ

```
Unity メッセージ10 個の参照
private void OnCollisionEnter (Collision collision)
{

}
```

13-3-3 スクリプトがアタッチされているかチェックする

当然ですが、ゲームオブジェクトにスクリプトがアタッチされていなかったり、ゲームオブジェクトが非アクティブだったりするとイベント関数は呼ばれません。意外とやってしまうので、改めて確認してみましょう。

13-3-4 衝突判定ではトラブルが起こりがち

Unityの衝突判定は、慣れないうちはよくトラブルが発生します。以下に衝突判定のイベント関数が呼ばれない場合のチェックポイントを挙げましたので、参考にしてみてください。

◉ Rigidbody・Collider・イベント関数の組み合わせが正しいかチェック

Rigidbody・Collider・衝突を検知するイベント関数は、2D用と3D用で分かれています。Rigidbody2DとSphereColliderのように、間違った組み合わせだと正しく動きません。組み合わせが正しいか、チェックしてみましょう。

◉ ColloderのIs Triggerとメソッドの組み合わせが正しいかチェック

ColliderのIs TriggerがOFFであればOnCollisionが付く関数、ONであればOnTriggerが付く関数が呼ばれます。組み合わせが間違っていると動きませんので、気を付けましょう。

◉ レイヤーが正しいかチェック

ゲームオブジェクトは、所属するレイヤーを設定することが可能です。物体が衝突するかどうかはレイヤーの設定で決まるため、レイヤーが意図したものになっているか確認しましょう。

併せて、どのレイヤーとどのレイヤーが衝突する設定になっているかチェックしましょう。詳しくは、7-4-3の衝突するレイヤーの設定を参照してください。

◉ Colliderの範囲が合っているかチェック

Sceneビューで対象のゲームオブジェクトを選択し、Colliderの範囲（緑色の線）が正しく表示されているかチェックしましょう。

◉ RigidbodyまたはRigidbody2Dがアタッチされているかチェック

衝突判定を発生させるためには、ぶつかるゲームオブジェクトの少なくとも片方にRigidbody（2Dの場合はRigidbody2D）をアタッチする必要があります。

ゲームオブジェクトを物理演算ではなくスクリプトで動かしている場合は、気付きづらいので、注意しましょう。

おわりに

　本書を最後までお読みいただき、ありがとうございました。

　1冊を通してのサンプルゲーム開発は大変なところもあったかと思いますが、きっと実践的な開発テクニックが身に付いたことかと思います。
　そして、Unityは基礎を身につけてからが本番です。新しい機能やすごいAssetが日々追加されていますので、開発の合間にぜひ最新の情報も追ってみてくださいね。

　さて、本編が終わったところでゲームとUnityの未来についてちょっと想いを馳せてみましょう。
　例えば10年後。ゲームやUnityは今よりも盛り上がっているか、それとも衰退しているか、どちらだと思いますか?
　筆者は10年間でゲームはますます盛り上がっていき、Unityはゲーム以外にもさまざまな方面に広がっていくと考えています。
　Unityでのゲーム開発を目一杯楽しんで、気が向いたらゲーム以外のものも作れる。Unityは本当にステキです。
　そんなステキなUnityを使って、どんどん作品を世に出していきましょう!筆者も頑張って作りますよー!
　近い将来皆さんのゲームをプレイできること、そしてお互いゲーム開発者としてお会いできることを楽しみにしています!

　最後に、担当編集者の春原さんには本書の執筆にあたって大変お世話になりました。この場を借りて心から御礼申し上げます。また、仕事部屋に突入するのをガマンしてくれた子供たち、いつも応援してくれた妻にも心から感謝!

◉賀好 昭仁（かこう あきひと）
CREATOR GENE代表、東京大学生産技術研究所
特任研究員。Webサービス・スマホアプリ・ゲー
ムなどの企画および開発を経て、2019年に独立。
開発を通じて世の中のハッピーを増やすべく、
日々活動している。

装丁	● 菊池祐（ライラック）
本文デザイン	● はんぺんデザイン
本文レイアウト	● はんぺんデザイン、五野上恵美（技術評論社）
編集	● 春原正彦

本書の内容に関するご質問は、下記の宛先
までFAXまたは書面にてお送りください。
お電話によるご質問、および本書に記載さ
れている内容以外のご質問には、一切お答
えできません。あらかじめご了承ください。

宛　先：
〒162-0846
東京都新宿区市谷左内町21-13
技術評論社　書籍編集部
『作って学べる　Unity本格入門
[Unity 2021対応版]』質問係
FAX：03-3513-6167

なお、ご質問の際に記載いただいた個人情
報は質問の返答以外の目的には使用いたし
ません。また、質問の返答後は速やかに破
棄させていただきます。
URL● https://book.gihyo.co.jp/116/

作って学べる開発入門
作って学べる　Unity本格入門 [Unity 2021対応版]

2021年12月4日　初版　第1刷発行

著　　　者	賀好 昭仁	
発 行 者	片岡 巌	
発 行 所	株式会社技術評論社	
	東京都新宿区市谷左内町21-13	
電　　　話	03-3513-6150（販売促進部）	
	03-3513-6160（書籍編集部）	
印刷／製本	株式会社 加藤文明社	

定価はカバーに表示してあります。

ISBN978-4-297-12433-5　C3055
PRINTED IN JAPAN